高等院校网络教育公共基础课计算机教材

计算机应用基础

JISUANJIYINGYONGJICHU

主 审：陈志刚

主 编：王小玲

编 者：王小玲　刘卫国

　　　　严　晖　曹岳辉

中南大学出版社
www.csupress.com.cn

前　言

随着计算机行业的迅猛发展，以计算机技术、网络技术和多媒体技术为基础的现代信息技术的发展和应用，已经成为衡量社会发展和综合国力的重要标志。计算机应用基础教育在国内纵深发展，掌握计算机应用的基本技能已经成为现代从业人员必备的基本素质之一。

由于高校网络教育学生主要是通过计算机网络环境来进行学习的，所以，要求网络教育学生必须通过"计算机应用基础"课程的学习，更好地掌握计算机的基本应用技能，以便为网络教育的学习打下良好的基础。

本书根据国家教育部全国高校网络教育考试委员会制定的"计算机应用基础"考试大纲(2010年修订版)的要求进行编写。针对从业人员继续教育的特点，教材在内容选取上，既考虑到了国家对计算机教育的相关要求，又考虑到了初级计算机用户的实际应用需求。在编写方式上，采用了循序渐进和精讲多练的方式，以"讲清概念、强化应用"为教学重点。作者精心选编了每章的习题和章节内容中的例题，特别是每章的"典型例题与解析"一节，作者都是从"识记、领会、简单应用、综合应用"4个方面选题进行解析。习题涵盖了所有的知识点，而例题则涵盖了所有的操作技能点。

本书共7章。主要内容有：计算机基础知识、Windows操作系统、Word文字编辑、Excel电子表格、PowerPoint电子演示文稿、计算机网络基础及Internet应用、计算机安全及多媒体技术。本教材结构清晰、内容丰富、层次清晰、图文并茂、通俗易懂。

本书适用于现代远程教育(含成人教育)各层次、各专业的计算机应用基础课程的教学。可作为全国高校网络教育本科层次所有专业的学生应考的复习、辅导用书以及计算机等级考试、培训教材和自学参考书。

本书由陈志刚担任主审，王小玲担任主编，负责全书的总体策划、统稿和定稿工作。参加编写的人员有王小玲、刘卫国、严晖、曹岳辉。本书在编写的过程中，朱颖、彭健俐等老师以及网络学院相关领导参与了大纲的讨论，提出了许多宝贵的意见，在此一并表示感谢。此外，在编写本书的过程中，编者参考了大量的文献资料，在此也向这些文献资料的作者表示感谢。

由于时间仓促及编者水平有限，书中遗漏和不妥之处在所难免，恳请读者批评指正。

编　者

2012年2月

目　录

第 1 章　计算机基础知识

学习目标：

◇ 了解计算机的发展过程、分类、特点以及主要用途。

◇ 掌握计算机硬件系统的基本组成及各部件的主要功能，掌握软件的概念以及软件的分类，理解计算机的基本工作原理。

◇ 理解数据在计算机中的表示形式，掌握数制转换方法，了解字符的二进制编码规则。

◇ 了解微型计算机的结构特点，掌握微型计算机的硬件组成和软件配置。

1.1　计算机概述

计算机（Computer）是一种能对各种信息进行存储和高速处理的现代化电子设备。计算机的出现和广泛应用对现代社会的发展产生了巨大影响。掌握计算机知识并具备较强的计算机应用能力，已经成为人们必须具备的文化素质。

1.1.1　计算机的发展过程

现代计算机的历史开始于 20 世纪 40 年代后期。一般认为，第一台真正意义上的电子计算机是 1946 年在美国宾夕法尼亚大学诞生的名为 ENIAC 的计算机。但应该看到，计算机的诞生并不是一个孤立事件，它是几千年人类文明发展的产物，是长期的客观需求和技术准备的结果。

1.计算机的诞生

1946 年，由美国宾夕法尼亚大学物理学家莫奇利（John W. Mauchly）和电气工程师埃克特（J. Prester Eckert）带领，开始实施设计和制造电子计算机的计划，并于 1946 年成功地研制了世界上第一台由程序控制的电子数字计算机（见图 1 – 1），命名为 ENIAC（Electronic Numerical Integrator And Computer）。用它计算弹道只要 3 秒，比机械计算机快 1000 倍，比人工计算快 20 万倍。ENIAC 看上去完全是一个庞然大物，占地面积达 170 m²，重量达 30 t，耗电量为

图 1 – 1　第一台电子计算机 ENIAC（1946）

150 kW/h，运算速度为 5000 次/秒，共使用了 18000 多只电子管，1500 多个继电器以及其

他器件。它的问世，标志着人类计算工具发生了历史性的变革，人类从此进入了电子计算机的新时代。

2. 计算机的分代

计算机硬件性能与所采用的元器件密切相关，因此，元器件更新换代也作为现代计算机换代的主要标志。按所用的逻辑元器件的不同，现代计算机经历了 4 代变迁。

第一代（1946 年至 1958 年）是电子管计算机。主要特点是：逻辑元件采用电子管，主存储器采用磁鼓、磁芯，辅助存储器采用磁带、纸带、卡片等；软件主要使用机器语言和汇编语言；应用以科学计算为主。第一代计算机运算速度很慢，每秒钟只有几千次到几万次，其体积大、耗电多、价格昂贵且可靠性低，但它奠定了计算机发展的技术基础。

第二代（1958 年至 1964 年）是晶体管计算机。主要特点是：逻辑元件采用晶体管，主存储器采用磁芯，辅助存储器已开始使用磁盘；软件开始使用操作系统及高级程序设计语言；其用途除科学计算外，已用于数据处理及工业生产的自动控制方面。第二代计算机的运算速度达到 100 万次/秒，内存容量扩大到几十万字节。

第三代（1964 年至 1970 年）是集成电路计算机。其特点是：逻辑元件采用中、小规模集成电路，主存储器开始逐渐采用半导体元件；软件逐渐完善，操作系统、多种高级程序设计语言都有新的发展；其应用领域日益扩大。第三代计算机的运算速度已达到 1000 万次/秒，它的体积小，功能增加，可靠性进一步提高。

第四代（1971 年至今）是大规模集成电路计算机。其特点是：计算机的逻辑元件和主存储器都采用了大规模集成电路甚至超大规模集成电路；微型计算机蓬勃发展，它的体积更小、耗电量少、可靠性更高、其价格大幅度下降；其应用范围已扩大到国民经济各个部门和社会生活等领域，并进入以计算机网络为特征的时代。第四代计算机无论从硬件还是软件来看，都比第三代计算机有很大发展。

图 1 - 2　103 机（八一型）

3. 我国计算机的发展

1956 年，新中国制定《十二年科学技术发展规划》，开始了我国计算机事业的创建；1958 年 8 月，我国第一台通用数字电子计算机 103 机试制成功（见图 1 - 2），开辟了中国计算机事业的新纪元。50 多年来，我国计算机事业走过了自力更生、艰苦奋斗、求真务实、开拓创新的辉煌历程。

目前，我国计算机产品的产量居世界首位、软件产业发展迅速、技术创新取得积极进展。我国的微机生产基本和世界先进水平同步，联想、长城、方正、清华同方、浪潮等一批国产品牌微机立足国内市场，走向世界。国产"龙芯"微处理器研制成功，并不断推出新的产品。我国高性能计算机系统的研制已形成了银河、曙光、神威等品牌系列。2010 年 11 月，我国自主研发的"天河一号"超级计算机凭着每秒 4700 万亿次的运算峰值速度脱颖而出，成为世界运算速度最快的超级计算机。

1.1.2　计算机的特点

计算机具有任何其他计算工具无法比拟的特点，正是由于这些特点，计算机的应用范围不断扩大，已经进入人类社会的各个领域，发挥着越来越大的作用，成为信息社会的科技核心。

1. 运算速度快，计算精度高

运算速度快是计算机最显著的特点。现代计算机运算速度最高可达每秒千万亿次，个人计算机的运算速度也达到了每秒几千万到几亿次。

由于采用数字化表示数据的方法，计算机表示数的位数可以达到很高的精确度。目前，计算机要取得 10 位十进制数从而得到百亿分之一以上精确度是不难的。

2. 具有逻辑判断和记忆能力

计算机既可以进行算术运算又可以进行逻辑运算，可对文字、符号进行判断和比较，进行逻辑推理和证明，这是其他任何计算工具无法比拟的。

计算机具有存储信息的存储装置，可以存储大量的数据。当需要时，又能准确无误地取出来。计算机的这种存储信息的记忆能力，使它成为信息处理的有力工具。

3. 高度的自动化与灵活性

计算机采用程序控制工作方式，即把为完成某项任务而编写的程序（计算机可直接或间接接收的指令序列）事先存入计算机中，在需要的时候发出一条执行该程序的指令，计算机就可按程序自动执行，无需人工干预，这就使计算机实现了自动化。

一台计算机的基本功能是有限的，这是在设计和制造时就决定了的。然而，人们可以将这些基本功能对应的指令精心设计和编排，形成程序。计算机执行这些程序就可以完成形形色色的任务。这就实现了计算机的通用性和灵活性。

1.1.3　计算机的分类

计算机按照其用途分为通用计算机和专用计算机。按照所处理的数据类型可分为模拟计算机、数字计算机和混合型计算机等。按照计算机的运算速度、字长、存储容量、软件配置等多方面的综合性能指标，可将计算机分为高性能计算机、微型计算机、工作站等几类。

1. 高性能计算机

高性能计算机是目前运算速度最快、功能最强的一类计算机，一般说的巨型计算机或超级计算机都属于这一类。航空航天、天气预报、石油勘探等应用领域都要求计算机具有很高的运算速度和很大的存储容量，只有高性能计算机才能满足这类应用的需要。

2. 微型计算机

微型计算机简称微机，也称个人计算机（Personal Computer，简称 PC）。它具有小巧灵活、通用性强、价格低廉等优点，是发展速度最快的一类计算机。微机的出现，带来了计算技术发展史上的又一次革命。它使计算机进入了几乎所有的行业，极大地推动了计算机的普及。

微型计算机的核心是以超大规模集成电路为基础的微处理器。按照微处理器的字长和功能，先后经历了 4 位、8 位、16 位、32 位和 64 位等发展阶段。

（1）第一代 4 ~ 8 位微机（1971 年—1977 年）。Intel 公司于 1971 年推出了第一个微处理器芯片 Intel 4004，又于 1974 年生产了 8 位微处理器芯片 Intel 8080。

（2）第二代 16 位微机（1978 年—1984 年）。1978 年和 1989 年，Intel 公司先后生产出了 16 位 8086 和 8088 微处理器，其后的 Intel 80286 微处理器装配了 286 微机。同期的代表产品还有 Zilog 公司的 Z8000 和 Motorola 公司的 MC68000。

（3）第三代 32 位微机（1985 年—1992 年）。这个时期的主要产品有 Intel 公司的 80386 和 80486 微处理器。

（4）第四代 64 位微机（1993 年至今）。Intel 公司于 1993 年 3 月生产出了 64 位微处理器，其正式名称为 Pentium（奔腾），其后 Intel 公司又相继研制出了 Pentium Ⅱ、Pentium Ⅲ 和 Pentium Ⅳ。2005 年 4 月，Intel 推出了第一款双核处理器 Pentium 至尊版。同年 5 月，Intel 发布了 Pentium D 和 Pentium EE 双核处理器。2006 年 7 月，Intel 发布了 Intel Core 2（酷睿）全新双核处理器。

3．工作站

工作站是一种介于 PC 与小型机之间的高档微机系统。工作站具有大、中、小型机的多任务、多用户能力，又兼有微型机的操作便利和良好的人机界面，可连接多种输入输出设备，具有很强的图形交互处理能力及很强的网络功能。

4．嵌入式计算机

嵌入式计算机（Embedded Computer）是指嵌入于各种设备及应用产品内部的计算机系统。它体积小，结构紧凑，可作为一个部件安装于所控制的装置中，它提供用户接口、管理有关信息的输入输出、监控设备工作，使设备及应用系统有较高智能和性价比。

1.1.4 计算机的主要用途

伴随着计算机硬件和软件技术的发展，尤其是近 10 多年来网络技术和 Internet 技术的迅速发展，计算机的应用范围从科学计算、数据处理、过程控制等传统领域扩展到计算机辅助技术、人工智能、网络应用等现代应用领域。

1．数值计算

早期的计算机主要用于科学计算。利用计算机的高速度、高精度和存储容量大等特点，可以解决各种现代科学技术中计算量大、公式复杂、步骤繁琐的计算问题。例如，人造卫星、导弹发射及天气预报等计算问题就是数值计算的应用。

2．数据处理

数据处理是指对数字、文字、声音、图形和图像等各种类型的数据进行收集、存储、分类、加工、排序、检索、打印和传送等工作。数据处理具有数据量大、数据之间的逻辑关系比较复杂的特点，但计算却相对简单。如在我国人口普查中，要对 120 个大中城市中人口的年龄、性别、职业等 10 多个项目的几百亿个数据进行统计分析，单靠人力是无法精确完成的，而用计算机则只需 3 个小时即可得到全部结果。

3．过程控制

过程控制也称实时控制，它是指计算机对被控制对象实时地进行数据采集、检测和处理，按最佳状态来控制或调节被控对象的一种方式。例如，在电力、冶金、石油化工、机械制造等工业部门采用过程控制，可以提高劳动效率，提高产品质量，降低生产成本，缩短生产周期。

4. 计算机辅助技术

计算机辅助技术是通过计算机来帮助人们完成特定任务的技术，它以提高工作效率和工作质量为目标。

计算机辅助设计(Computer-Aided Design，简称CAD)是使用计算机来帮助设计人员进行设计的一门技术。使用 CAD 技术可以提高设计质量，缩短设计周期，提高设计自动化水平。

计算机辅助制造(Computer-Aided Manufacturing，简称CAM)是利用计算机进行生产设备的管理、控制和操作的过程。如工厂在制造产品的过程中，用计算机来控制机器的运行，处理制造中所需的数据，控制和处理材料的流动以及对产品进行测试和检验等。

计算机辅助教学(Computer-Aided Instruction，简称CAI)是指利用计算机来支持教学和学习。教师利用 CAI 系统可进行课堂教学、指导学生的学习等工作，学生可以通过 CAI 系统采用人机对话的方式学习有关课程内容并回答计算机给出的问题。

5. 人工智能

人工智能(Artificial Intelligence，简称AI)是指用计算机来模拟人的智能，使其像人一样具备识别语言、文字、图形和推理、学习及自适应环境的能力。人工智能系统主要包括专家系统、机器人系统、语音识别和模式识别系统等。

6. 网络应用

计算机网络利用通信线路，按照通信协议，将分布在不同地点的计算机互联起来，使其相互通信，实现网上资源共享。计算机网络技术的发展，将形成一个支撑社会发展，改善生活品质的全新系统。

1.1.5　计算机与信息技术

信息(Information)是客观事物通过数据载体(如数值、文字、图像、声音等)所产生的消息、知识。

数据(Data)是用于记录客观事物的物理符号，它一般没有意义，人们不能从中得到有用的知识，只有对数据进行定义、排序、比较和分析等处理后，数据才有意义，这些经过处理的数据就是信息。

信息技术(Information Technology，简称IT)，简单地说，就是指与信息的产生、获取、存储、传输、处理、表示和应用等相关的技术，包括感测技术、计算机技术、通信技术和控制技术。计算机是一个具有程序执行能力的数据处理工具，如图 1-3 所示。在图 1-3 所示的模型中，计算机数据处理所得到的输出数据(即信息)，除了取决于输入数据外，还取决于程序，即程序不同，完成的数据处理方法不同，得到的结果也不同，即包含的信息也就不同。计算机通过不同的"程序"完成不同的数据处理任务，这正是程序存储原理的体现。

通信技术是快速、准确传递与交流信息的重要手段，它包括信息检测、信息变换、信息处理、信息传递及信息控制等技术。它是人类信息传递系统功能的延伸和扩展。通信技术总是信息技术的先导。

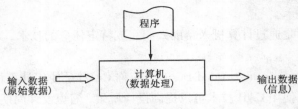

图 1-3   计算机数据处理的模型

1.2   计算机系统的组成

计算机系统包括硬件系统和软件系统两大部分。计算机硬件系统包括组成计算机的所有电子、机械部件和设备,是计算机工作的物质基础。计算机软件系统包括所有在计算机上运行的程序以及相关的文档资料,只有配备完善而丰富的软件,计算机才能充分发挥其硬件的作用。

1.2.1   计算机硬件系统

计算机硬件是计算机中的物理装置,是看得见、摸得着的实体。计算机的组成都遵循冯·诺伊曼结构,由控制器、运算器、存储器、输入设备和输出设备 5 个基本部分组成,如图 1-4 所示。

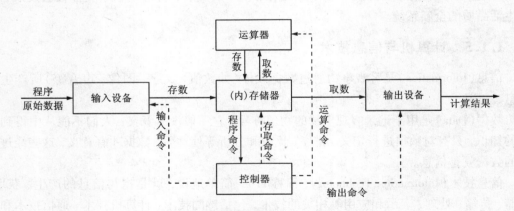

图 1-4   计算机硬件系统组成结构图

计算机各部件间的联系通过信息流动来实现,有两种信息流,一种是数据流,另一种是控制流。数据流是指原始数据、程序和各种运算结果,控制流是指各部件向控制器发出的请求信号以及控制器向各部件发出的控制信号与命令。在图 1-4 中,实线代表数据流,虚线代表控制流。原始数据和程序通过输入设备送入内存储器,在运算处理过程中,数据从内存储器读入运算器进行运算,运算结果存入内存储器,必要时再经输出设备输出。指令也以数据形式存于内存储器中,运算时指令由内存储器送入控制器,由控制器控制各部件的工作。

运算器和控制器合称为中央处理器(Central Processing Unit，简称 CPU)。

1. 输入设备和输出设备

计算机中的输入输出(Input/Output，简称 I/O)是以计算机主机为主体而言的，从外部设备将信息(包括原始数据、程序等)传送到计算机内存储器称为输入，从计算机内部向外部设备传送信息称为输出。

2. 存储器

存储器是用于存放原始数据、程序以及计算机运算结果的部件。计算机的存储系统可以分为两大类：

(1)内存储器(简称内存或主存储器)：它是用来存放当前需要处理的原始数据及需要运行的程序，CPU 可直接对它进行访问。现代计算机的内存普遍采用了半导体存储器，根据使用功能的不同，半导体存储器可分为随机存取存储器(Random Access Memory，简称 RAM)和只读存储器(Read Only Memory，简称 ROM)两种。RAM 的特点是：用户既可以从中读出信息，又可以将信息写入其中；断电后 RAM 中所存储的信息将全部丢失。ROM 的特点是：用户只能从中读出信息，不能将信息写入其中；断电以后，ROM 中所存储的信息不会丢失。

(2)外存储器(简称外存或辅助存储器)：它是用来存放当前暂不需要处理的原始数据及不需要运行的程序，不能被 CPU 直接访问。外存储器的数据只有先调入内存才能被 CPU 访问。常见的外存有磁盘、光盘(Compact Disk Read Only Memory，简称 CD – ROM)等，它们都必须通过各自的驱动器才能进行读写操作。

计算机存储和处理数据时，一次可以运算的数据长度称为一个字(Word)，字的长度称为字长。一个字可以是一个字节(Byte)，也可以是多个字节。计算机中表示数据的最小单位是位(bit)，通常以 8 位二进制数组成一个字节。如果某一类计算机的字由 8 个字节组成，则字的长度为 64 位，相应的计算机称为 64 位机。

存储器的存储容量以字节作为单位，在表示存储容量时常用 b 代表 bit(位)、B 代表 Byte(字节)，此外还有 KB(千字节)、MB(兆字节)、GB(吉字节)、TB(太字节)等，它们之间的换算关系为：

$1B = 8b$

$1KB = 2^{10}B = 1024B$

$1MB = 2^{10}KB = 1024KB = 2^{20}B$

$1GB = 2^{10}MB = 1024MB = 2^{30}B$

$1TB = 2^{10}GB = 1024GB = 2^{40}B$

3. 控制器

控制器是整个计算机的控制中心，它按照从内存储器中取出的指令，向其他部件发出控制信号，使计算机各部件协调一致地工作，另一方面它又不停地接收由各部件传来的反馈信息，并分析这些信息，决定下一步的操作，如此反复，直到程序运行结束。

4. 运算器

运算器又称算术逻辑单元(Arithmetic Logic Unit，简称 ALU)，它接受由内存送来的二进制数据并对其进行算术运算和逻辑运算。运算器在控制器的作用下实现其功能。除了完成算术运算和逻辑运算外，它也要完成数据的传送。

1.2.2　计算机软件系统

一般来说，软件(Software)是计算机程序以及与程序有关的各种文档的总称。按软件的功能来分，软件可分为系统软件和应用软件两大类。系统软件又可分为操作系统、语言处理程序、数据库管理系统和支撑软件等。

1. 系统软件

系统软件是在硬件基础上对硬件功能的扩充与完善，其功能主要是控制和管理计算机的硬件资源、软件资源和数据资源，提高计算机的使用效率，发挥和扩大计算机的功能，为用户使用计算机系统提供方便。

(1)操作系统

操作系统(Operating System，简称OS)是为了控制和管理计算机的各种资源，以充分发挥计算机系统的工作效率和方便用户使用计算机而配置的一种系统软件。操作系统是直接运行在计算机上的最基本的系统软件，是系统软件的核心，任何计算机都必须配置操作系统。

(2)语言处理程序

程序设计语言是人们为了描述解题步骤(即编程序)而设计的一种具有语法语义描述的记号。按其发展分为：

① 机器语言(Machine Language)：机器语言是以计算机能直接识别的0或1二进制代码组成的一系列指令，每条指令实质上是一组二进制数。机器语言是计算机唯一可直接理解的语言。

② 汇编语言(Assembly Language)：由于机器语言编写程序困难很大，出现了用符号来表示二进制指令代码的符号语言，称为汇编语言。汇编语言用容易记忆的英文单词缩写代替约定的指令，例如用 MOV 表示数据的传送指令，用 ADD 表示加法指令，SUB 表示减法指令等。

③ 高级语言(Higher – level Language)：高级语言是更接近自然语言和数学表达式的一种语言。用高级语言编写的程序叫做源程序(Source Program)。源程序必须经过翻译处理，成为计算机能够识别的机器指令后，计算机才能执行。这种翻译，通常有两种做法，即解释方式和编译方式。

解释方式是通过解释程序(Interpreter)对源程序进行逐句翻译，翻译一句执行一句，翻译过程中并不生成可执行文件。

编译方式是利用编译程序(Compiler)把高级语言源程序文件翻译成用机器指令表示的目标程序(Object Program)文件，再将目标程序文件通过连接程序生成可执行文件，最后运行可执行文件，得到计算结果，整个过程可以用图1－5表示。生成的可执行文件就可以脱离翻译程序单独执行。

(3)数据库管理系统

数据库(Databases，简称DB)是指长期保存在计算机的存储设备上并按照某种数据模型组织起来的可以被各种用户或应用共享的数据的集合。数据库管理系统(Database Management System，简称DBMS)是指提供各种数据管理服务的计算机软件系统，这种服务包

图 1-5　高级语言程序的编译执行过程

括数据对象定义、数据存储与备份、数据访问与更新、数据统计与分析、数据安全保护、数据库运行管理以及数据库建立和维护等。

（4）支撑软件

支撑软件是用于支持软件开发、调试和维护的软件，可帮助程序员快速、准确、有效地进行软件研发、管理和评测。如编辑程序、连接程序和调试程序等。

2. 应用软件

应用软件是为满足用户不同领域、不同问题的应用要求而开发的软件。例如，财务软件、办公软件、CAD 软件等。

1.2.3　计算机硬件和软件之间的关系

计算机系统包括硬件和软件两大部分，其组成如图 1-6 所示。

在计算机系统中，硬件和软件是不可缺少的两个部分。计算机硬件是组成计算机系统的各部件的总称，是计算机系统快速、可靠、自动工作的物质基础。计算机软件就是计算机程序及其有关文档。

图 1-7 表明了计算机硬件、软件之间的关系。内层是外层的支撑环境，而外层则不必了解内层细节，只需根据约定调用内层提供的服务。最内层是硬件，表示它是所有软件运行的物质基础。与硬件直接接触的是操作系统，它处在硬件和其他软件之间，表示它向下控制硬件，向上支持其他软件。在操作系统之外的各层分别是各种语言处理程序、数据库管理系统、各种支撑软件，最外层才是最终用户使用的应用程序。

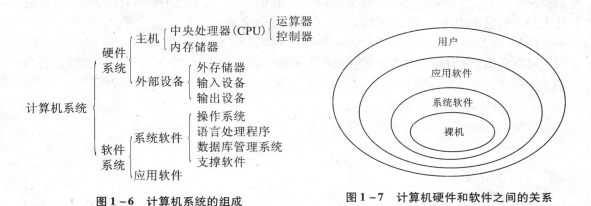

图 1-6　计算机系统的组成　　　　　　　　**图 1-7　计算机硬件和软件之间的关系**

没有配置任何软件的计算机称为裸机，裸机难以完成复杂的任务。软件是计算机系统必不可少的组成部分。操作系统是直接运行在裸机上的最基本的系统软件，是对裸机的首次扩充，同时又是其他软件运行的基础。因此，在所有软件中，操作系统是最重要的。操作系统管理和控制硬件资源，同时为上层软件提供支持。

应用软件的开发和运行要有系统软件的支持，而用户直接使用的是应用软件，即使用某一应用软件来解决实际问题。

1.3　计算机中数据的表示及编码

在计算机内部，数据的存储和处理都采用二进制数，而不使用人们习惯的十进制数，主要原因是：二进制数在物理上最容易实现；二进制数的运算规则简单，这将使计算机的硬件结构大大简化；二进制数的两个数字符号"1"和"0"正好与逻辑命题的两个值"真"和"假"相对应，为计算机实现逻辑运算和程序中的逻辑判断提供了便利的条件。

1.3.1　数制及数制转换

数制也称计数制，是用一组固定的符号和统一的规则来表示数值的方法。人们通常采用的数制有十进制、二进制、八进制和十六进制。

1. 进位计数制

按进位的原则进行计数的方法称为进位计数制。在采用进位计数的数字系统中，如果用 r 个基本符号（如 $0，1，2，\cdots，r-1$）表示数值，则称其为基 r 数制（Radix – r Number System），r 称为该数制的基数（Radix），而数制中每一数字位置上对应的固定值称为权值（Weight Value）。对于不同的数制，它们的共同特点如下：

（1）每一种数制都有固定的符号集。例如，日常生活中常用的十进制数，就是 $r=10$，即基本符号为 $0，1，2，\cdots，9$。对于二进制数，$r=2$，有 0 和 1 两个符号。

（2）每一个数字符号在不同的位置上具有不同的值。如 938.25，8 在小数点左边第 1 位上，它代表的数值是 8×10^{0}，权值为 10^{0}，3 在小数点左边第 2 位上，它代表的数值是 3×10^{1}，权值为 10^{1}，9 在小数点左边第 3 位上，它代表的数值是 9×10^{2}，权值为 10^{2}，2 在小数点右边第 1 位上，它代表的数值是 2×10^{-1}，权值为 10^{-1}，5 在小数点右边第 2 位上，它代表的数值是 5×10^{-2}，权值为 10^{-2}，其按权值展开式为：

$$(938.25)_{10}=9\times10^{2}+3\times10^{1}+8\times10^{0}+2\times10^{-1}+5\times10^{-2}$$

可以看出，各种进位计数制的权值等于基数的某次幂，因此，对于任何一种进位计数制表示的数都可以写出按其权展开的多项式之和。任意一个 r 进制数 N 可表示为：

$$\begin{aligned}
N &= (d_{m-1}d_{m-2}\cdots d_{1}d_{0}d_{-1}d_{-2}\cdots d_{-k})_{r}\\
&= d_{m-1}\times r^{m-1}+d_{m-2}\times r^{m-2}+\cdots+d_{1}\times r^{1}+d_{0}\times r^{0}+d_{-1}\times r^{-1}+d_{-2}\times r^{-2}+\cdots+d_{-k}\\
&\quad\times r^{-k}\\
&= \sum_{i=-k}^{m-1}d_{i}\times r^{i}
\end{aligned}$$

其中 d_{i} 为该数制采用的基本数符，r 是基数，r^{i} 是数位的权值，m 为整数部分的位数，k 为小数部分的位数。不同的基数，表示不同的进制数。例如，八进制数 467.52 的按权展开式为：

$$(467.52)_{8}=4\times8^{2}+6\times8^{1}+7\times8^{0}+5\times8^{-1}+2\times8^{-2}$$

"位"和"基数"是进位计数制中的两个要素。在十进位计数制中，是根据"逢十进一"

的原则进行计数的。在二进位计数制中，是根据"逢二进一"的原则进行计数的。一般地，在基数为 r 的进位计数制中，是根据"逢 r 进一"即"逢基数进一"的原则进行计数的。

在计算机内部采用二进制数，而人们习惯的是十进制数。另外，为了更加简洁地表示二进制数，又引入了八进制和十六进制。所以，计算机中常用的几种进位数制是二进制（Binary System）、十进制（Decimal System）、八进制（Octal System）和十六进制（Hexadecimal System）。八进制数有 0~7 共 8 个数字符号，逢八进一。十六进制数有 0，1，…，9，A，B，C，D，E，F 共 16 个数字符号，其中 A~F 分别表示 10~15，逢十六进一。表 1-1 总结了常用的几种进位数制的特点。

表 1-1　计算机中常用的几种进位数制

进位制	计算规则	基数	数符	权值	表示形式
十进制	逢十进一	$r=10$	0，1，…，9	10^i	D
二进制	逢二进一	$r=2$	0，1	2^i	B
八进制	逢八进一	$r=8$	0，1，…，7	8^i	O 或 Q
十六进制	逢十六进一	$r=16$	0，1，…，9，A，…，F	16^i	H

为书写方便，经常用下标来表示数的进制。另外，通常以字母 D 来表示十进制，以 B 来表示二进制，以 O 或 Q 来表示八进制，以 H 来表示十六进制。例如，十进制数 938.25 可以写成 $(938.25)_{10}$ 或 938.25D，二进制数 101101.01 可以写成 $(101101.01)_2$ 或 101101.01B。

2. 任意 r 进制数转换为十进制数

将 r 进制数按权展开后，再求和，所得结果即为这个 r 进制数所对应的十进制数。例如：

$(11011.101)_2 = 1\times2^4 + 1\times2^3 + 0\times2^2 + 1\times2^1 + 1\times2^0 + 1\times2^{-1} + 0\times2^{-2} + 1\times2^{-3} = (27.625)_{10}$

$(123)_8 = 1\times8^2 + 2\times8^1 + 3\times8^0 = (83)_{10}$

$(1AB.5)_{16} = 1\times16^2 + 10\times16^1 + 11\times16^0 + 5\times16^{-1} = (427.3125)_{10}$

3. 十进制数转换为任意 r 进制数

将十进制数转换成 r 进制数时，要将数的整数部分和小数部分分别进行转换，分别按除 r 取余数和乘 r 取整数两种不同的方法来完成。

以十进制数转换成二进制数为例，对整数部分，用 2 去除，取其余数为转换后的二进制整数数字，直到商为 0 结束，且注意先得到的余数为所求结果的低位；对小数部分，用 2 去乘，取乘积的整数部分为转换后的二进制小数数字，注意先得到的整数为二进制小数的高位。

例 1-1　将十进制数 356.48 转换成二进制数（假设要求小数点后取 5 位）。

转换时，整数部分和小数部分分别处理。整数部分采用除以 2 取余数的方法来转换，方法如下：

$356 \div 2 = 178 \cdots 0 (B_0)$

$178 \div 2 = \quad 89 \cdots 0 (B_1)$

$89 \div 2 = \quad 44 \cdots 1 (B_2)$

$44 \div 2 = \quad 22 \cdots 0 (B_3)$

$22 \div 2 = \quad 11 \cdots 0 (B_4)$

$11 \div 2 = \quad 5 \cdots 1 (B_5)$

$5 \div 2 = \quad 2 \cdots 1 (B_6)$

$2 \div 2 = \quad 1 \cdots 0 (B_7)$

$1 \div 2 = \quad 0 \cdots 1 (B_8)$

所以，$(356)_{10} = (101100100)_2$。

小数部分采用乘 2 取整数的方法来转换，方法如下：

$0.48 \times 2 = 0.96 \cdots 0 (B-1)$

$0.96 \times 2 = 1.92 \cdots 1 (B-2)$

$0.92 \times 2 = 1.84 \cdots 1 (B-3)$

$0.84 \times 2 = 1.68 \cdots 1 (B-4)$

$0.68 \times 2 = 1.36 \cdots 1 (B-5)$

所以，$(0.48)_{10} = (0.01111)_2$。

因此，最终所求结果为 356.48D = 101100100.01111B。

同样道理，当将十进制数转换成八进制数或十六进制数形式时，整数部分用除以 8 或除以 16 取余数处理，小数部分则用乘 8 或乘 16 取整来处理。

例 1 – 2   计算 $(266)_{10} = (10A)_{16}$，方法如下：

$266 \div 16 = 16 \cdots 10 (A) (H_0)$

$16 \div 16 = 1 \cdots 0 (H_1)$

$1 \div 16 = 0 \cdots 1 (H_2)$

又如，$(0.8125)_{10} = (0.64)_8$，方法如下：

$0.8125 \times 8 = 6.5 \cdots 6 (O-1)$

$0.5 \times 8 = 4.0 \cdots 4 (O-2)$

4. 二进制数与八进制数、十六进制数的转换

一位八进制数可用 3 位二进制数表示，一位十六进制数可用 4 位二进制数表示，因此八进制、十六进制只是二进制的一种简化表示形式。它们的关系如表 1 – 2 所示。

（1）二进制数转换为八进制数或十六进制数

在把二进制数转换成八进制数或十六进制数表示形式时，应从小数点分别向左和向右按每 3 位或每 4 位进行划分，若小数点左侧（即整数部分）的位数不足 3 或 4 位，则在高位补 0，对小数点右侧（即小数部分），则应在低位补 0 来补足 3 位或 4 位。划分后，3 位或 4 位二进制数用 1 位八进制数或十六进制数来表示。例如：

$(1100111.10101101)_2 = (001\ 100\ 111.101\ 011\ 010)_2 = (147.532)_8$

$(1100111.10101101)_2 = (0110\ 0111.1010\ 1101)_2 = (67.AD)_{16}$

表 1 - 2　几种数制对照表

十进制数	二进制数	八进制数	十六进制数	十进制数	二进制数	八进制数	十六进制数
0	0	0	0	8	1000	10	8
1	1	1	1	9	1001	11	9
2	10	2	2	10	1010	12	A
3	11	3	3	11	1011	13	B
4	100	4	4	12	1100	14	C
5	101	5	5	13	1101	15	D
6	110	6	6	14	1110	16	E
7	111	7	7	15	1111	17	F

（2）八进制数或十六进制数转换为二进制数

与上述相反，将八进制数或十六进制数转换成二进制数表示形式时，则每位分别用 3 位或 4 位二进制数来表示。例如：

$(5DE.B8)_{16} = (0101\ 1101\ 1110.1011\ 1000)_2 = (10111011110.10111)_2$

$(253.7)_8 = (010\ 101\ 011.111)_2 = (10101011.111)_2$

1.3.2　数据的二进制编码

二进制编码是计算机内使用最多的码制，它只使用两个基本符号"0"和"1"，并且通过由这两个符号组成的符号串来表示各种信息。

1. 十进制数的二进制编码

用二进制编码来表示十进制数的编码就称为二一十进制码，简称 BCD（Binary Coded Decimal）码。这种编码的特点是保留了十进制的权，而数字则用 0 和 1 的组合来表示。

BCD 码是用 4 位二进制数表示 1 位十进制数，既具有二进制的形式，又具有十进制的特点。用得最普遍的是 8421 码，4 位二进制数中的每一位从左到右的权分别为 8，4，2，1。根据这种权的定义，数字 0 ~ 9 的 8421 码为 0000，0001，0010，…，1001。一个十进制数转换成 8421 BCD 码非常方便，就是把每一位十进制数用对应的 8421 码表示，如十进制数 259 所对应的 8421 BCD 码为 0010 0101 1001，它不等于 259 所对应的二进制数。

注意：BCD 码与二进制数之间的转换不是直接的，要先转换为十进制数，然后再转换成二进制数，反之亦然。例如，$(1111001.01000101)_{BCD} = (79.45)_{10} = (1001111.0111)_2$。

2. 字符的二进制编码

字符是计算机中另一种重要的数据形式，它们也必须按特定的规则用二进制编码表示。编码可以有各种方式，目前在微机中最普遍采用的是 ASCII 码，即美国标准信息交换码（American Standard Code for Information Interchange）。

ASCII 码是 7 位二进制码，可表示 128（$2^7 = 128$）种字符，其中包括 0 ~ 9 共 10 个数字、52 个大小写英文字母、32 个控制字符，其他为专用字符。如"A"的 ASCII 码为 1000001B（41H），十进制数是 65。ASCII 码字符编码如表 1 - 3 所示。

　　由于在计算机中一个字节为 8 个二进制位，它是信息存取的最基本单位，因此常用一个字节来表示一个 ASCII 码，它的最高位通常为 0。

　　一般情况下，不需要背诵各种字符的 ASCII 码值，需要时可查表。但应了解字符的编码规律。例如，ASCII 码值从小到大的编码顺序是控制字符、数字、大写字母、小写字母，小写字母比对应的大写字母 ASCII 码值大 32。

　　3. 汉字的二进制编码

　　汉字编码是指汉字在计算机中的表示形式。我国国家标准采用连续的两个字节表示，且规定每个字节的最高位为 1，以与 ASCII 码最高位置为 0 加以区分。

　　1981 年我国颁布了《信息交换用汉字编码字符集 – 基本集》，简称 GB 2312 – 80。它规定了信息处理交换用的 6763 个汉字和 682 个图形字符的编码。

表 1 – 3　ASCII 码字符表

字符　　　　$b_6 b_5 b_4$ $b_3 b_2 b_1 b_0$	000	001	010	011	100	101	110	111
0000	NUL	DLE	SP	0	@	P	、	p
0001	SOH	DC1	!	1	A	Q	a	q
0010	STX	DC2	"	2	B	R	b	r
0011	ETX	DC3	#	3	C	S	c	s
0100	EOT	DC4	$	4	D	T	d	t
0101	ENQ	NAK	%	5	E	U	e	u
0110	ACK	SYN	&	6	F	V	f	v
0111	BEL	ETB	'	7	G	W	g	w
1000	BS	CAN	(	8	H	X	h	x
1001	HT	EM	)	9	I	Y	i	y
1010	LF	SUB	*	:	J	Z	j	z
1011	VT	ESC	+	;	K	[	k	|
1100	FF	FS	,	<	L	\	l	|
1101	CR	GS	–	=	M	]	m	|
1110	SO	RS	.	>	N	↑	n	~
1111	SI	US	/	?	O	↓	o	DEL

1.4　微型计算机系统的组成

　　由于大规模、超大规模集成电路的发展，20 世纪 70 年代初出现了微处理器（Micropro-cessor）。以微处理器作为计算机的主要功能部件，标志着微型计算机（Microcomputer）的诞生。1981 年，IBM 公司推出第一台个人计算机 IBM PC。

1.4.1　微型计算机的总线结构

微型计算机组成仍然遵循冯·诺伊曼结构，它由微处理器、内存储器、输入输出接口和系统总线组成，它采用总线（Bus）结构，如图 1 - 8 所示。微处理器的性能决定了整个微型计算机的各项关键指标，输入输出接口电路是主机与外部设备连接的逻辑控制部件，总线为 CPU 和其他部件之间提供信息传输通道，包括数据总线（Data Bus，简称 DB）、地址总线（Address Bus，简称 AB）和控制总线（Control Bus，简称 CB）。

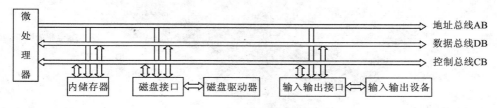

图 1 - 8　微型计算机的总线结构

（1）地址总线 AB：传送 CPU 发出的地址信息，用于传送内存、输入输出接口地址信号，CPU 按此地址寻找数据，是单向总线。地址总线的位数决定了 CPU 可直接寻址的内存空间大小，一般来说，若地址总线为 n 位，则可寻址空间为 2^n 字节。

（2）数据总线 DB：传送数据信号，是 CPU 与内存及输入输出接口之间传输数据的通道，是双向总线，CPU 既可通过 DB 从内存或输入设备接口电路读入数据，又可通过 DB 将 CPU 内部数据送至内存或输出设备接口电路。

（3）控制总线 CB：用来传送控制信号和时序信号。控制信号中，有的是 CPU 向内存及外设 I/O 接口电路发出的信息，如读/写信号、片选信号、中断响应信号等；有的是外设等其他部件发送给 CPU 信息的。因此，控制总线的传送方向由具体控制信号而定，一般是双向的，控制总线的位数要根据系统的实际控制需要而定。实际上，控制总线的具体情况主要取决于 CPU。

以微型计算机为主体，配上系统软件和外设之后，就组成了微型计算机系统。

1.4.2　微型计算机的硬件组成

从外观上看，一台微型计算机由主机箱、显示器、键盘和鼠标组成，有时还配有打印机、扫描仪等其他外部设备，而且一些新型外部设备还在不断涌现。在主机箱内，有主板、CPU、内存储器、硬盘、光驱以及各种输入输出接口等部件。

1. 主板

主板（Main Board）又称系统板（System Board）或母板（Mother Board），是微机系统中最大的一块电路板。主板上有芯片组、CPU 插槽、内存插槽、扩展插槽、各种外设接口以及 BIOS 和 CMOS 芯片等，如图 1 - 9 所示。它为 CPU、内存条和各种功能卡提供安装插槽，为各种存储设备、I/O 设备以及多媒体和通讯设备提供接口。实际上，微机通过主板将 CPU 等各种器件和外部设备有机地结合起来形成一套完整的系统，微机的整体运行速度和稳定性在相当程度上取决于主板的性能。

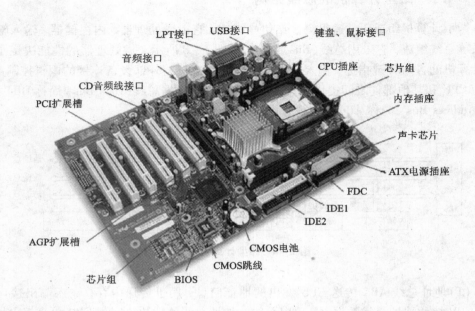

图1-9　微型计算机的主板

（1）芯片组

芯片组（Chip Set）是构成主板控制电路的核心，除 CPU 外，主板上几乎所有控制功能都集成在芯片组内。因此，芯片组在很大程度上决定了主板的性能和档次。芯片组被固定在主板上，不能像 CPU、内存等进行更新换代。

芯片组可以比作 CPU 与周边设备通信的桥梁。按照在主板上的排列位置的不同，通常分为北桥芯片（North Bridge Chip）和南桥芯片（South Bridge Chip）。靠近 CPU 插槽的称为北桥芯片，它主要负责控制 CPU、内存和显卡的工作。靠近 PCI 插槽的称为南桥芯片，他负责控制系统的输入输出等功能。

（2）CPU 插槽和内存插槽

CPU 通过插槽与主板连接才可以正常工作。现在主板上所设置的 CPU 插槽类型分为 Slot 架构和 Socket 架构。不同接口的插槽适用于不同的 CPU，相互之间不能通用。

随着内存扩展板的标准化，主板给内存预留专用插槽，只要购买所需数量并与主板插槽匹配的内存条，就可以实现扩充内存和即插即用。主板上内存插槽的数量和类型对系统内存的扩展能力及扩展方式有一定影响。

（3）扩展插槽

扩展插槽是主板上用于固定扩展卡并将其连接到系统总线上的插槽，使用扩展插槽是一种增强计算机特性及功能的方法。

（4）外设接口

主板上集成了硬盘接口、COM 串行口、PS2 鼠标键盘接口、LPT 并行口、USB 接口等，少数主板上集成了 IEEE 1394 接口。

目前的硬盘主要采用 IDE、SCSI 和串口(SATA)接口。IDE、串口较 SCSI 接口便宜,适用于台式个人计算机,SCSI 接口适用于服务器,用于提高数据传输速度和双硬盘热备份。

USB(Universal Serial Bus)接口是一种新型的连接外部设备的通用接口,支持设备的即插即用和热拔插(带电拔插)功能。因为它传输速度快、使用方便、连接灵活等优点,目前已成为主板的标准接口。

IEEE 1394 接口具有比 USB 更强的性能,传输速度更高,主要用于连接主机与硬盘、打印机、扫描仪、数码摄像机、视频电话等。目前只有少数主板上集成了这种接口。

(5)BIOS 芯片

BIOS 是 Basic Input Output System(基本输入输出系统)的缩写,是指集成在主板上的一个 ROM 芯片,其中保存了微机系统最重要的基本输入输出程序、系统参数设置、自检程序和系统启动自举程序。它负责开机时,对系统各项硬件进行初始化设置和测试,以保证系统能够正常工作。

2. 中央处理器

中央处理器(CPU)是电子计算机的主要设备之一。其功能主要是解释计算机指令以及处理计算机软件中的数据。所谓的计算机的可编程性主要是指对 CPU 的编程。CPU 芯片(见图 1 – 10)是计算机中的核心配件,只有火柴盒那么大,几十张纸那么厚,但它却是一台计算机的运算核心和控制

图 1 – 10　CPU 芯片

核心。计算机中所有操作都由 CPU 负责读取指令,对指令译码并执行指令的核心部件。

3. 内存储器

微机的内存储器分为随机存储器(RAM)、只读存储器(ROM)和高速缓冲存储器(Cache)。

(1)RAM

RAM 是计算机工作的存储区,一切要执行的程序和数据都要先装入 RAM 中。根据制造原理不同,RAM 可分为静态 RAM(Static RAM,简称 SRAM)和动态 RAM(Dynamic RAM,简称 DRAM)。静态 RAM 利用其中触发器的两个稳态表示所存储的 1 和 0,这类存储器集成度低、价格高,但存取速度快,常用作高速缓冲存储器。动态 RAM 用半导体器件中分布电容上有无电荷表示 1 和 0。

(2)ROM

在微型计算机中,ROM 主要用于存放系统的引导程序、诊断程序等。目前常用的只读存储器有可擦除和可编程的 ROM(Erasable Programmable ROM,简称 EPROM)、电可擦除可编程的 ROM(Electrically Erasable Programmable ROM,简称 EEPROM)和闪速存储器(Flash Memory)等类型。

（3）Cache

为了解决内存与 CPU 工作速度上的矛盾，在 CPU 和内存之间增设一级容量不大，但速度很高的高速缓冲存储器（Cache）。Cache 中存放常用的程序和数据，当 CPU 访问这些程序和数据时，首先从高速缓存中查找，如果所需程序和数据不在 Cache 中，则到内存中读取数据，同时将数据回写入 Cache 中。因此，采用 Cache 可以提高系统的运行速度。Cache 通常由静态存储器（SRAM）构成。

4. 外存储器

目前常用的外存储器有硬盘（Hard disk）、光盘（CD - ROM）以及移动存储设备等，前些年还使用软盘（Floppy disk）。

（1）软盘与软盘驱动器

软盘是可移动的存储介质，软盘驱动器是读写软盘的设备。软盘目前已被 U 盘所取代，多数机器上不装配软盘驱动器。

（2）硬盘

硬盘由硬盘驱动器和多张不可更换的硬盘盘片（存储介质）密封而成。由于硬盘是一个密封部件，故其存储密度相对软盘来说要高得多；也因为采用多盘片，故其存储容量特别大。一般来说，硬盘较软盘具有存储容量大、记录密度高、记录速度快、性能与可靠性均好等特点。

（3）光盘与光盘驱动器

光盘驱动器是读写设备，可分只读的光盘驱动器和可读写的光盘驱动器。

光盘是一种记录密度高、存储容量大的新型存储介质，光盘的基片是一种对激光具有耐热性的有机玻璃，在基片上涂上金属合金或稀土金属化合物形成存储介质。

光盘可分 3 类：只读光盘（CD - ROM）、追记型只读光盘（CD - R）和可改写型光盘（CD - RW）。CD - ROM 光盘的物理规格、记录格式和盘的制造技术与 CD 相似，其上数据与光盘生产同时完成。CD - R 可通过可读写光驱一次性写入数据，并可追加数据，直到写满，不可重写。CD - RW 可通过可读写光驱多次写入数据。

（4）移动硬盘与闪存盘

移动硬盘是在标准 IDE 接口硬盘的基础上加装 USB 或 1394 接口使之成为移动存储工具。

闪存盘俗称 U 盘或优盘，是一种小体积的移动存储装置。它使用 Flash 半导体材料作为存储介质，通过 USB 接口与计算机相连。闪盘的容量比软盘大得多、携带更方便、可靠性也更高，现在已取代软盘成为通用型移动存储介质。

5. 输入输出设备

常用的输入输出设备有：键盘（Keyboard）、鼠标（Mouse）、显示器（Monitor）、打印机（Printer）、绘图仪（Plotter）和扫描仪（Scanner）等。

（1）键盘和鼠标

键盘是微型计算机必备的标准输入设备，用户的程序、数据以及各种对计算机的命令都可以通过键盘输入。

鼠标也是一种输入设备，随着 Windows 的流行，鼠标已和键盘一样成为一种标准的输入设备。鼠标分机械式和光电式两类。

（2）显示器与显示适配器

显示器是用来显示字符和图形的输出设备，包括阴极射线管显示器（CRT）和液晶显示器（LCD）两大类。显示器的主要技术指标之一是分辨率，即屏幕上纵横两个方向的扫描点（像素）的多少，点数愈多，点距愈小，分辨率愈高，图像愈清晰。

显示器与 CPU 的接口是显示适配器（显卡）。显卡性能的好坏直接影响计算机系统的整体性能。

（3）打印机

打印机是在纸上形成硬拷贝的输出设备。可分为击打式打印机和非击打式打印机两大类。击打式打印机打印速度慢、有噪音、打印质量低，但耗材便宜；非击打式打印机包括喷墨打印机和激光打印机。激光打印机打印质量高、打印速度快、无噪音，但打印机及耗材昂贵；喷墨打印机及耗材的价格低于激光打印机，打印质量稍低于激光打印机，打印速度快且无噪音。

（4）绘图仪

绘图仪是计算机的图形输出设备。绘图仪在绘图软件的支持下可绘制出复杂、精确的图形，是各种计算机辅助设计不可缺少的工具。绘图仪的性能指标主要有绘图笔数、图纸尺寸、分辨率、接口形式及绘图语言等。

（5）扫描仪

扫描仪是一种用来输入纸介质上的文字、图形或图像信息的输入设备。从最原始的图片、照片、胶片到各类文稿资料都可用扫描仪输入到计算机中，进而实现对这些图像形式的信息的处理，配合光学字符识别软件 OCR（Optic Character Recognize）还能将扫描的文稿转换成计算机的文本形式。

1.4.3 微型计算机的软件组成

一台性能优良的微机能否实现其应有的功能，取决于为之配置的系统软件是否完善，应用软件是否丰富。因此，在学习使用微机时，不仅要了解硬件系统的组成，而且还必须了解与之相应的各种软件。

1. 微型计算机常用的系统软件

（1）常用的操作系统

① DOS 操作系统：基于字符界面的单用户、单任务的操作系统。

② Windows 2000/XP/Vista：基于图形界面的单用户、多任务操作系统。

③ Linux 操作系统：是多用户、多任务、源代码公开的操作系统，常用于网络服务器。

（2）常用的程序设计语言

随着计算机技术的发展，程序设计语言也由最初的面向机器、面向过程的语言发展到现在面向对象、可视化的语言。常用的程序设计语言有：

① 传统的面向过程程序设计语言，主要有：BASIC、FORTRAN、Pascal、C、COBOL 语言等。

② 流行的面向对象程序设计语言，主要有：Java、C＋＋等。

③ 常用的可视化程序开发工具环境，主要有：Microsoft 公司的 Visual Studio 开发套件，其中包含了 Visual C＋＋、Visual J＋＋、Visual FoxPro、Visual BASIC、InterDev 等开发工

具；Borland 公司的 JBuilder、Delphi、C＋＋Builder；Sybase 公司的 PowerBuilder、PowerJ。

（3）数据库管理系统

信息管理是计算机的一个重要应用领域，而信息管理的核心就是数据库管理系统。目前比较常见的数据库管理系统有：

①常用的桌面型数据库管理系统：Access、Visual FoxPro 等。

②常用的大型关系数据库系统：SQL Server、Oracle、Sybase 等。

③国产的数据库系统：Openbase、DM2 等。

2.微型计算机常用的应用软件

（1）办公软件

办公套件是日常工作需要用到的一些软件，它主要包括以下几类软件：字处理、电子表格处理、演示文稿制作、个人数据库等。常见的办公套装软件有 Microsoft Office、WPS Office 等。

（2）多媒体处理软件

多媒体技术已经成为计算机技术的一个重要方面，因而多媒体处理软件也成为应用软件中的一大种类。多媒体处理软件主要包括图形制作、图像处理、动画制作、音频视频处理、桌面排版等。

（3）Internet 工具软件

随着计算机网络和 Internet 的发展和普及，涌现了许多基于网络环境和 Internet 环境的应用软件。主要有：

①Web 服务器软件，如 Microsoft 公司的 IIS、Netscape 公司的 FastTrack 等。

②Web 浏览器，如 Netscape 公司的 Nevigator、Microsoft 公司的 Internet Explorer 等。

③文件传送工具 FTP。

④远程访问工具 Telnet。

⑤电子邮件工具，如 OutlookExpress、Hotmail 等。

⑥网页制作工具，如 Microsoft FrontPage、Macromedia Dreamweaver 等。

（4）常用的工具软件

微机中常用的工具软件很多，主要有：

①压缩/解压缩软件，如 WinRAR、WinZip、ARJ 等。

②杀毒软件，如金山毒霸、瑞星杀毒软件、KV3000 等。

③翻译软件，如金山词霸、东方快车等。

④多媒体播放软件，如金山影霸、Xing MPEG Play 等。

⑤快速复制工具，如 Ghost、Hdcopy 等。

用户可以根据不同的应用目的选择所需要的软件。

注意：操作系统是其他软件运行的基础，不同的操作系统环境下，有不同的软件版本，任何软件都有自己所要求的运行环境，选择软件时一定要注意软件运行所需要的操作环境。

1.4.4　微型计算机的主要性能指标

一台微型计算机性能的好坏，不是由某一项指标来决定的，而是由它的系统结构、指令系统、硬件组成、软件配置等多方面的因素综合决定的。

微型计算机的主要性能指标有以下几个：

1. 运算速度

通常所说的计算机运算速度(平均运算速度)是指每秒钟所能执行的指令条数,一般用 MIPS(Millions of Instruction Per Second,百万条指令/秒)作单位。同一台计算机,执行不同的运算所需时间可能不同,因而对运算速度的描述常采用不同的方法。微型计算机一般采用主频来描述运算速度,时钟频率越高,运算速度就越快。主频的单位通常是 MHz(兆赫)或 GHz(吉赫),如微处理器 Intel Core i3 – 380M 的主频为 2.53GHz。

2. 字长

字长是指计算机一次所能处理的二进制数的位数。微型计算机的字长直接影响到它的运算精度和速度,字长越长,能表示的数值范围就越大,计算出的结果的有效位数也就越多；字长越长,能表示的数据范围就越大,计算功能就越强。

3. 内存容量

内存储器容量的大小反映了计算机即时存储信息的能力。随着操作系统的升级,应用软件的不断丰富及其功能的不断扩展,人们对计算机内存容量的需求也不断提高。内存容量越大,系统功能就越强大,能处理的数据量就越庞大。目前微型机的内存容量有 512MB、1GB、2GB 或更高。

4. 外存储器的容量

外存储器容量通常是指内置硬盘的容量。外存储器容量越大,可存储的信息就越多,可安装的应用软件就越丰富。目前,常见的硬盘容量一般为 160GB、250GB、320GB、500GB、640GB、750GB、1TB、1.5TB 等。

除了这些主要性能指标外,微型计算机还有其他一些指标,例如,所配置外围设备的性能指标以及所配置系统软件的情况等。另外,各项指标之间也不是彼此孤立的,在实际应用时,应该把它们综合起来考虑,而且还要遵循"性能价格比"的原则。

1.5 典型例题及解析

例1–3 世界上第一台电子计算机的英文缩写名为( )。

A. ENIAC B. EDVAC C. EDSAC D. CRAY – I

正确答案为 A。

解析：本题考查有关计算机的起源与历史沿革方面的知识,属识记题。一般认为,第一台真正意义上的电子数字计算机是 1946 年在美国宾夕法尼亚大学诞生的名为 ENIAC 的计算机。EDVAC 是冯·诺伊曼提出的存储程序通用电子计算机设计方案,从而奠定了现代计算机的发展基础。EDSAC 是世界上首次实现的存储程序计算机。CRAY – I 是世界上第一台运算速度达到每秒 1 亿次的巨型计算机。

例1–4 大规模、超大规模集成电路芯片组成的微型计算机属于现代计算机的( )。

A. 第一代产品 B. 第二代产品 C. 第三代产品 D. 第四代产品

正确答案为 D。

解析：本题考查有关计算机发展阶段方面的知识,属识记题。电子计算机主要是以所采用的逻辑元器件来分代的，第一代电子计算机采用电子管作为电器元件，第二代采用晶体管，第三代采用中、小规模集成电路，第四代采用大规模、超大规模集成电路。

例1-5 曙光4000A计算机属于( )。

A. 高性能计算机 B. 微型计算机 C. 工作站 D. 小型计算机

正确答案为A。

解析：本题考查有关计算机分类方面的知识，属简单应用题。按照计算机的运算速度和处理能力，可将计算机分为高性能计算机、微型计算机、工作站等几类。曙光4000A属于高性能计算机。

例1-6 利用计算机来进行人事档案管理，这属于( )方面的应用。

A. 数值计算 B. 数据处理 C. 过程控制 D. 人工智能

正确答案为B。

解析：本题考查有关计算机应用方面的知识，属领会题。计算机的应用范围主要有科学计算、数据处理、过程控制等传统领域以及计算机辅助技术、人工智能、网络应用等现代应用领域。其中数据处理具有数据量大、数据之间的逻辑关系比较复杂的特点，但计算却相对简单。各种信息管理系统都属于数据处理的范畴。

例1-7 计算机主机是由CPU和( )构成的。

A. 控制器 B. 运算器 C. 内存储器 D. 输入输出设备

正确答案为C。

解析：本题考查有关计算机硬件组成方面的知识，属领会题。计算机硬件由控制器、运算器、存储器、输入设备和输出设备5个基本部分组成。其中运算器和控制器合称为中央处理器(CPU)。根据存储器和CPU的关系，存储器又分为内存储器和外存储器两类。将CPU和内存储器合称为主机，将输入设备和输出设备称为外部设备。

还有一个概念叫裸机。通常称没有配置任何软件的计算机为裸机，裸机难以完成复杂的任务。软件是计算机系统必不可少的组成部分。

例1-8 在表示存储器的容量时，MB的准确含义是( )。

A. 1000KB B. 1024Kbit C. 10^6B D. 2^{20}字节

正确答案为D。

解析：本题考查有关计算机存储容量单位的知识，属简单应用题。计算机中表示信息的最小单位是二进制位(bit)，计算机中存取的基本单位是字节(Byte)。计算机存储容量以字节为单位，常用B表示字节、用KB表示千字节、MB表示兆字节、GB表示吉字节、TB表示太字节，1MB = 2^{20}字节。

例1-9 下列数据最大的是( )。

A. $(567)_8$ B. 1FFH

C. $(0101\ 0110\ 0111)_{BCD}$ D. $(1000110110)_2$

正确答案为C。

解析：本题考查有关数制转换的知识，属简单应用题。将各选项都转换为十进制数，分别为375，511，567，566，所以正确答案为C。

例1-10 同一个字母的大小写，小写字母的ASCII码值比大写字母的ASCII码值要( )。

A. 小 32　　　　　　　　B. 大 32　　　　　　　　C. 小 26　　　　　　　D. 大 26

正确答案为 B。

解析：本题考查有关 ASCII 码的知识，属简单应用题。一般情况下，不需要背诵各种字符的 ASCII 码值，需要时可查表，但应了解字符的编码规律。ASCII 码值从小到大的编码顺序是控制字符、数字、大写字母、小写字母，小写字母比对应的大写字母 ASCII 码值大 32。

例 1 - 11　配置高速缓冲存储器（Cache）是为了解决（　　　）问题。

A. CPU 与内存储器之间速度不匹配　　　B. CPU 与辅助内存之间速度不匹配

C. 内存与辅助内存之间速度不匹配　　　D. 主机与外设之间速度不匹配

正确答案为 A。

解析：本题考查有关微型计算机内存储器方面的知识，属领会题。微机的内存储器分为随机存储器（RAM）、只读存储器（ROM）和高速缓冲存储器（Cache）。为了解决内存与 CPU 工作速度上的矛盾，在 CPU 和内存之间增设一级容量不大，但速度很高的高速缓冲存储器（Cache）。采用 Cache 可以提高系统的运行速度。Cache 通常由静态存储器（SRAM）构成。

例 1 - 12　在微型计算机中，微处理器芯片上集成的是（　　　）。

A. 控制器和存储器　　　　　　　　B. CPU 和控制器

C. 控制器和运算器　　　　　　　　D. 运算器和 I/O 接口

正确答案为 C。

解析：本题考查有关微型计算机硬件结构方面的知识，属领会题。微型计算机由微处理器、内存储器、输入输出接口及系统总线等组成。微处理器是利用超大规模集成电路技术，把计算机的运算器和控制器集成在一块芯片上制成的处理部件。

习　题

1. 世界上第一台计算机诞生于（　　　）。

A. 1946 年　　　　　　B. 1952 年　　　　　　C. 1958 年　　　　　　D. 1962 年

2. 微型计算机诞生于（　　　）。

A. 第一代计算机时期　　　　　　　　B. 第二代计算机时期

C. 第三代计算机时期　　　　　　　　D. 第四代计算机时期

3. 计算机最早的应用领域是（　　　）。

A. 科学计算　　　　B. 数据处理　　　　C. 过程控制　　　　D. CAD

4. 我国著名数学家吴文俊院士应用计算机进行几何定理的证明，该应用属于计算机应用领域中的（　　　）。

A. 科学计算　　　　B. 人工智能　　　　C. 数据处理　　　　D. 计算机辅助设计

5. 许多企事业单位使用计算机计算和处理职工工资，这属于计算机的（　　　）应用领域。

A. 科学计算　　　　　　B. 数据处理　　　　　　C. 过程控制　　　　　　D. 辅助工程

6. 计算机系统的组成包括（　　　）。

A. 硬件系统和应用软件　　　　　　　　B. 外部设备和软件系统

C. 硬件系统和软件系统　　　　　　　　D. 主机和外部设备

7. 计算机硬件系统一般由(　　)组成。

A. 控制器、磁盘驱动器、显示器和键盘组成

B. 输入输出设备、存储器、运算器和控制器组成

C. 控制器、运算器、外存储器和显示器组成

D. 控制器、CPU、存储器和显示器组成

8. 计算机中运算器的主要功能是(　　)。

A. 控制计算机的运行　　　　　　　　　B. 算术运算和逻辑运算

C. 分析指令并执行　　　　　　　　　　D. 负责存取存储器中的数据

9. (　　)的功能是将计算机外部的信息送入计算机。

A. 输入设备　　　　B. 输出设备　　　　C. 软盘　　　　D. 电源线

10. 计算机的内存容量通常是指(　　)。

A. RAM 的容量　　　　　　　　　　　B. RAM 与 ROM 的容量总和

C. 软盘与硬盘的容量总和　　　　　　　D. RAM、ROM、软盘和硬盘的容量总和

11. 关于外存与内存，以下叙述不正确的是(　　)。

A. 外存不怕停电，信息可长期保存

B. 外存的容量比内存大得多，甚至可以说是海量的

C. 外存速度慢，内存速度快

D. 内存和外存都是由半导体器件构成的

12. 计算机软件分为两大类，它们是(　　)。

A. 系统软件和应用软件　　　　　　　　B. 管理软件和控制软件

C. 编译软件和应用软件　　　　　　　　D. 系统软件和工具软件

13. 裸机是指(　　)。

A. 只配备有操作系统的计算机　　　　　B. 没有配备任何软件的计算机

C. 没有外部设备的计算机　　　　　　　D. 没有主机箱的计算机主机

14. 最基本的系统软件是(　　)，若缺少它，则计算机系统无法工作。

A. 编辑程序　　　　B. 操作系统　　　　C. 语言处理程序　　　　D. 应用软件包

15. 关于硬件和软件的关系，下列说法正确的是(　　)。

A. 只要计算机的硬件档次足够高，软件怎么样无所谓

B. 要使计算机充分发挥作用，除了要有良好的硬件，还要有软件

C. 硬件和软件在一定条件下可以相互转化

D. 硬件性能好可以弥补软件的缺陷

16. 编写程序时，不需要了解计算机内部结构的语言是(　　)。

A. 机器语言　　　　B. 汇编语言　　　　C. 高级语言　　　　D. 指令系统

17. 机器语言是(　　)。

A. 计算机不需要任何翻译就可以执行的语言

B. 一种通用性很强的语言

C. 需要翻译后计算机才能执行的语言

D. 面向程序员的语言

18. 汇编语言是(　　　)。

A. 面向问题的语言　　　　　　　　　B. 面向机器的语言

C. 高级语言　　　　　　　　　　　　D. 第三代语言

19. 语言处理程序分为(　　　)。

A. 解释程序、汇编程序和编译程序　　B. 源程序、执行程序和目标程序

C. 目标程序、ASCII 程序和源程序　　D. 解释程序、汇编程序和翻译程序

20. 从第一代计算机到第四代计算机，它们的体系结构都是相同的，这种体系结构称为(　　　)体系结构。

A. 阿塔纳索夫　　　B. 巴贝奇　　　　C. 比尔·盖茨　　　D. 冯·诺伊曼

21. 计算机能按照人的意图自动、高速地进行操作，是因为采用了(　　　)。

A. 程序存储原理　　B. 高性能的 CPU　　C. 二进制　　　　D. 机器语言

22. 计算机之所以有相当的灵活性和通用性，能解决许多不同的问题，主要是因为(　　　)。

A. 配备了各种不同的输入和输出设备

B. 能高速准确地进行大量逻辑运算

C. 能执行不同的程序，实现程序安排的不同操作功能

D. 操作者灵活熟悉的操作使用

23. 计算机内部采用(　　　)数制进行运算。

A. 八进制　　　　　B. 十进制　　　　C. 二进制　　　　D. 十六进制

24. 人们通常用十六进制而不用二进制书写计算机中的数，是因为(　　　)。

A. 十六进制的书写比二进制方便　　　B. 十六进制的运算规则比二进制简单

C. 十六进制数表达的范围比二进制大　D. 计算机内部采用的是十六进制

25. 有关二进制的论述，下面(　　　)是错误的。

A. 二进制数只有 0 和 1 两个数码

B. 二进制数只有两位数组成

C. 二进制数各位上的权分别为 2^0, 2^1, 2^2, 2^3, …

D. 二进制运算逢二进一

26. 下列各数中最大的数是(　　　)。

A. 二进制数 101001　B. 八进制数 52　　C. 十六进制数 2B　　D. 十进制数 44

27. 十进制数 92 转换为二进制数和十六进制数分别是(　　　)。

A. 01011100 和 5C　　　　　　　　　B. 01101100 和 61

C. 10101011 和 5D　　　　　　　　　D. 01011000 和 4F

28. 有一个数值是 152，它与十六进制数 6A 相等，该数值是(　　　)。

A. 二进制数　　　　B. 八进制数　　　C. 十六进制数　　D. 十进制数

29. 大写字母 A 的 ASCII 码为十进制数 65，ASCII 码为十进制数 68 的字母是(　　　)。

A. B　　　　　　　　B. C　　　　　　C. D　　　　　　　D. E

30. 微型计算机的结构原理是采用(　　　)结构，它使 CPU 与内存和外设的连接简单化与标准化。

A. 总线　　　　　　B. 星形连接　　　C. 网络　　　　　D. 层次连接

31. 微型计算机总线通常由三部分组成，它们是（　　）。

A. 数据总线、地址总线和控制总线　　　　B. 数据总线、信息总线和传输总线

C. 地址总线、运算总线和逻辑总线　　　　D. 逻辑总线、传输总线和通信总线

32. 微型计算机的发展以（　　）技术为特征标志。

A. 操作系统　　　　　B. 微处理器　　　　C. 磁盘　　　　　　D. 软件

33. 微处理器是把（　　）作为一整体，采用大规模集成电路工艺在一块芯片上制成的中央处理器。

A. 内存与中央处理器　　　　　　　　　　B. 运算器和控制器

C. 内存　　　　　　　　　　　　　　　　D. 中央处理器和内存

34. 微型计算机的（　　）基本上决定了微机的型号和性能。

A. 内存容量　　　　　B. CPU 类型　　　　C. 软件配置　　　　D. 外设配置

35. 存储器的每个单元都被赋予一个唯一的编号，称为存储单元的（　　）。

A. 容量　　　　　　　B. 序号　　　　　　C. 地址　　　　　　D. 内容

36. 下列描述中，正确的是（　　）。

A. 1KB = 1000Byte　　　　　　　　　　B. 1MB = 1024Kbyte

C. 1MB = 1024Byte　　　　　　　　　　D. 1KB = 1024MB

37. 下列存储器中访问最快的是（　　）。

A. 软盘　　　　　　　B. 硬盘　　　　　　C. RAM　　　　　　D. 光盘

38. 计算机的存储系统由（　　）组成。

A. 软盘和硬盘　　　　　　　　　　　　　B. 内存储器和外存储器

C. 光盘和磁盘　　　　　　　　　　　　　D. ROM 和 RAM

39. 下列叙述中，正确的是（　　）。

A. CD – ROM 的容量比硬盘的容量大

B. 计算机的体积越大，其功能就越强

C. 存储器具有记忆功能，故其中的信息任何时候都不会丢失

D. CPU 是中央处理器的简称

40. 关于闪存盘的描述，不正确的是（　　）。

A. 闪存盘利用 Flash 芯片作为存储介质

B. 闪存盘采用 USB 接口与主机连接

C. 闪存盘不能对存储的数据进行写保护

D. 闪存盘是一种移动存储交换设备

第 2 章　Windows 操作系统

学习目标：

◇ 了解操作系统及 Windows 操作系统的运行环境及相关知识，理解文件、文件夹、路径的概念。

◇ 熟练掌握鼠标、菜单、窗口、对话框、剪贴板、快捷方式的基本操作和使用方法。

◇ 了解 Windows 资源管理器窗口组成，熟练掌握文件夹和文件的使用及管理。

◇ 了解控制面板的功能，掌握 Windows 附件中常用工具的使用。

2.1　操作系统简介

操作系统是有效地管理计算机的硬件和软件资源，合理地组织计算机的工作流程，并为用户使用计算机提供良好运行环境的一种系统软件。它既是计算机系统资源的管理者，又是计算机系统用户的使用接口。

2.1.1　操作系统的形成和发展

操作系统的形成和发展可划分为如下 4 个阶段：

1. 手工操作阶段

20 世纪 60 年代以前，操作系统尚未出现，那时只是手工操作。每个程序员都必须亲自动手操作计算机：装入卡片或纸带，按电钮，查看存储单元等。

2. 批量处理阶段

为了减少用户操作机器的时间，便出现了批量处理，其特点是用户不用与计算机直接打交道，而是通过专门的操作员来完成作业的输入和输出。

3. 操作系统形成阶段

多道程序和分时系统的出现，标志着操作系统的正式形成。

4. 操作系统的标准化阶段

计算机硬件的发展带动了软件的发展，20 世纪 80 年代以后，操作系统的发展体现在 3 个方面：微机操作系统的发展、并行操作系统的发展和操作系统的标准化。

2.1.2　操作系统的功能和分类

操作系统的主要功能包括处理机的管理、存储器的管理、设备的管理、文件的管理和人机接口管理等 5 个方面。

操作系统分类有多种方法。比如，按用户数目的多少，可分为单用户和多用户操作系统。按硬件的规模大小，可分为大型机、小型机、微型机和网络操作系统。最常用的一种分类方法是按照系统所提供的功能进行分类，可分为批处理操作系统、分时操作系统、实时操作系统、分布式操作系统和网络操作系统。

目前微机上常见的操作系统有 DOS、OS/2、UNIX、XENIX、LINUX、Windows、Novell NetWare 等。所有的操作系统都具有并发性、共享性、虚拟性和不确定性 4 个基本特征。

注意：操作系统只支持一个用户，称为单用户操作系统。若支持多个用户，则称为多用户操作系统。

2.2　Windows 基本知识

Windows 操作系统是一个典型的多任务、图形用户界面(Graphical User Interface，简称 GUI)的操作系统，具有功能强大、易于操作等特点，是目前微机上广泛使用的操作系统。从 1983 年 11 月微软公司首次推出 Windows1.0 开始，Windows 操作系统经历了许多版本，Windows Vista(视窗操作系统远景版)是微软 Windows 操作系统的最新版本。而 Windows XP(视窗操作系统体验版)是其中重要的版本，它发行于 2001 年 10 月 25 日，原名为 Whistler。本教材以 Windows XP(简称 Windows)为基础介绍有关概念和基本操作。

2.2.1　Windows 运行环境

Windows 操作系统对处理器、内存容量、硬盘自由空间、显示器、光盘驱动器及光标定位设备等的最低个人计算机硬件配置指标见表 2 – 1。

表 2 – 1　Windows XP 系统要求

处理器(CPU)	时钟频率为 233MHz 或更高的处理器，支持双 CPU
内存(RAM)容量	推荐至少 128MB 内存(最小支持 64M，最大支持 4GB)
硬　　盘	C 盘空间至少应该大于 2GB，并保留 850MB 的可用空间，如果从网络安装，还需更多的可用硬盘空间
显示卡和监视器	Super VGA(800×600) 或分辨率更高的视频适配器和监视器
其他设备	CD – ROM 或 DVD 驱动器，键盘和 Microsoft 鼠标或兼容的指针设备

表 2 – 1 中的硬件配置只是可运行 Windows 操作系统的最低指标，更高的指标可以明显提高其运行性能。如需要连入计算机网络和增加多媒体功能，则需要网卡或调制解调器(MODEM)、声卡、解压卡等附属设备。

2.2.2　Windows 桌面

启动 Windows 操作系统后看到的主屏幕区域就是 Windows 的桌面(Desktop)，它是组织和管理资源的一种有效方式。桌面是一个特殊的文件夹，一般位于相应的用户文件夹中，假设 Windows 系统安装在 C 盘，当前用户为 USER，则 USER 的桌面文件夹位置为："C：\Documents and Settings\USER\桌面"。Windows 桌面由桌面图标、任务栏和桌面背景组成。

1. 桌面图标

图标主要由两部分组成：图案部分和名称部分。Windows 桌面的图标分为两类：快捷图标和默认图标。

（1）快捷图标

快捷图标主要由应用程序安装时自动创建或计算机使用者为应用程序、文件、文件夹创建的一种快捷方式，用一个从左下向右上斜指的小箭头来标记（如图 2 - 1 中"Access2003"等图标）。在需要打开这些项目时，可以通过双击桌面快捷图标快速打开。删除它，只是删除了从桌面访问它的引导信息，而没有删除应用程序文件或文档本身。一般说来，快捷图标是可以删除的。

图 2 - 1　桌面图标

创建桌面快捷图标常用的方法：

①使用资源管理器。右键单击"开始/资源管理器"命令，打开"Windows 资源管理器"窗口。单击要创建快捷方式的项目，例如文件、程序、文件夹、打印机或计算机。在"文件"菜单上，单击"创建快捷方式"。将快捷方式图标从"Windows 资源管理器"拖动到桌面上即可。

②使用快捷菜单。在桌面的空白处，单击鼠标右键，在弹出的快捷菜单中，单击"新建/快捷方式"命令，此时系统自动在桌面上创建名为"新快捷方式"图标，按向导的提示输入项目的位置、该快捷方式的名称即可。

③使用鼠标右键。用鼠标右键将项目拖到桌面上，然后单击"在当前位置创建快捷方式"。

使用快捷方式是打开项目的一种快速方法。要更改快捷方式的任何设置（例如，在什么类型的窗口中启动或用哪种键组合打开），用右键单击该快捷方式，然后单击"属性"命令，在打开的属性窗口进行更改即可。

（2）默认图标

默认图标由 Windows 操作系统在安装时自动创建，用没有小箭头的实图标来标记（如图 2 - 2 中"我的电脑"等图标），以示与 Windows 操作平台下的快捷桌面图标相区别。

Windows 桌面主要的默认图标有：

①我的电脑：可以快速查看各类驱动器以及映射网络驱动器中的文件及文件夹，实现文件操作，还可以从"我的电脑"中打开"控制面板"进行计算机基本的系统设置和控制。

②我的文档：使用此文件夹作为各类文档的默认存储位置。每位登录到该计算机的用户均拥有各自唯一的"我的文档"文件夹。

③网上邻居：用于浏览本机所在局域网的网络资源。

④回收站：回收站用于暂时存储、恢复或永久删除已删除的文件或文件夹。

2. 任务栏

任务栏是通常位于桌面底部的长条，如图 2 - 2 所示。对正在运行的每个应用程序或打开的每个窗口，任务栏上都会出现一个相应的按钮，并显示它们的名字，单击任务栏上的按钮可以切换到不同的任务。

开始 ｜ ⁑ » ｜ 第2章Windows操作... ｜ 未命名 – 画图 ｜ MSN中国,MSN中文... ｜ 我的电脑 ⿴ 3.5 软盘 (A:) ｜ » ♥ 🔇 📅 13:31

图2－2 任务栏

（1）任务栏的主要组成元素

①"开始"按钮：可以使用该按钮快速启动程序、查找文件或访问 Windows 的帮助系统。

②快速启动区：是为快速启动应用程序而定的，位于"开始"按钮右边，只需单击其中的某一图标就可以快速启动相应的应用程序。

③提示区：位于任务栏的右边，其中显示了系统时间、输入法指示、音量控制指示、网络连接和系统运行时常驻内存的应用程序图标。

（2）任务栏属性设置操作

其操作步骤：

① 将鼠标指向任务栏的空白处，单击右键，打开任务栏的快捷菜单。

② 单击快捷菜单中的"属性"命令，打开"任务栏和[开始]菜单属性"对话框。

③ 在"任务栏"选项卡（如图2－3所示）中，可进行"任务栏锁定"、"自动隐藏任务栏"、"显示时钟"等设置操作。

④ 选择相关设置后，单击"确定"或"应用"按钮，完成设置操作。

注意：在 Windows 中，有许多对话框既包含"应用"按钮，又包含"确定"按钮。这两者的区别是：单击"应用"按钮只应用用户的设置；而单击"确定"按钮，可以在应用设置的同时关闭对话框。

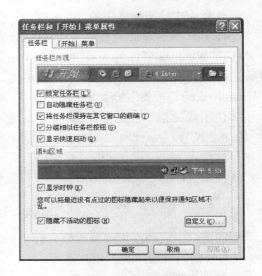

图2－3 任务栏属性设置

默认情况下，任务栏显示在屏幕的最下面。但也可以将任务栏定位到桌面的上边、左边或右边。只要将鼠标移到任务栏的空白区域，按住鼠标左键并拖动鼠标就可以重新定位任务栏。

3. 桌面背景

桌面背景就是用户打开计算机进入 Windows 操作系统后，所出现的桌面背景颜色或图片。用户可以选择单一的颜色作为桌面的背景，也可以选择类型为 BMP, JPG, HTML 等的位图文件作为桌面的背景图片。

设置桌面背景的操作步骤为：

（1）右击桌面任意空白处，在弹出的快捷菜单中选择"属性"命令，或单击"开始"按钮，选择"控制面板"命令，在弹出的"控制面板"对话框中双击"显示"图标。

（2）打开"显示属性"对话框，选择"桌面"选项卡，如图 2 - 4 所示。

（3）在"背景"列表框中可选择一幅喜欢的背景图片，在选项卡中的显示器中将显示该图片作为背景图片的效果，也可以单击"浏览"按钮，在本地磁盘或网络中选择其他图片作为桌面背景。在"位置"下拉列表中有居中、平铺和拉伸三种选项，可调整背景图片在桌面上的位置。若用户想用纯色作为桌面背景颜色，可在"背景"列表中选择"无"选项，在"颜色"下拉列表中选择喜欢的颜色，单击"应用"按钮即可。

图 2 - 4　"桌面"选项卡

2.2.3　Windows 窗口

所谓窗口（window），就是在计算机屏幕中显示的一个矩形区域，程序或文档在属于自己的矩形区域内显示各种信息，即 Windows 以"窗口"的形式来区分各个程序的工作区域。

1. 窗口的组成

图 2 - 5 是一个典型的 Windows 应用程序窗口，由标题栏、菜单栏、工具栏、工作区域、滚动条、状态栏组成。

图 2 - 5　Windows 窗口的组成

（1）标题栏。位于窗口的最上方，从左至右依次为：控制菜单图标、窗口的名称、最小化按钮、最大化/还原按钮、关闭按钮。

（2）菜单栏。位于标题栏的下方，它提供了对大多数应用程序命令的访问途径，用户可以通过选择在菜单栏中列出的菜单命令来执行任务。

（3）工具栏。包括了一些常用的功能按钮。工具栏上的所有按钮在菜单中都有对应的命令，它只是提供了一种比菜单更简便快捷的命令执行方式。当鼠标指针指向工具栏上的某个按钮时，稍停一下，在指针旁边会显示该按钮的功能名称，能够很容易地知道工具栏按钮的使用。工具栏可以用鼠标拖放到窗口的任意位置，或改变排列方式。右键单击工具栏的空白处或通过"查看/工具栏"菜单中的命令，可以显示或隐藏工具栏。

（4）工作区域。用于显示当前工作主题的内容。

（5）滚动条。当窗口尺寸太小，窗口工作区容纳不下所显示的内容时，工作区右侧或底部就会出现滚动条。滚动条包括滚动箭头和一个滚动块。

（6）状态栏。位于窗口的最下方，用来显示该窗口的状态信息。

2. 窗口之间的切换

用鼠标单击任务栏上对应窗口的按钮，即可实现窗口的切换。也可通过键盘上的 Alt + Esc 或 Alt + Tab 键来切换窗口。

图 2 - 6　切换窗口

按 Alt + Tab 键在当前窗口和最近使用过的窗口之间来回切换，如图 2 - 6 所示；按 Alt + Esc 键则在所有打开的窗口之间进行切换（最小化的窗口不包括在内）。

3. 窗口的最大化、最小化、还原和关闭

窗口的操作可以通过鼠标、键盘、快捷方式等操作方式实现。

（1）鼠标操作：当窗口处于原始状态时，单击 Windows 窗口的右上角最大化按钮，窗口将充满整个屏幕，最大化按钮此时变为还原按钮，再单击该按钮，窗口将变为原始大小。单击关闭按钮，可关闭窗口。单击最小化按钮，整个窗口将缩为任务栏上的一个按钮。另外，双击窗口标题栏上的蓝色区域，也可以实现窗口的最大化及还原操作。

图 2 - 7　选择"关闭"命令

（2）键盘操作：按下 Alt + 空格键，通过键盘上的方向键，在控制菜单中选取"最大化"、"最小化"、"恢复"或者"关闭"命令，按回车键实现其功能。

（3）快捷方式：双击窗口左上角的控制菜单图标，或按 Alt + F4 键可关闭窗口，如图 2 - 7 所示。

应用程序窗口通常可以选择"文件/退出"命令来关闭窗口，结束程序运行。在任务栏上可以用鼠标右击该窗口按钮，再单击快捷菜单中的"关闭"命令实现。

注意：当桌面上存在多个窗口时，用户还可以一次性地使所有窗口都最小化。其操作为：右击任务栏，在弹出的快捷菜单中，单击"最小化所有窗口"命令，桌面上的所有窗口都将被最小化。若要取消这个操作，只需右击任务栏，在弹出的快捷菜单中单击"撤销全部最小化"命令即可。

4. 窗口的移动与大小的改变

将鼠标指针移到窗口的标题栏上，按住鼠标指针左键并拖动鼠标，就可以把窗口移动到桌面的任何地方。

将鼠标指针移动到窗口的边框或角上，此时鼠标指针将变成双箭头形状，按住左键并拖动鼠标，就可以改变窗口的大小。

5. 窗口的排列

多个窗口在桌面上排列方式有两种：层叠式(或级联式)排列和平铺式排列。

层叠窗口排列是把窗口按先后顺序依次放在桌面上。平铺窗口排列是把窗口一个挨一个排列起来，使它们尽可能地充满桌面空间，而不出现重叠和覆盖的情况，即每个窗口都是完全可见的。平铺窗口排列按照排列的优先方向的不同，又可分为横向平铺和纵向平铺两种方式。

窗口排列的操作：用鼠标右击任务栏的空白区域，在弹出的快捷菜单中单击"层叠窗口"、"横向平铺窗口"或"纵向平铺窗口"命令，就可对窗口进行相应的排列。

2.2.4　Windows 对话框

对话框(Dialog Box)是允许用户提供更多信息或从几个不同的选项中做出选择的 Windows 界面元素。对话框实际上也是一种窗口，它与窗口有类似的地方，即顶部都有标题栏，但是对话框没有菜单栏，且尺寸固定，不能像窗口那样随意改变大小。

1. 对话框的主要组成元素

一个典型的 Windows 对话框如图 2-8 所示，一般包括以下元素：

（1）选项卡(标签)。对话框中的功能通过选项卡分成若干组，单击选项卡可以选择一个分组。

（2）单选按钮。单选按钮为圆形，在一组选项中只能选择一个，单击按钮进行选择或取消。若被选中，则中间加上一个圆点。

（3）复选框。复选框为方形，可以根据需要选择一个或多个选择项，也可以一个都不选，单击复选框进行选择或取消。若被选中，则方框中出现"√"标记。

（4）列表框。列表框列出多个选择项供用户选择，当一次不能全部显示时，系统会出现滚动条。

（5）下拉列表框。单击下拉按钮才可以打开选项列表，选择其中的一个后，列表关闭，列表框中显示被选中的对象。

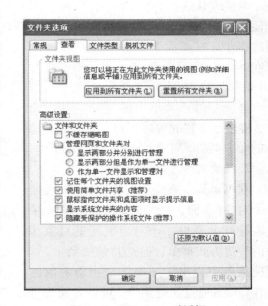

图 2-8　Windows 对话框

（6）文本框。提示用户输入一段文本信息的矩形区域。

（7）数值框。单击数值框右边的上下按钮可以改变数值的大小，也可以直接输入一个数值。

（8）滑标。左右拖动滑标可以立即改变数值大小，用于调整参数。

（9）命令按钮。最常见的命令按钮是"确定"与"取消"。如果命令按钮呈灰色，表示按钮不可用，如果命令按钮后跟省略号"…"，表示将打开另一个对话框。单击命令按钮即可执行一个命令。

（10）帮助按钮。对话框右上角有一个问号"?"按钮，单击此按钮，然后单击某个项目，系统会提示有关该项目的帮助信息。

2. 对话框中获得帮助的方法

对话框中没有帮助菜单，要求得到帮助可用下列几种方法实现：

（1）右击需要求助的对象。会弹出一个"这是什么?"命令的小菜单，单击该命令，就会弹出帮助信息。

（2）按 Tab 键或 Shift + Tab 键，把虚线框移到需求助的对象，按下 F1 键，也会弹出相应的帮助信息。

（3）单击对话框中标题栏右端的"?"按钮，鼠标指针变为帮助选择模式，单击要寻求帮助的对象，弹出该对象的有关信息。再次随意单击某空白区域，该信息框消失。

2.2.5　Windows 菜单

菜单（Menu）是 Windows 应用程序与用户交互的主要方式。Windows 具有 3 种常用的菜单："开始"菜单、快捷菜单和应用程序菜单。

1. "开始"菜单

系统默认的"开始"菜单会使用户很方便地访问 Internet、电子邮件和经常使用的程序。在桌面上单击"开始"按钮或者在键盘上按下 Ctrl + Esc 键，均可打开"开始"菜单，如图 2 - 9 所示。

选择"开始"菜单中的"所有程序"命令，将显示完整的程序列表，单击需要选择的命令菜单，启动对应的应用程序。

2. 快捷菜单

在 Windows 系统中，当鼠标指向任何一个对象（桌面、文件或文件夹等）时，单击右键就会弹出一个与当前所选对象相关的快捷方式菜单（简称为"快捷菜单"）。快捷菜单中列出了一组针对当前对象的操作命令，通过快捷菜单，可以方便地进行相关操作。

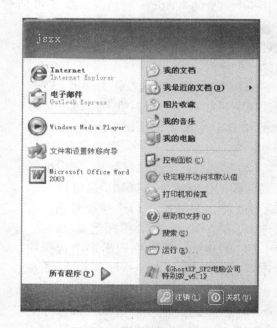

图 2 - 9　默认"开始"菜单

3. 应用程序菜单

打开一个 Windows 应用程序窗口，通常都有针对该窗口操作的菜单栏，它位于窗口标题栏的下方。每个菜单栏上有若干类命令，每类命令称之为菜单项。图 2 - 10 列出了一个 Windows 应用程序菜单。

（1）菜单的基本操作

单击菜单项可展开其下拉式菜单，下拉式菜单中的每一项称为命令项。在 Windows 中采用的是折叠式菜单，系统会自动把最近不用的菜单项折叠隐藏起来，单击下拉按钮，即可显示。

（2）菜单的组成

在命令项的两侧有一些约定的标记：

①变灰标记：命令项显示为灰色时，表示该命令项当前不能使用。

②省略标记"…"：表示执行该命令时，将弹出一个对话框，在回答执行命令的询问后才能执行的命令。

③三角形标记"▶"：表示该命令项还有下级子菜单，当鼠标指向它时会弹出子菜单。

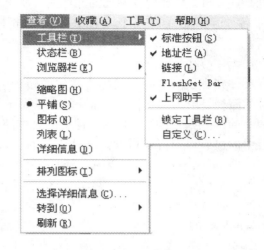

图 2 – 10　Windows 应用程序菜单

④多项选中标记"√"：表示该命令项当前已选中执行了，同时，此命令组内的命令为复选项，可以同时选中多项。

⑤单项选中标记"●"：表示该选项已被选中，同时，此命令组内的命令为单选项，只能选中一个。

⑥快捷键标记：菜单命令右边的组合键称为执行该命令的快捷键，表示用户可以不打开菜单，直接利用此组合键就可以执行该命令。例如"Ctrl + A"就是全选命令的快捷键。

⑦菜单的分组线：有时根据菜单命令的功能组合，将各菜单命令之间用线条分开，形成若干菜单命令组。

⑧向下的双箭头：表示该菜单还有命令项被折叠，将鼠标指针移至该标记上等待一会或单击该标记，将打开折叠的菜单，系统通常是将不常用的命令项折叠起来，以减小占用屏幕空间。

2.3　Windows 文件管理

文件管理是操作系统对计算机系统中软件资源的管理。通常由操作系统中的文件系统来完成这一功能。文件系统是由文件、管理文件的软件和相应的数据结构（数据的组织形式，即数据是如何描述的，如何存储在计算机中）组成。

2.3.1　文件与文件夹的概念

所谓文件（File）是指在逻辑上具有完整意义的相关信息的集合。一段程序、一批数据、一篇文章等都叫做文件。计算机内的所有数据都是以文件的形式存放在磁盘上。

为了实现对文件的统一管理，同时也为了方便用户操作，Windows 采用树状结构的目录（或称文件夹）来实现对磁盘上所有文件的组织和管理。在 Windows 的文件夹树状结构中，处于顶层（树根）的文件夹是桌面，如图 2 – 11 所示。

包含在根目录或其他子文件夹下的文件夹都可以被称为子文件夹。通常把一组相关的文件存放在同一个文件夹下，以便于查找和调用，也避免了误删除。使用文件夹的另一个

好处是计算机系统允许在不同的文件夹下使用相同的
文件名，但不能在同一个文件夹下使用相同的文
件名。

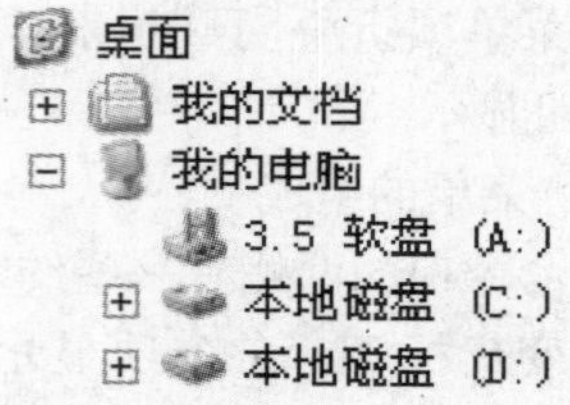

图 2-11　Windows 树状结构目录

1. 文件的路径

文件在目录树上的位置称为文件的路径(Path)。
文件的路径是由用反斜杠"\"隔开的一系列子目录名
来表示的，它反映了文件在目录树中的具体路线，而
路径中的最后一个目录名就是文件所在的子目录名。
如 C：\Windows\temp\a. txt 表示 a. txt 文件在 temp 文
件夹下，而 temp 又是 C 盘上 Windows 目录下的一个子目录。

2. 文件与文件夹的命名

Windows 的文件名由文件主名和扩展名(后缀)两部分组成，中间用一个圆点"·"分隔
开。其中，文件主名必须有，扩展名可有可无。文件名可包含空格，至多不超过 255 个西
文字符，不允许使用的字符为：<、>、/、\、|、:、"、*、?。文件名中大小写是没有区
别的。扩展名由 1~4 个西文字符组成，它表示了文件的类型。

文件名中可以使用多分隔符(即多个英文的下圆点)作为文件名，当长文件名中有多个
小圆点"·"时，则取最后一个小圆点后的字符作为扩展名。

在进行文件操作时，有时用户想对一组文件做相同的处理，例如显示某一组类型相同
的文件，查询一组主文件名相同的文件，等等。

为了避免键入太多的字符，可以在主文件名和扩展名中使用通配符"?"和"*"。

"?"代替所在位置上的任一字符。如 x?. doc，可表示 x1. doc、x2. doc、xa. doc 等。

"*"代替所在位置起的任意一个或多个字符。如 x*. doc，可表示 x1. doc、x11. doc、
xyz. doc 等。

3. 文件类型

文件类型(或文件格式)是指计算机为了存储信息而使用的对信息的特殊编码方式，可
用于识别文件内部储存结构。例如，存储应用程序的文件格式有 . exe、. com 等，存储图片
的文件格式有 jpg、bmp、gif 等，存储系统的文件格式有 . sys 等，存储文字信息的格式有
txt、doc 等。扩展名可以帮助应用程序识别文件格式，每一种类型的文件格式都需要用对
应的程序才能打开。

2.3.2　文件与文件夹的操作

Windows 中的文件与文件夹操作主要是通过"我的电脑"或"Windows 资源管理器"这两
个工具来完成的，它们都可以显示磁盘、文件及文件夹的详细信息，并进行各种磁盘操作
(如格式化磁盘)以及文件与文件夹操作，如打开、新建、复制、移动、删除和重命名文件
或文件夹等，还可以进行网络连接、访问 Internet。

1. 操作文件与文件夹的工具

(1)"我的电脑"窗口

双击 Windows 桌面上"我的电脑"图标，就可打开"我的电脑"窗口，如图 2-12 所示。
在"我的电脑"窗口能显示软盘、硬盘、光驱和网络驱动器中的内容，也可以搜索和打

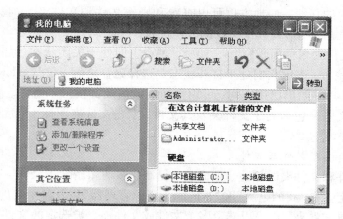

图 2-12　"我的电脑"窗口

开文件及文件夹，并且访问控制面板中的选项以修改计算机设置。

按照默认设置，每打开一个文件夹或一个驱动器，"我的电脑"都会打开一个新的窗口，以显示所选择的对象中所包含的内容。

（2）Windows 资源管理器

单击"开始/所有程序/附件/Windows 资源管理器"命令或用鼠标右键单击"开始"按钮，在弹出的快捷菜单中单击"资源管理器"，就可打开 Windows 资源管理器窗口，如图 2-13 所示。

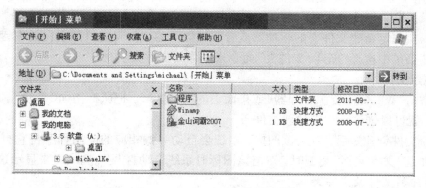

图 2-13　"资源管理器"窗口

默认情况下打开的资源管理器窗口主要有：

① 文件夹树窗口：位于资源管理器的左窗口。此窗口按文件的树形结构显示文件夹结构。文件夹树最上方的根文件夹有桌面、我的文档、我的电脑、网上邻居、回收站及桌面上的文件夹。单击每个文件夹都可以在下面显示它的下级所有子文件夹。

② 文件夹内容窗口：位于资源管理器的右窗口。在这个部分显示的是在文件夹树窗口中选定的文件夹中的内容，被选中的文件夹叫活动文件夹。

使用 Windows 资源管理器，可以复制、移动、重新命名以及搜索文件和文件夹。例如，可以打开包含待复制或移动文件的文件夹，然后将它拖动到另一个文件夹或驱动器中。

在 Windows 中的其他一些地方也可以查看和操作文件和文件夹。"我的文档"是存储想要迅速访问的文档、图形或其他文件的方便位置。

如果磁盘、文件夹名称前带有"＋"加号，表示它们处于关闭状态。如果磁盘、文件夹名称前带有"－"减号，表示它们处于打开状态。选择磁盘之后，在 Windows 资源管理器内将显示磁盘的大小，并给出已用空间、可用空间的数值及其饼形示意图。在右侧的窗格内显示所选磁盘或文件夹包含的子文件夹及其文件，双击文件夹图标，可逐级展开包含的内容，直到出现文件为止。

2.选定和取消选定文件与文件夹

为了完成文件和文件夹的创建、重命名、复制、移动和删除等操作，必须首先对文件和文件夹进行选定。在"我的电脑"和"Windows 资源管理器"以及各个文件夹窗口中，都可以选定一个文件或文件夹，也可以选定多个文件或文件夹。被选定的文件和文件夹的图标名将用深蓝色置为高亮，在状态栏会显示选中对象的详细信息、个数和大小。

单击文件或文件夹图标就可以选定一个对象，双击可以打开选中的文件或文件夹；也可以选定连续多个文件或文件夹，方法是先单击所要选定的第一个文件或文件夹，按住 Shift 键，再单击最后一个文件或文件夹；如果要选定多个不连续的文件或文件夹，在选定了一个或多个文件或文件夹后，按住 Ctrl 键，再单击其他不连续位置的文件或文件夹即可。

3.创建和重命名文件与文件夹

(1)创建文件夹

在"我的电脑"或"Windows 资源管理器"中选定新建文件夹的驱动器，或者驱动器下的文件夹；单击"文件/新建/文件夹"，窗口中出现一新文件夹，其名称为"新建文件夹"，且被高亮显示。输入新文件夹的名称，按回车键或鼠标单击其他任何地方即可。

也可以在选定新建文件夹的驱动器或者驱动器下的文件夹窗口的空白处右键单击，在弹出的快捷菜单中选择"新建/文件夹"命令来创建新文件夹。

(2)创建文件

通过右击"Windows 资源管理器"或桌面上的空白区域，把鼠标指向"新建"，选择一种文件类型，就可以创建一个空的新文件。

空的新文件创建好后，双击该图标，系统会自动寻找相应的应用程序将它打开。当新建的空文件是"文本文档"类型时，双击该图标时系统自动打开"记事本"来显示这个文件。

(3)重命名文件及文件夹

可以通过右击文件或文件夹，然后单击"重命名"来更改文件或文件夹的名称。

在重命名时，如果所更名的文件或文件夹的新名称与已存在的文件或文件夹的名称重名，则系统会出现提示对话框，提醒用户无法使用新的名称。不能对打开的文件或文件夹重命名，也不能更改系统文件夹的名称(例如 Documents and Settings、Winnt 或 System32)，因为它们是正常运行 Windows 所必需的。

4.复制文件或文件夹

复制文件或文件夹的方法是：选定要复制的文件或文件夹，单击"编辑/复制"命令，打开目标盘或目标文件夹，单击"编辑/粘贴"命令即可。

按住 Ctrl 键不放，用鼠标将选定的文件或文件夹拖曳到目标盘或目标文件夹中，也可实现复制操作。如果在不同的驱动器之间复制，只要用鼠标拖曳文件或文件夹就可以了，不必使用 Ctrl 键。

5. 移动文件或文件夹

移动文件或文件夹的方法类似复制操作,单击"编辑/剪切"命令,打开目标盘或目标文件夹,单击"编辑/粘贴"命令即可。此外用户还可以按住 Shift 键,同时用鼠标将选定的文件或文件夹拖曳到目标盘或目标文件夹中实现移动操作。如果在同一驱动器上移动文件或文件夹,只需拖曳操作而不用按住 Shift 键。

6. 设置文件与文件夹的属性

文件及文件夹的属性表明文件及文件夹是否为只读、隐藏、存档、压缩或加密,以及是否应当索引文件内容以便快速搜索文件的信息。

Windows 中的文件和文件夹中都有属性页,属性页显示有关文件或文件夹的信息,例如,大小、位置以及创建日期。当查看文件或文件夹的属性时,也可以获得文件或文件夹属性、文件类型、打开该文件的程序的名称、文件夹中所包含的文件和子文件夹的数量、最近一次修改或访问文件的时间等信息。

选定文件或文件夹,单击"文件/属性"命令,打开"属性"对话框,在其中可以实现相关设置。

7. 删除文件与文件夹

当选定要删除的文件及文件夹对象后,有多种方法可以将它们删除。

(1)单击右键,弹出快捷菜单,在快捷菜单中,选择"删除"命令。

(2)按键盘上的 Delete 键进行删除。

(3)用"文件"菜单上的"删除"命令进行删除。

(4)按住鼠标左键,直接拖至"回收站"。

无论哪种方法,都可能弹出"确认文件删除"对话框(此对话框是否出现,可在"回收站属性"对话框中进行设置),若选择"是"按钮,系统将选定要删除的对象移到回收站中;选择"否"按钮,将放弃删除。删除的对象不同,确认对话框中提示的信息也会不同。

如果想要一次性彻底删除选定的对象,而不放到回收站中,则在进行鼠标拖至"回收站"时,同时按住 Shift 键即可。放到回收站的对象,可以打开回收站,进行"清空回收站"和"还原所有项目"操作。另外,想要恢复刚刚被删除的对象,可单击工具栏中的"撤销"按钮或者单击"编辑"菜单下的"撤销"命令。

注意:当从硬盘删除文件或文件夹时,Windows 将它们暂时放在"回收站"中,需要时可以将删除的文件或文件夹还原,直到执行"清空回收站"命令后才真正将它们删除。从 U 盘或网络驱动器中删除的文件或文件夹将被永久删除,而且不送到"回收站"。

8. 搜索文件与文件夹

在资源管理器窗口中可以用工具按钮"搜索"快速搜索文件夹或文件。当文件夹或文件名不确定时可以用通配符代替,Windows 中常用"*"和"?"两个通配符,"*"代表任意的多个字符,"?"代表任意的单个字符。

单击"搜索"按钮,在搜索窗口中选择"查找所有文件或文件夹",出现一个如图 2 - 14 所示的对话框,接着输入要查找文件或文件夹的名称或通配符,选择查找位置进行搜索,还可以选择按日期、类型、大小等方式进行查找,设置好查找条件后,单击"搜索"按钮,即开始查找过程;单击"停止"按钮可以停止查找。

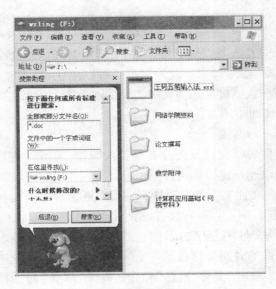

图 2 - 14 "搜索"对话框窗口

也可以用"开始"菜单下的"搜索"命令搜索系统中文件或文件夹。

2.4 Windows 控制面板

Windows 控制面板是用来进行系统管理和系统环境设置的一个工具集，通过它用户可以根据自己的爱好更改显示器、键盘、鼠标、桌面等硬件的设置，以便更有效地使用它们。

2.4.1 显示属性、键盘和鼠标设置

单击"开始/控制面板"可以启动 Windows 的控制面板，它有两种视图方式：分类视图和经典视图。如图 2 - 15 是 Windows 控制面板的经典视图方式，单击"切换到分类视图"，

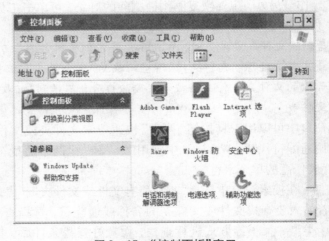

图 2 - 15 "控制面板"窗口

可以在分类视图方式下使用 Windows 的控制面板。

1. 显示属性设置

在"控制面板"窗口中双击"显示"图标，打开如图 2–16 所示的"显示属性"对话框，桌面上大多数显示特性都可以通过该对话框进行设置。例如背景、屏幕保护程序、窗口颜色、字体大小以及屏幕分辨率等。

注意：也可以在桌面的任何空白处，单击右键，在弹出的快捷菜单中选择"属性"命令，打开"显示属性"对话框进行显示属性设置。

2. 键盘和鼠标的设置

（1）键盘有不同的响应特性和不同的语言布局。控制面板提供了设置键盘的工具，只要双击控制面板上的"键盘"图标，双击"键盘"图标，弹出"键盘属性"对话框，可以对键盘进行设置，如更改字符重复速率、光标闪烁频率，查看和更新键盘硬件属性、驱动程序等。

图 2–16　"显示属性"对话框

（2）鼠标是一种重要的输入设备，鼠标性能的好坏直接影响到工作效率。控制面板提供了鼠标设置的工具，只要双击控制面板上的"鼠标"图标，就会出现"鼠标属性"对话框，在该对话框中可以对鼠标进行设置，如按钮设置、双击速度、鼠标指针和移动速度等。

2.4.2　打印机设置及添加新硬件

打印机设置由"控制面板"中的"打印机和传真"实用工具来完成。"打印机和传真"实用工具可以对打印机进行添加、删除、测试、设置默认打印机等方面的管理。

1. 添加打印机

在"控制面板"中双击"打印机和传真"图标，将出现"打印机和传真"窗口，如图 2–17 所示。

双击其中的"添加打印机"图标，出现"添加打印机向导"对话框，如图 2–18 所示。用户可以通过"向导"选择厂商、打印机类型等一步一步地完成操作。

2. 删除打印机

若要删除打印机只要在图 2–17 所示的打印机窗口中选择要删除的打印机，按 Delete 键。

3. 设置默认打印机

默认打印机是指当用户发出打印命令后，不选择打印机，系统就能对信息进行打印的那台打印机。如图 2–17 所示的打印机窗口内已经添加了一台打印机，并且左上角有一个符号，表示这台打印机是默认打印机。

设置默认打印机的方法是：右击打印机图标，在弹出的快捷菜单中选择"设为默认值"命令。

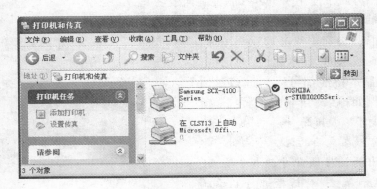

图 2-17 "打印机和传真"窗口

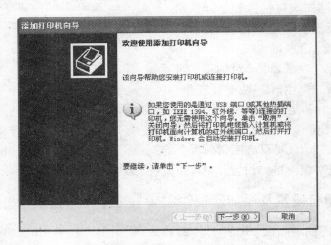

图 2-18 "添加打印机向导"对话框

设置默认打印机的其他方法有：选择打印机，使用"文件"菜单的"设为默认打印机"命令；或双击要设置的打印机，在出现的有关这台打印机的窗口中选择"打印机"菜单的"设为默认打印机"命令。

当用户使用了打印命令后，任务栏右侧就出现了图标，表示存在着打印任务。

双击图 2-17 所示的"打印机"窗口中对应的打印机，或双击任务栏上图标，就会出现接受打印任务的这台打印机的窗口。在该窗口中显示着将要打印的文档队列，利用该窗口的"打印机"菜单、"文档"菜单，可以对队列中的任务进行暂停、取消（即为删除打印操作，也可以选择后，按 Delete 键）等操作。

打印文件可以使用应用程序中的"打印"命令，也可以直接将文档文件拖到打印机图标或快捷方式上，来实现打印。

4. 添加新硬件

对于即插即用（Plug And Play，简称 PnP）设备，只要根据生产商的说明将设备连接在计算机上，然后打开计算机并启动 Windows，Windows 将自动检测新的"即插即用"设备并安装所需要的软件，必要时插入含有相应驱动程序的软盘或 CD – ROM 光盘就可以了。如果 Windows 没有检测到新的"即插即用"设备，则设备本身没有正常工作、没有正确安装或根本没有安装，对于这些问题，"添加新硬件向导"是不能解决的，则需要用控制面板中的"添加新硬件"工具。

注意：在运行向导之前，应确认硬件已经正确连接或已将其组件安装到计算机上。如果在"厂商和类型"列表框中找不到所安装的硬件，则单击"从磁盘安装"按钮，从安装盘中安装该硬件的设备驱动程序。

2.5 Windows 附件工具

Windows 中的附件提供了很多的应用程序，包括计算器、游戏、记事本等基本应用工具，还包括一些功能强大的系统管理工具。熟练地掌握这些工具软件，可以在一定程度上满足用户的日常工作需要。

2.5.1 基本应用工具

基本应用工具主要有：计算器、记事本、写字板、画图和命令提示符等。

1. 计算器

"计算器"是 Windows 提供的可以实现四则运算和一些常用函数（如对数和阶乘）功能的程序。"计算器"有两种基本类型：标准型（窗口如图 2 – 19 所示）和科学型（窗口如图 2 – 20 所示），标准型用于简单的数学运算，科学型可以实现科学计算和统计计算。

操作方法为：单击"开始/所有程序/附件/计算器"菜单命令，打开计算器窗口（系统默认窗口为标准型），通过"查看"菜单可以进行两种类型的切换。

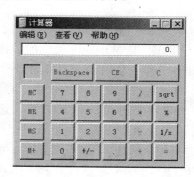

图 2 – 19 标准型"计算器"窗口

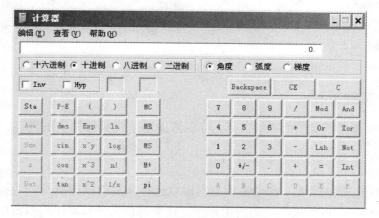

图 2 – 20 科学型"计算器"窗口

2.记事本

"记事本"是一个纯文本文件编辑器。所谓"文本"是由文字和数字等字符组成，不能包括图片和复杂的格式信息。

3.写字板

"写字板"是 Windows 提供的一个字处理程序，它的功能比"记事本"强，可以实现更丰富的格式排版。单击"开始/程序/附件/写字板"，打开写字板应用程序窗口，如图 2 - 21 所示。

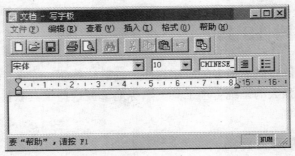

图 2 - 21　写字板应用程序窗口

4.画图

"画图"是 Windows 提供的位图绘制程序，它有一个绘制工具箱和一个调色板，可以实现图文并茂的效果。利用"画图"可以对各种位图格式的图画进行编辑，或自己绘制图画，也可以对扫描的图片进行编辑修改，在编辑完成后，可以以BMP，JPG，GIF 等格式存档，用户还可以发送到桌面和其他文本文档中。

若要使用画图工具，单击"开始/程序/附件/画图"，打开"未命名 - 画图"对话框，如图 2 - 22 所示，为程序默认状态。

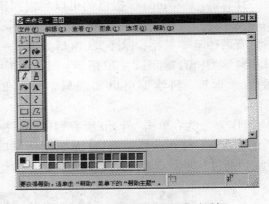

图 2 - 22　"未命名 - 画图"对话框

2.5.2　系统工具

Windows 操作系统提供的系统工具，可以帮助用户优化计算机的性能，解决系统资源不足的问题。

1.磁盘清理

计算机使用一段时间后，由于系统会对磁盘进行大量的读写以及安装操作，使得磁盘上存留许多临时文件或已经没用的应用程序。这些残留文件和程序不但占用磁盘空间，而且会影响系统的整体性能。

使用"磁盘清理"工具的操作步骤是：

（1）单击"开始/所有程序/附件/系统工具/磁盘清理"命令，打开"选择驱动器"对话框，如图 2－24 所示。

（2）在打开的对话框中，选择需要清理的磁盘驱动器，单击"确定"按钮。"磁盘清理"程序自动查找该磁盘分区上的各种无用文件，如 Internet Explorer 下载的临时文件、回收站中的文件、Temp 文件夹中的临时文件等，并将找到的各种无用文件显示到列表窗口中，如图 2－25 所示。

图 2－24　"选择驱动器"对话框

2. 磁盘碎片整理

计算机磁盘上的文件，并非总是保存在一个连续的磁盘空间上，而是把一个文件分散存放在磁盘的许多地方，这样的分布会浪费磁盘空间，称为磁盘碎片。

使用 Windows 系统提供的"磁盘碎片整理程序"工具的操作步骤是：

（1）单击"开始/所有程序/附件/系统工具/磁盘碎片整理程序"命令，打开"磁盘碎片整理程序"窗口，如图 2－26 所示。在该窗口中，单击要对其进行碎片整理的驱动器，然后单击"分析"按钮。

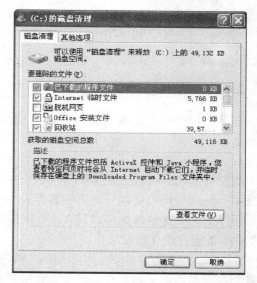

图 2－25　"磁盘清理"对话框

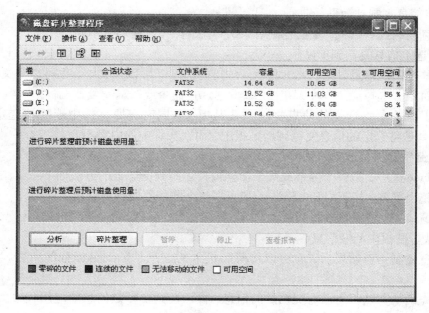

图 2－26　"磁盘碎片整理程序"窗口

（2）分析完磁盘之后，将显示一个对话框，给出用户是否应该对所分析的驱动器进行碎片整理的提示。

注意：对卷进行碎片整理之前，应该先进行分析，以便了解碎片整理过程大概需要多长时间。

（3）要对选定的一个或多个驱动器进行碎片整理，单击"碎片整理"按钮。完成碎片整理之后，磁盘碎片整理程序将显示整理结果。

（4）要显示有关经过碎片整理的磁盘或分区的详细信息，单击"查看报告"按钮。要关闭"查看报告"对话框，单击"关闭"。

（5）要关闭"磁盘碎片整理程序"实用工具，单击窗口标题栏上的"关闭"按钮或单击"文件/退出"命令。

2.5.3　系统资源的共享

在 Windows 操作系统下，可通过对剪贴板和文件夹进行相关设置，实现系统资源共享。

1. 剪贴板

剪贴板（Clipboard）是在 Windows 系统中单独预留出来的一段内存区域，它用来暂时存放在 Windows 应用程序间要交换的数据，使用它可以将数据从一个应用程序复制到另一个应用程序中去。这些数据可以是文本、图像、声音等，简单地说，只要能够在硬盘上存储的数据，就能存放在剪贴板中。

Windows 应用程序中的剪切、复制、粘贴命令是剪贴板应用的典型操作，当使用剪切或复制命令对数据进行操作后，这些数据就被暂时存放在剪贴板当中，使用粘贴命令就能将这些数据从剪贴板中复制到指定的目标应用程序中，实现数据共享。

（1）将信息复制到剪贴板

把信息复制到剪贴板，根据复制对象的不同，操作方法略有不同。

① 将选定信息复制到剪贴板

选定要复制的信息，使之突出显示。选定的信息既可以是文本，也可以是文件或文件夹等其他对象。选择应用程序菜单中"编辑/剪切"命令或"编辑/复制"命令。

"剪切"命令是将选定的信息复制到剪贴板上，同时在原文件中删除被选定的内容；"复制"命令是将选定的信息复制到剪贴板中，而原文件中的内容不变。

② 复制整个屏幕或窗口到剪贴板

在 Windows 中，把整个屏幕或某个活动窗口复制到剪贴板的方法如下：

复制整个屏幕：按下"Print Screen"键，将整个屏幕复制到剪贴板上。

复制窗口：先将窗口选择为活动窗口，然后按"Alt + Print Screen"键即可。

（2）从剪贴板中粘贴信息

将信息复制到剪贴板后，就可以将剪贴板中的信息粘贴到目标程序中去。其操作步骤为：

①首先确认剪贴板上已有要粘贴的信息，再切换到要粘贴信息的应用程序，将光标定位到要放置信息的位置上。

②然后选择该应用程序"编辑"菜单中的"粘贴"命令即可。

将信息粘贴到目标应用程序中后,剪贴板中的内容依旧保持不变,因此可以对此进行多次粘贴操作,既可在同一文件中多处粘贴,也可在不同文件中粘贴。

"复制"、"剪贴"和"粘贴"命令对应的快捷键分别为 Ctrl + C、Ctrl + X、Ctrl + V。

2. 文件夹共享

当一个文件夹设置共享属性后,在网上邻居中就可以通过"\\计算机名\共享名"这样的网络路径访问该文件夹,如果要取消文件夹的共享属性或者更改其访问类型,需要在本机上对原来的文件夹进行操作。

(1)文件夹共享设置

在 Windows 资源管理器中,指向需要设置共享的文件夹,单击鼠标右键,在弹出的快捷菜单中选择"共享和安全"命令,打开"属性"对话框中的"共享"选项卡,如图 2 – 27 所示。选中"在网络上共享这个文件夹"复选框,输入共享名称。若清除"允许网络用户更改我的文件"复选框,则其他用户只能查看该共享文件夹中的内容,而不能对其进行修改。设置完毕后,单击"应用"按钮或"确定"按钮即可。

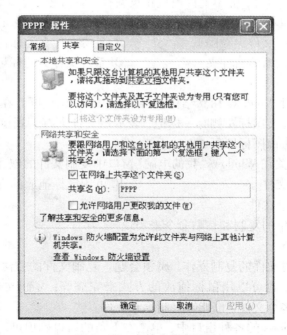

图 2 – 27　文件夹共享设置

注意:在"共享名"文本框中输入的名称是其他用户连接到此共享文件夹时将看到的名称。

完成共享设置后,可在"网上邻居"中查看该文件夹的内容。

(2)查看共享文件夹的位置

在 Windows 系统中,可以在命令提示符下用"Net Share"命令,或者在"运行"对话框中输入"Compmgmt. msc"命令打开"计算机管理"窗口,查看本机上所有共享文件夹的路径。

2.6　典型例题与解析

例2-1　Windows 操作系统是一种(　　)。

A. 工具软件　　　　　B. 用户软件　　　　　C. 系统软件　　　　　D. 图形软件

正确答案为 C。

解析：本题考查 Windows 操作系统的相关概念，属识记题。Windows 操作系统是一种多任务、图形用户界面的系统软件。

例2-2　下列有关 Windows 文件名的叙述中，错误的是(　　)。

A. 文件名中允许使用汉字　　　　　　　　B. 文件名中允许使用斜杠（"/"）

C. 文件名中允许使用圆点（"."）　　　　　D. 文件名中允许使用空格（"Space 键"）

正确答案为 B。

解析：本题考查文件的相关概念，属识记题。在 Windows 环境下的文件名可以是汉字、可以使用圆点和空格等，但不允许出现正反斜杠、尖括号、冒号等符号。

例2-3　在 Windows 的资源管理器中，文件夹图标左边符号 + 的含义是(　　)。

A. 此文件夹中的子文件夹被隐藏　　　　　B. 备份文件夹的标记

C. 此文件夹是被压缩的文件夹　　　　　　D. 系统文件夹的标记

正确答案为 A。

解析：本题考查对 Windows 树状结构的目录认识，属识记题。在资源管理器左窗口的文件夹树中，有的文件夹图标左侧有 + 标记，表示该文件夹有下属的子文件夹，可进一步展开，只需用鼠标单击该图标即可。

例2-4　下列有关在 Windows"我的电脑"窗口中复制文件的叙述，不正确的是(　　)。

A. 不能复制隐藏文件　　　　　　　　　　B. 可用鼠标拖放的方式完成

C. 可同时复制多个文件

D. 可通过编辑菜单的复制和粘贴命令来实现

正确答案为 A。

解析：本题考查对文件的复制操作，属领会题。复制文件的方法可通过编辑菜单的复制和粘贴命令来实现，也可以用鼠标拖放的方式来完成等；复制文件时可以复制单个文件，也可以同时复制多个文件，也能够复制隐藏文件。

例2-5　在 Windows 的各种窗口中，单击左上角的窗口标识可以(　　)。

A. 打开控制菜单　　　　　　　　　　　　B. 打开资源管理器

C. 打开控制面板　　　　　　　　　　　　D. 打开网络浏览器

正确答案为 A。

解析：本题考查对 Windows 控制菜单的认识，属领会题。在窗口的左上角有一个图标，其后的文字为某个应用软件的名称。图标既是应用软件的标识，也有激活窗口控制菜单的作用。用鼠标单击此图标，即可打开控制菜单，用菜单上的不同选项，将窗口放大、缩小、移动及关闭。

例2-6　在 Windows 中，要设置任务栏属性，其操作的第一步是(　　)。

A. 单击"我的电脑"，选择"属性"　　　　　B. 右击"开始"按钮

C.单击桌面空白区,选择"属性"　　　　　　　　D.右击任务栏空白区,选择"属性"

正确答案为 D。

解析:本题考查对 Windows 对象的相关操作,属领会题。在本题 4 个选项中,与任务栏属性有关的选项只有第 4 项。读者可从此题得出一个规律,即与某个对象有关的操作,一般应在该对象的相关空间区域中进行。此外,由于任务栏区域内没有菜单栏,因此应该用鼠标右键单击任务栏才会打开一个快捷菜单,再按菜单给出的命令进行以后的各步操作。

例 2 – 7　在 Windows 状态下不能启动"控制面板"的操作是(　　)。

A.单击桌面的"开始"按钮,在出现的菜单中单击"控制面板"

B.打开"我的电脑"窗口,再单击左窗口中的"控制面板"

C.打开资源管理器,在左窗口中选择"控制面板"选项,再单击

D.单击"附件"中的"控制面板"命令

正确答案为 D。

解析:本题考查对 Windows 控制面板的启动方式,属简单应用题。在 Windows 状态下,有 3 种启动"控制面板"的途径:①用鼠标单击"开始"按钮,在出现的菜单中单击"控制面板";②双击桌面的"我的电脑"图标,在"我的电脑"的窗口中,再单击左窗口中的"控制面板";③用鼠标右键单击"开始"按钮,出现快捷菜单后,单击"资源管理器"项,打开"资源管理器"窗口后,在其左窗口中,选择"控制面板"选项,再单击。

例 2 – 8　在 Windows 中,对桌面上的图标(　　)。

A.可以用鼠标的拖动或打开一个快捷菜单对他们的位置加以调整

B.只能用鼠标对它们拖动来调整位置

C.只能通过某个菜单来调整位置

D.只需用鼠标在桌面上从屏幕左上角向右下角拖动一次,它们就会重新排列

正确答案为 A。

解析:本题考查对 Windows 桌面图标的基本操作,属简单应用题。对桌面上的图标可以通过拖动改变其在桌面的位置,也可以通过鼠标右击桌面空白处,在弹出的菜单中选出"排列图标"项,在其下级菜单中按名字、类型、大小及日期 4 种方式中的一种,重新排列图标。

例 2 – 9　在 Windows 中快速获得硬件的有关信息可通过(　　)。

A.鼠标右键单击桌面空白区,选择"属性"菜单项

B.鼠标右键单击"开始"菜单

C.鼠标右键单击"我的电脑",选择"属性"菜单项

D.鼠标右键单击任务栏空白区,选择"属性"菜单项

正确答案为 C。

解析:本题考查 Windows 综合操作,属综合应用题。查看计算机系统的属性,应先在资源管理器左窗口选定"我的电脑"图标,从"文件"菜单中单击"属性"命令,出现一个对话框。对话框中有"常规"、"计算机名"、"硬件"、"高级"、"系统还原"及"自动更新"等多个标签。每选择一个标签,即出现一个相应的选项卡,从中能了解此计算机的性能和系统配置的详细情况。

例 2 - 10 在 Windows 中,"写字板"和"记事本"软件所编辑的文档(　　)。

A. 均可通过剪切,复制和粘贴与其他 Windows 应用程序交换信息

B. 只有写字板可通过剪切,复制和粘贴操作与其他 Windows 应用程序交换信息

C. 只有记事本可通过剪切,复制和粘贴操作与其他 Windows 应用程序交换信息

D. 两者均不能与其他 Windows 应用程序交换信息

正确答案为 A。

解析:本题考查对 Windows 基本应用程序的使用,属综合应用题。"写字板"和"记事本"均可通过剪切,复制和粘贴与其他 Windows 应用程序共享剪贴板中的信息。

习　题

1. Windows 的桌面指的是(　　)。

A. 主屏幕区域　　　　　B. 某个窗口　　　　　C. 资源管理器窗口　　　D. 活动窗口

2. 以下说法不正确的是(　　)。

A. 不能改变桌面上图标的标题　　　　　　B. 可以移动桌面上的图标

C. 可以将桌面上的图标设置成自动排列状态　　D. 可以改变桌面上图标的标题

3. 在 Windows 中,想同时改变窗口的高度和宽度的操作是拖放(　　)。

A. 窗口角　　　　　　B. 菜单栏　　　　　　C. 窗口边框　　　　　D. 滚动条

4. 要移动窗口,可以将鼠标指针移动至窗口的(　　)。

A. 工具栏位置上拖曳　　　　　　　　　B. 状态栏位置上拖曳

C. 标题栏位置上拖曳　　　　　　　　　D. 编辑栏位置上拖曳

5. 下列有关快捷方式的叙述,错误的是(　　)。

A. 快捷方式改变了程序或文档在磁盘上的存放位置

B. 快捷方式提供了对常用程序或文档的访问捷径

C. 快捷方式图标的左下角有一个小箭头

D. 删除快捷方式不会对源程序或文档产生影响

6. 不可能在任务栏上的内容为(　　)。

A. 语言栏对应图标　　　　　　　　　B. 正在执行的应用程序窗口图标

C. 已打开文档窗口的图标　　　　　　D. 对话框窗口的图标

7. "回收站"是(　　)。

A. 硬盘上的一个文件

B. 硬盘上的一块存储空间,是一个特殊的文件夹

C. 软盘上的一块存储空间,是一个特殊的文件夹

D. 内存中的一个特殊存储区域

8. 在 Windows 中,关于文件夹的描述不正确的是(　　)。

A. 文件夹是用来组织和管理文件的　　　B."我的电脑"是一个文件夹

C. 文件夹中可以存放驱动程序文件　　　D. 同一个文件夹中可以存放两个同名文件

9. 桌面上直接按 F1 键会(　　)。

A. 弹出"资源管理器"窗口　　　　　B. 弹出"Windows 帮助"窗口

C. 打开"我的电脑"窗口　　　　　　D. 弹出"控制面板"窗口

10. 在 Windows 选定所有浏览到的文件的组合键是(　　)。

A. Ctrl ＋V　　　　　B. Ctrl ＋X　　　　　C. Ctrl ＋ A　　　　D. Ctrl ＋ C

11. 以下 4 项不属于 Windows 操作系统特点的是(　　)。

A. 图形界面　　　　　B. 多任务　　　　　C. 即插即用　　　　D. 多用户

12. 语言栏是否显示在桌面上的设置方法是(　　)。

A. 控制面板中选"区域和语言"选项　　　　B. 控制面板中选"添加和删除程序"

C. 右击桌面空白处，选择"属性"　　　　　D. 右击任务栏空白处，选择"属性"

13. 在 Windows 中切换各种中文输入法可使用(　　)键。

A. Ctrl ＋ Alt　　　B. Ctrl ＋ Shift　　　C. Shift ＋ Space　　D. Ctrl ＋ Space

14. 在 Windows 中下面的叙述正确的是(　　)。

A. "写字板"是字处理软件，不能进行图文处理

B. "画图"是绘图工具，不能输入文字

C. "写字板"和"画图"均可以进行文字和图形处理

D. "记事本"文件可以插入自选图形

15. 任务栏上的应用程序按钮处于被按下状态时，对应(　　)。

A. 任意窗口　　　　B. 当前活动窗口　　　C. 最小化的窗口　　D. 最大化的窗口

16. 当一个应用程序窗口被最小化后，该应用程序将(　　)。

A. 被删除　　　　　　　　　　　　　　　B. 缩小为图标，成为任务栏中的一个按钮

C. 被取消　　　　　　　　　　　　　　　D. 被破坏

17. 在 Windows 中，对文件和文件夹的管理可以使用(　　)。

A. "资源管理器"或"控制面板"窗口　　　　B. "资源管理器"或"我的电脑"窗口

C. "我的电脑"窗口或"控制面板"窗口　　　D. 快捷菜单

18. 在 Windows 操作环境下，将整个屏幕画面全部复制到剪贴板中使用的键是(　　)。

A. Print Screen　　　B. Page Up　　　　　C. Alt ＋ F4　　　　D. Ctrl ＋ Space

19. 在 Windows 中，当一个窗口已经最大化后，下列叙述中错误的是(　　)。

A. 该窗口可以被关闭　　　　　　　　　　B. 该窗口可以移动

C. 该窗口可以最小化　　　　　　　　　　D. 该窗口可以还原

20. 以下(　　)是 Windows 本身附带的应用软件。

A. WinRAR　　　　　B. MicrosoftWord　　C. RealPlayer　　　D. 记事本

21. 关于 Windows 窗口的概念，以下叙述正确的是(　　)。

A. 屏幕上只能出现一个窗口，这就是活动窗口

B. 屏幕上可以出现多个窗口，但只有一个是活动窗口

C. 屏幕上可以出现多个窗口，但不止一个活动窗口

D. 当屏幕上出现多个窗口时，就没有了活动窗口

22. 单击控制面板中的(　　)，可以设置屏幕保护程序。

A. 显示　　　　　　　B. 安全中心　　　　C. 系统　　　　　　D. 辅助功能选项

23. 要选定多个不连续的文件或文件夹，可以按住(　　)键不放，用鼠标依次单击要选定的文件或文件夹。

A. Shift　　　　　　　B. Tab　　　　　　　C. Alt　　　　　　　D. Ctrl

24. 在 Windows 中，"资源管理器"图标(　　)。

A. 一定出现在桌面上　　　　　　　　B. 可以设置在桌面上

C. 可以通过单击将其显示到桌面上　　D. 不可能出现在桌面上

25. 在 Windows 中，剪贴板是用来在程序和文件间传递信息的临时存储区，此存储区是(　　)。

A. 回收站的一部分　　　　　　　　　B. 硬盘的一部分

C. 内存的一部分　　　　　　　　　　D. 软盘的一部分

26. 在 Windows 中"画图"文件默认的扩展名是(　　)。

A. . CRD　　　　　B. . TXT　　　　　C. . WRI　　　　　D. . BMP

27. 当 Windows 的任务栏在桌面屏幕的底部时，其右端的"指示器"显示的是(　　)。

A. "开始"按钮　　　　　　　　　　　B. 用于多个应用程序之间切换的图标

C. 快速启动工具栏　　　　　　　　　D. 输入法、时钟等

28. Windows 菜单操作中，如果某个菜单项的颜色暗淡，则表示(　　)。

A. 只要双击，就能选中

B. 必须连续三击，才能选中

C. 单击被选中后，还会显示出一个方框要求操作者进一步输入信息

D. 在当前情况下，这项选择是没有意义的，选中它不会有任何反应

29. 在 Windows 中，打开一个窗口后，通常在其顶部是一个(　　)。

A. 标题栏　　　　　B. 任务栏　　　　　C. 状态栏　　　　　D. 工具栏

30. 在 Windows 中，某个窗口的标题栏的右端的三个图标可以用来(　　)。

A. 使窗口最小化、最大化和改变显示方式　B. 改变窗口的颜色、大小和背景

C. 改变窗口的大小、形状和颜色　　　　　D. 使窗口最小化、最大化和关闭

31. Windows 系统是(　　)。

A. 单用户单任务系统　　　　　　　　B. 单用户多任务系统

C. 多用户多任务系统　　　　　　　　D. 多用户单任务系统

32. 文件 TEST. Bmp 存放在 F 盘的 T 文件夹中的 G 子文件夹下，它的完整文件标识符是(　　)。

A. F：\T\G\TEST　　　　　　　　　B. T：\ TEST. Bmp

C. F：\T\G\TEST. Bmp　　　　　　　D. F：\T：\ TEST. Bmp

33. 在查找文件时，通配符 * 与? 的含义是(　　)。

A. * 表示任意多个字符，? 表示任意一个字符

B. ? 表示任意多个字符，* 表示任意一个字符

C. * 和? 表示乘号和问号

D. 查找 *.? 与?. * 的文件是一致的

34. 在 Windows 中，打开一个菜单后，其中某菜单项会出现下属级联菜单的标识是(　　)。

A. 菜单项右侧有一组英文提示　　　　B. 菜单项右侧有一个黑色三角形

C. 菜单项左侧有一个黑色圆点　　　　D. 菜单项左侧有一个√符号

35. 在控制面板中，使用"添加/删除程序"的作用是(　　)。

A.设置字体　　　　　B.设置显示属性　　　　C.安装未知新设备　　　D.安装或卸载程序

36. 在 Windows 中,"开始"菜单内的"文档"命令作用是( )。

A.新建文档　　　　　　　　　　　　B.打印文档

C.打开最近使用过的文档　　　　　　D.以上都对

37. 在 Windows 中,"写字板"是一种( )。

A.字处理软件　　　B.画图工具　　　　C.网页编辑器　　　D.造字程序

38. 在 Windows 中,在"记事本"中保存的文件,系统默认的文件扩展名是( )。

A..TXT　　　　　　B..DOC　　　　　　C..BMP　　　　　　D..RTF

39. 在 Windows 中要使用"计算器"进行十六进制数据计算和统计时,应选择( )。

A."标准型"　　　　B."统计型"　　　　C."高级型"　　　　D."科学型"

40. 在 Windows 中,用户建立的文件默认具有的属性是( )。

A.隐藏　　　　　　B.只读　　　　　　C.系统　　　　　　D.存档

41. 在 Windows 中文件被放入回收站后( )。

A.可释放文件占用的磁盘空间　　　　B.文件已被删除,不能恢复

C.该文件可以恢复　　　　　　　　　D.该文件无法永久删除

第 3 章　Word 文字编辑

学习目标：

◇ 了解 Word 文档的主要功能，理解 Word 工作窗口的基本构成元素，了解任务窗格的作用，帮助文件的使用。

◇ 熟练掌握文档的基本操作和编辑方法，字体和段落设置；了解项目符号和编号，掌握边框、底纹、页眉和页脚的添加。

◇ 了解模板的概念；掌握 Word 文档中表格的建立与编辑，图形的制作与编辑。

◇ 掌握图片、文本框等对象的插入，图文混排技术及页面设置和打印。

3.1　Word 基础

Word 2003 是 Microsoft Office 2003 办公套件的一个组件，具有强大的文字编辑和排版功能，可用于一般文稿的编辑和排版，还可用于一些专业出版物的排版。本章以 Word 2003（简称 Word）为基础介绍相关概念和基本操作。

3.1.1　Word 的主要功能

Word 的主要功能可以概括为：

（1）创建、编辑和格式化文档。可以输入中、英文文字，并对输入的文字进行编辑操作，如复制、移动、删除等。

（2）表格的制作与处理。可以自动制表，也可以手动制表。

（3）自动功能。提供了拼写和语法检查功能，提高了英文文章编辑的正确性。

（4）图形处理与对象插入。可以在文档中插入软件自身提供的各种精美的剪贴画、艺术字、自选图形等，也可以插入各种格式的外部图形与图像。

（5）版式设计与文档打印。版式设计是一项重要的操作，包括页面设置、添加页眉及页脚和页码、人工分页、分栏排版等。在打印文档前，Word 提供了打印预览功能。

（6）高效排版与长文档处理。样式简化了文本和段落修饰中的大量重复性工作，模板规范了同类文档的统一版面风格，使得文书的制作操作更加简单。

（7）帮助功能。系统提供了 Office 助手。

3.1.2　Word 的窗口组成

启动 Word 后，系统会自动创建一个新文档（默认文件名为"文档1"，扩展名为 .doc），即进入用户编辑工作界面窗口，如图 3-1 所示。

Word 窗口由标题栏、菜单栏、工具栏、文档窗口、任务窗格、状态栏及滚动条等组成。其中，文档窗口又由编辑区、标尺和插入点组成。

（1）标题栏。位于窗口的顶部，显示正在编辑的文档名(例如，文档 1)和应用程序名(Microsoft Word)。

（2）菜单栏。位于标题栏的下方。要执行菜单中的命令，可以用鼠标单击菜单栏上的菜单，然后在下拉菜单中单击相应的命令。

（3）工具栏。工具栏是执行菜单命令的快捷方式，将鼠标悬停在工具栏按钮上会显示该按钮的名称。

（4）标尺。使用标尺可以快速进行文档排版。

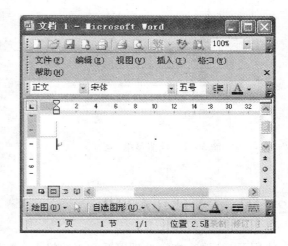

图 3 - 1　Word 工作界面窗口

（5）编辑区。是输入文本和编辑文本的区域，位于工具栏的下方。

（6）状态栏。位于 Word 窗口底部，显示 Word 文档的当前有关信息，如页号、节号、行号、列号、改写或插入状态等。

（7）滚动条。它分水平和垂直滚动条两种。使用滚动条滑块可滚动工作区的文档内容。

（8）插入点。闪烁的黑色竖条(或称光标)为插入点。输入文本时，它指示下一个字符的位置。

3.1.3　Word 的视图模式

"视图"是查看文档的方式。在 Word 下常用的视图模式有 5 种：普通视图、Web 版式、页面视图、阅读版式、大纲视图。可通过视图菜单(如图 3 - 2 所示)或位于左下角的视图切换按钮(如图 3 - 3 所示)实现视图间的切换。

（1）普通视图。它是显示文本格式设置和简化页面的视图，便于进行大多数编辑和格式设置。

（2）Web 版式视图。在此模式下文档的显示效果与网络浏览器上看到的效果相同。

（3）页面视图。是 Word 默认视图。在此模式下显示的文档效果与实际打印效果相同。

（4）阅读版式视图。它便于在计算机屏幕上阅读文档。

（5）大纲视图。用缩进文档标题的形式代表标题在文档结构中的级别。

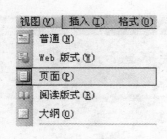

图3-2　视图菜单

图3-3　视图切换按钮

3.2　Word 文档基本操作

使用 Word 进行文字处理以及文档编辑，一般包括：文档建立、文档编辑、文档保存和文档打印这几个基本步骤。

3.2.1　文档建立及打开

启动 Word 时，系统会自动创建一个新文档，直接进入 Word 工作界面。在此界面下，还可用下面3种方法建立新文档。

1. 用菜单命令建立

（1）单击"文件/新建"命令，打开"新建文档"任务窗格，如图3-4所示；

（2）单击"空白文档"或"XML 文档"或"网页"或"电子邮件"等按钮，可以新建不同类型的空白文档。

2. 用工具栏图标按钮建立

单击"常用"工具栏中的"新建空白文档"按钮，如图3-5所示，可快速建立一个新的空白文档。

3. 使用快捷键建立

按压 Ctrl + N 键，将以缺省的模板文件创建一个空白文档。

4. 文档打开

Word 文档以文件的形式保存在磁盘中，只有将其重新打开，才能进行编辑修改、排版等操作。

（1）打开 Word 文档

单击"文件/打开"命令或按 Ctrl + O 快捷键，弹出"打开"对话框，在对话框中选择文档所在的位置及文件名（或单击"常用"工具栏上的"打开"按钮）。

图3-4　"新建文档"任务窗格

图3-5　"新建空白文档"按钮

（2）打开最近使用过的文档

如果要打开最近使用过的文档，单击"文件"菜单，选择底部显示的文件名列表中的文档，如图3-6所示。系统默认列出4个最近所用的文件。

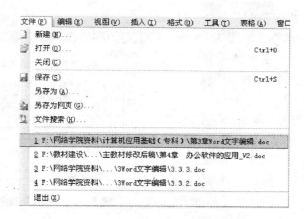

图 3 - 6　选择最近打开的文档

注意：也可直接在"我的电脑"中找到需要打开的文档，并用鼠标双击该文档名；或在"开始/我最近的文档"中找到要打开的文档，单击即可。

3.2.2　文档编辑及保存

文档编辑主要用于对文档进行编辑修改等操作，其操作命令主要包含在"编辑"菜单中。

1. 输入文本

在文档窗口中有一个闪烁的插入点，表明可以由此开始输入文本。输入文本时，插入点从左向右移动，这样可以连续不断地输入文本。当输入到行尾时，Word 会根据页面的大小自动换行，即当插入点移到行的右边界时，再输入字符，插入点会移到下一行的行首位置，不需要按回车键。当输入到段落结尾时，才按回车键，表示段落结束，并产生段落标记"↵"。如果需要在同一段落内换行，可以按 Shift + Enter 组合键，系统就会在行尾插入一个"↵"符号，称为"手动换行"符或"软回车"符。

在打开 Word 文档窗口的同时，系统会自动打开微软拼音输入法（默认设置）。若要选择其他输入法，可使用下列方法：

（1）单击屏幕右下方语言栏中的输入法指示器，在弹出的输入法菜单中，选择所要的输入法即可。

（2）使用快捷键 Ctrl + Shift 进行输入法切换（按住 Ctrl 键不放，然后按 Shift 键，每按一次 Shift 键，语言栏中的输入法指示器就会变化一次）。

注意：快捷键 Ctrl + Space 可以快速实现中英文输入法切换。

若要输入特殊符号，例如数学符号（≠、≈、∞ 等）、希腊字母（ζ、ω、π、θ 等）、其他符号（ⓒ、Ⓡ、☺ 等），通过简单的菜单操作即可完成输入。可使用下列方法：

图 3 - 7　"符号栏"

（1）鼠标右键单击工具栏任一按钮，在弹出的菜单中选择"符号栏"命令，在显示的"符号栏"（如图 3 - 7 所示）中选择需要的符号。

（2）选择"插入/特殊符号"命令，打开"插入特殊符号"对话框，如图 3－8 所示，在 6 个选项卡中寻找需要的符号，找到所需要的符号后选中它，单击"确定"按钮。

（3）选择"插入/符号"命令，打开"符号"对话框（如图 3－9 所示），默认显示的是"符号"选项卡，在"符号"选项卡的"字体"列表框中选择一种符号类型，双击需要插入的符号，或选中符号后单击"插入"按钮，再关闭"符号"对话框即可。

切换到"特殊字符"选项卡，可以插入一些特殊的符号。

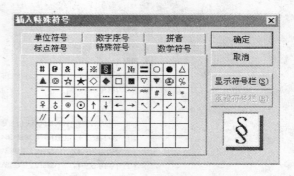

图 3－8　"插入特殊符号"对话框

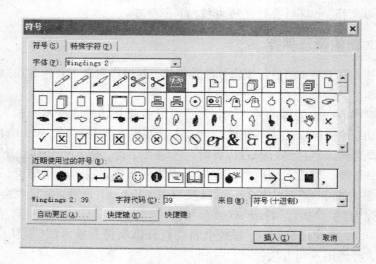

图 3－9　"符号"对话框

2. 插入和改写

插入和改写是 Word 的两种编辑方式。插入是指将输入的文本添加到插入点所在的位置，插入点以后的文本依次往后移动。改写是指输入的文本将替换插入点所在位置的文本。插入和改写两种编辑方式可以通过按 Ins 键或用鼠标双击状态栏上的"改写"标志进行切换。

3. 选取文本

在 Word 中，大多数操作都是只对选中的文本有效。文本选取的常用方法有：

（1）用鼠标选取。将光标移动到需要编辑文本的开始位置，按下鼠标左键不释放，拖动光标直到需要编辑文本末，光标移过的字符呈反白色，即为选中的文本。

用鼠标快速选取文本的方法有：

①在一个词内或文字上双击鼠标，可将整个词和文字选取。

②在一段文本内三次单击鼠标，可将整个段落选取。

③将光标置于句首，鼠标移至左边选择栏变为↗形状时，单击鼠标，选取整行文字。

④将光标置于句首，鼠标移至左边选择栏变为↗形状时，双击鼠标，选取整段文字。

⑤将光标置于句首，鼠标移至左边选择栏变为↗形状时，3 次单击鼠标，选取全文。

（2）用键盘选取。将光标移动到需要编辑文本的开始位置，按下"Shift"键不释放，再按其他键，可以选取不同的文本对象，具体操作见表 3 - 1。

表 3 - 1　选择文本组合键

按键	功能	按键	功能
Shift + →	右选取一个字符	Shift + ←	左选取一个字符
Shift + ↑	选取上一行	Shift + ↓	选取下一行
Shift + Home	选取到当前行首	Shift + End	选取到当前行尾
Shift + PageUP	选取上一屏	Shift + PageDown	选取下一屏
Shift + Ctrl + →	右选取一个字或单词	Shift + Ctrl + ←	左选取一个字或单词
Shift + Ctrl + Home	选取到文档开始	Shift + Ctrl + End	选取到文档末尾

注意：按压快捷键 Ctrl + A 可以选取全文。

4. 删除文本

（1）将光标定位，按下"Delete"键删除光标后面的一个字符，按下退格键删除光标前面的一个字符。

（2）选取要删除的文本，按下"Delete"键，或单击"编辑/剪切"命令，或单击"编辑/清除"命令，或单击"剪切"按钮即可删除。

5. 复制文本

复制文本可使用鼠标完成，也可以使用菜单完成。

使用鼠标的操作为：

（1）选中要复制的文本，将鼠标指针移动到要复制的文本上；

（2）按下"Ctrl"键和鼠标左键不释放，拖动鼠标到目的地，释放"Ctrl"键和鼠标。

使用菜单的操作为：

（1）选中要复制的文本，单击"编辑/复制"命令；

（2）将光标移动到目的地，单击"编辑/粘贴"命令（或单击"编辑/选择性粘贴"命令），也可以按下组合键"Ctrl + V"。

6. 移动文本

移动文本是将选中的文本从文档的一个位置移动到另一个位置。移动文本可使用鼠标拖动来完成，也可以使用剪贴板来完成。使用鼠标拖动的操作为：

（1）选中要移动的文本，将鼠标指针移动到选中的文本；

（2）按下鼠标左键不释放并拖动鼠标到目的地，释放鼠标。

注意：复制文本与移动文本的区别在于：执行复制文本操作后，原处仍有选定的文本；而执行移动文本操作后，原处不存在选定的文本。

使用剪贴板的操作是通过先"剪切"后"粘贴"实现的。

7. 查找与替换

对于文档中经常出现的词组或语句，先用一个简单字符代表，然后进行查找与替换，以提高输入速度。查找与替换的对象可以是一般字符，也可以是特殊字符。定位操作可以使光标快速地移动到指定位置。操作方法为：

（1）单击"编辑/查找"命令，打开"查找和替换"对话框；

（2）在对话框中，分别单击"查找"、"替换"或"定位"选项卡，并分别设置相应的信息，完成不同的操作。

8. 撤消与恢复

在文档录入或排版过程中，Word 详细记录用户的操作历史，除了光标移动外，几乎所有操作都被记录下来，以便撤消那些误操作。

（1）撤消。在文档的编辑过程中，单击工具栏上的"撤消"按钮，可撤消历史操作。

（2）恢复。在文档的编辑过程中，单击工具栏上的"恢复"按钮，可恢复被撤消的操作。

9. 文档保存

对于录入的文档，应该命名后保存在磁盘上，以便下次使用。

（1）保存新建文档

操作方法为：

① 单击"文件/保存"命令或工具栏上的"保存"按钮，打开"另存为"对话框；

② 在对话框中，选择文件的存放位置和文件类型，输入保存的文件名称。默认保存为 Word 文档，文件的扩展名为".doc"；

③ 单击"保存"按钮，保存文件，返回编辑窗口，同时文档窗口的名称被更新。

（2）保存现有文档

若编辑的文档已经命名，又对该文档进行了其他操作，可对该文档以原文件名保存，也可以另存为一个新文件名。

3.2.3　文档打印

在完成文档编辑修改之后，有时候需要将文档打印到纸上。为了保证打印效果，通常是先进行打印预览，再进行打印输出。

1. 打印预览

（1）单击"文件/打印预览"命令（或单击工具栏中的打印预览按钮），打开"预览"窗口（如图 3-10 所示），此时鼠标指针形状是一个放大镜图标。

（2）在打开的打印预览窗口中将显示实际打印效果。将鼠标指针指向预览文档上方并单击鼠标，可以放大或缩小预览效果。在预览工具栏中单击"单页"或"多页"按钮可以进行单页预览或多页预览，单击"关闭"按钮关闭预览窗口。

注意：放大镜"  "按钮在选中时，是浏览

图 3-10　"预览"窗口

功能，在未选中时，是编辑功能，即进行打印预览时也可进行文字编辑。

2. 打印输出

（1）单击"文件/打印"命令，打开"打印"对话框，如图 3 – 11 所示。

（2）在此对话框中可以设置打印的页面范围、页码范围、打印份数等参数。单击"确定"按钮，开始打印文档。

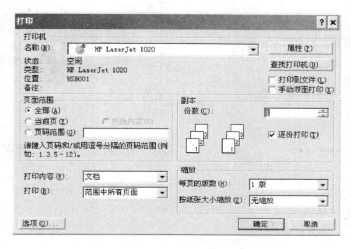

图 3 – 11　"打印"对话框

注意：若不需设置打印参数，可直接单击工具栏上打印"🖨"按钮对文档进行打印输出。

3.3　Word 文档排版

文档的排版是指对文档的格式进行设置，使得文档版面协调、布局合理、符合规范、便于阅读。文档排版主要包括字符格式设置、段落格式设置和页面设计等。

3.3.1　字符格式设置

字符有中文、西文；符号有数学符号、物理符号、化学符号以及其他符号。字符格式设置包括字符的字体、字号、字形、间距、颜色、背景以及其他修饰等设置。字符格式设置的方法主要有两种。

1. 使用格式工具栏

"格式"工具栏提供了许多最常用的选项，用于设置选中字符的格式，例如字体、字号、粗细、对齐方式和颜色。"字体"和"字号"框显示当前字符的字体和字号。操作方法为：

（1）选定要设置格式的字符，单击格式工具栏中的相应按钮。

（2）要设置字体，需要单击其字体对应的下拉箭头，在出现的列表框中选择需要的字体，如图 3 – 12 所示，字体列表上方列出了最近使用的几种字体。

（3）要设置字号，需要单击字号对应的下拉箭头，在出现的列表框中选择需要的字号，如图 3 – 13 所示。

（4）要设置颜色，需打开其列表框，从中选择需要的颜色色块，如图 3 – 14 所示。

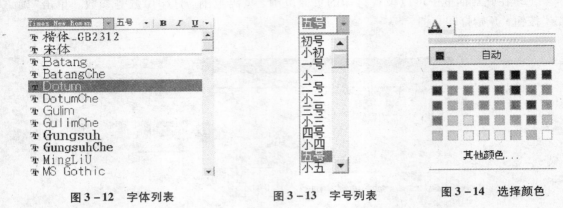

图 3 – 12　字体列表　　　　　　图 3 – 13　字号列表　　　　　图 3 – 14　选择颜色

2. 使用"格式"菜单下的"字体"命令

（1）选定要设置格式的字符，单击"格式/字体"命令，打开如图 3 – 15 所示的"字体"对话框。

（2）在"字体"选项卡中，可以对中文字体、西文字体、字形、字号、字体颜色、下划线以及各种效果进行设置，单击"确定"按钮。

3.3.2　段落格式设置

段落是由字符、图形和其他对象构成。每个段落的最后都有一个"↵"（即回车符）"标记，称为段落标记，它表示一个段落的结束。段落格式设置是指设置整个段落的外观，包括段落缩进、段落对齐、段落间距、行间距、首字下沉、分栏、项目符号和边框和底纹等设置。

图 3 – 15　"字体"对话框

1. 段落缩进

Word 中段落缩进是指调整文本与页面边界之间的距离，如图 3 – 16 所示。段落缩进有 4 种：左缩进、右缩进、首行缩进和悬挂缩进（除第一行之外其他行的起始位置）。设置段落的缩进方式有多种方法，但设置前一定要选中段落或将光标放到要进行缩进的段落内，段落缩进设置完成后的效果可参看图 3 – 17。段落缩进设置的方法有：

图 3-16 段落缩进

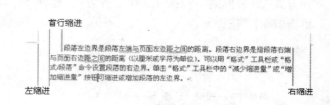

图 3-17 段落缩进设置的效果

（1）使用格式工具栏。单击格式工具栏中的"减少缩进量"或"增加缩进量"按钮（如图 3-18 所示），可以对段落的左边界缩进到默认或自定义的制表位位置。

减少缩进量—— 增加缩进量

图 3-18 设置缩进量按钮

（2）使用水平标尺。在水平标尺上，有 4 个段落缩进滑块：首行缩进、悬挂缩进、左缩进以及右缩进，如图 3-19 所示。按住鼠标左键拖动它们即可完成相应的缩进，如果要精确缩进，可在拖动的同时按住 Alt 键，此时标尺上会出现刻度。

图 3-19 标尺上的缩进标记

（3）使用"段落"对话框。单击"格式/段落"命令，打开"段落"对话框，如图 3-20 所示。在"缩进和间距"选项卡中的"缩进"区可以设置段落的各种缩进类型。

2. 段落对齐

Word 提供 5 种段落对齐方式：左对齐、居中、右对齐、两端对齐、分散对齐。其中段落左对齐为默认的对齐方式。段落对齐的设置方法有：

（1）使用格式工具栏。选择要设置对齐的段落，单击格式工具栏中对应的对齐方式按钮，如图 3-21 所示。

（2）使用"段落"对话框。选择要设置对齐的段落，在打开的"段落"对话框中选择"缩进和间距"选项卡，单击"对

图 3-20 "段落"对话框

齐方式"列表框的下拉按钮,在对齐方式(如图3－22所示)的列表中选择相应的对齐方式,单击"确定"按钮。

图3－21　对齐按钮　　　　　　　　　　　图3－22　对齐方式

3.段落间距和行间距

段落间距包括:段前间距、段后间距。行间距是指文本行之间的垂直间距。

(1)设置段落间距。选择要设置间距的段落,在打开的"段落"对话框中选择"缩进和间距"选项卡,在"间距"组的"段前"和"段后"文本框右端的增减按钮设定间距,每按一次增加或减少0.5行(如图3－23所示),单击"确定"按钮。

(2)设置行距。选择要设置行距的段落,在打开的"段落"对话框中选择"缩进和间距"选项卡,单击"行距"列表框下拉按钮,选择所需的行距选项(如图3－24所示),单击"确定"按钮。

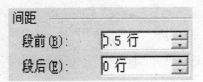 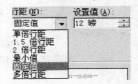

图3－23　设置间距　　　　　　　　　　图3－24　设置行距

4.首字下沉

首字下沉是将段落的第一个字符放大,以引起注意。操作方法为:

(1)把光标定位于需要首字下沉的段落中。

(2)单击"格式/首字下沉"命令,打开"首字下沉"对话框,如图3－25所示。

(3)在此对话框中选择是首字下沉还是悬挂下沉,并设置字体、下沉行数以及与正文的距离等信息,单击"确定"按钮。

5.分栏

分栏是指在文档的编辑中,将文档的版面划分为若干栏。操作方法为:

(1)选择要分栏的文字,单击"格式/分栏"命令,打开"分栏"对话框,如图3－26所示。

(2)分别设置分栏的版式、栏数、宽度和间距等,单击"确定"按钮。

图 3－25　"首字下沉"对话框

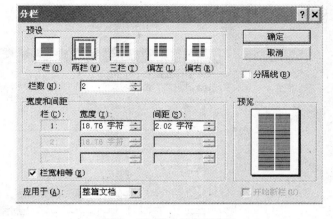

图 3－26　"分栏"对话框

　　注意：设置不等宽的分栏版式时，需先取消选中"栏宽相等"复选框，再在"宽度和间距"框中逐栏输入栏宽和间距。若选中"分隔线"复选框可以在各栏之间加入分隔线。若选取的分栏内容是文档的最后一段时，选择的分栏内容不要将最后一个回车符选中，否则将影响分栏效果。

　　6. 项目符号和段落编号

　　在段落前添加项目符号和编号可以使内容更加醒目。操作方法为：

　　(1) 选择要创建的项目符号或编号的段落；

　　(2) 单击"格式/项目符号和编号"命令，打开"项目符号和编号"对话框，如图 3－27 所示。

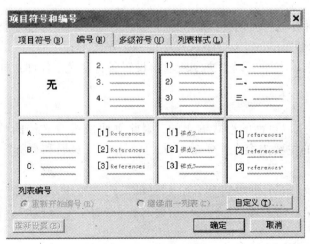

图 3－27　"项目符号和编号"对话框

　　(3) 在"项目符号"选项卡中选择一种项目符号样式或在"编号"选项卡中选择一种编号样式，单击"确定"按钮。

　　也可以单击"格式"工具栏上的"项目符号编号"按钮,直接给选定的段落添加默认的项目符号或编号。

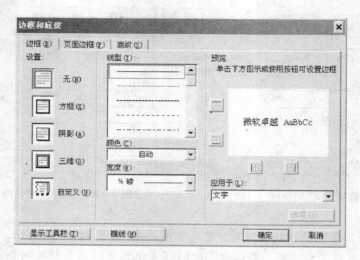

图 3－28　"边框和底纹"对话框

7.边框和底纹

为强调某些文本、段落、图形或表格的作用,可以给它们添加边框和底纹。操作方法为:

(1)选择文档内容,单击"格式/边框和底纹"命令,打开"边框和底纹"对话框,如图 3－28所示;

(2)在"边框"选项卡中可以为文本或段落设置各种类型、各种线型、各种颜色和各种宽度的边框;

(3)在"页面边框"选项卡中可以对页面边框设置效果并选择不同的线型、颜色及宽度,还可以在"艺术型"下拉列表框中选择不同的艺术图形;

(4)在"底纹"选项卡中可以为文字或段落设置各种颜色、各种式样的底纹。

3.3.3　页面设计

Word 文档最终是以页面的形式输出的,因此页面格式对文档的整体效果有非常重要的作用。页面设计的主要内容有:页面设置、页码插入、页眉和页脚等。

1.页面设置

页面设置是对文档的版面大小及纸张尺寸的设定。操作方法为:

(1)单击"文件/页面设置"命令或双击标尺栏两侧区域,打开"页面设置"对话框,如图 3－29 所示。

(2)在"页边距"选项卡中设置页边距和打印方向,在"纸张"选项卡中设置纸张大小。

2.页码插入

操作方法为:

(1)单击"插入/页码"命令,打开"页码"对话框,如图 3－30 所示;

(2)从"位置"列表框中选择页码的位置。

（3）从"对齐方式"列表框中选择页码的水平位置。

（4）选择"首页显示页码"复选框，确定决定文档的第一页是否需要插入页码，单击"确定"按钮。

3. 页眉和页脚

页眉和页脚是在文档页的顶端和底端重复出现的说明性文字或图片，如页码、日期、作者信息等。操作方法为：

（1）单击"视图/页眉和页脚"命令或双击页眉和页脚位置，打开页眉（或页脚）编辑区，同时显示"页眉和页脚"工具栏，如图 3-31 所示。

（2）在"页眉"编辑窗口输入页眉文本，单击"在页眉和页脚间切换"按钮，切换到页脚编辑区并输入页脚文字，如作者、页号、日期等。

（3）单击"关闭"按钮，完成设置并返回文档编辑区。

4. 分隔符插入

当文本或图形等内容填满一页时，Word 会插入一个自动分页符，并开始新的一页。如果要在某个特定位置强制分页，

图 3-29　"页面设置"对话框

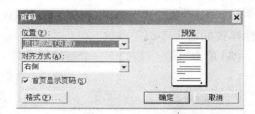

图 3-30　"页码"对话框

可插入"手动"分页符，这样可以确保章节标题总在新的一页开始。操作方法为：

（1）将插入点定位于要插入分页符的位置，单击"插入/分隔符"命令，打开"分隔符"对话框（如图 3-32 所示）。

（2）单击"分页符"，单击"确定"按钮。

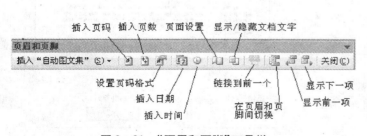

图 3-31　"页眉和页脚"工具栏

图 3-32　"分隔符"对话框

3.4　样式与模板

样式是系统或用户定义并保存的一系列排版格式。当对某一种格式感到不满意时,只需修改该样式,此时所有套用这种样式的段落或文本都会自动按新的样式更新格式。模板文件的扩展名是.dot,又称样式库,是样式的集合,它包含版面设置(纸张、边宽、页眉和页脚位置等)。

3.4.1　样式的建立和使用

样式可分为段落样式和字符样式。字符样式包含字体、字形、字号等信息,而段落样式除了包含字符格式信息之外,还包含段落格式、边框、图文框、编号等格式信息。两种样式的使用、创建、修改方法基本相同。用户可以应用 Word 预定义的标准样式,也可以自定义样式进行修改。

1. 新样式的建立

在 Word 中创建新样式时,通常是在"基准样式"的基础上设计新的样式,操作方法为:

(1)单击"格式/样式和格式"命令,打开"样式和格式"任务窗格,如图 3 – 33 所示。

(2)单击"新样式"按钮,打开"新建样式"对话框,如图 3 – 34 所示,在名称框中输入新建样式的名字等相关参数。

(3)单击"确定"按钮,一个新的样式建立完成。

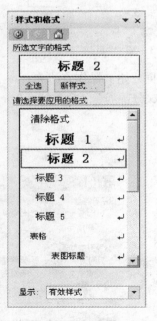

图 3 – 33　"样式和格式"任务窗格

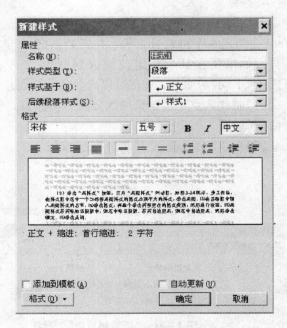

图 3 – 34　"新建样式"对话框

2. 样式的使用

完成样式的建立后,在"常用"工具栏的"样式"下拉列表中会自动添加新建的样式名。应用样式时,先选定要应用样式的文本或段落,再在"常用"工具栏的"样式"下拉列表中选择要应用的样式名即可。也可以在"样式和格式"任务窗格中使用样式。

3.4.2　模板的建立和使用

模板是一个用来创建文档的大概模型。Word 提供了许多专用模板,如报告、信函和传真、备忘录、出版物等。用户可以使用已经建立的模板,也可创建自己的专用模板。

1. 模板的建立

当 Word 自带的模板不能满足需要时,可以自己建立模板,操作方法为:

打开一篇包含可以重复使用信息的文档,单击"文件/另存为"命令,在"另存为"对话框内指定文件类型为"文档模板",输入模板文件名,单击"保存"按钮即可。

2. 模板的使用

模板的使用可以在新建文档时直接选用,也可以在新建文档后再进行加载。

(1)新建文档时选用模板。单击"文件/新建"命令创建文件时,在"新建文档"任务窗格的"模板"区,单击"本机上的模板"(如图 3 – 35 所示)、"网站上的模板"或"Office Online 模板"可以选择所使用的模板。

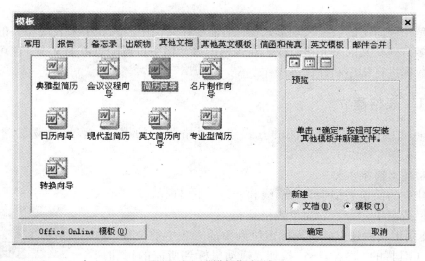

图 3 – 35　"模板"对话框

(2)新建文档后加载模板。单击"工具/模板和加载项"命令,打开"模板和加载项"对话框,如图 3 – 36 所示。单击"选用"按钮,在打开的"选用模板"对话框中找到所需要的模板,然后单击"打开"按钮。若选中了"自动更新文档样式"复选框,则在每次打开文档时,都会更新当前文档中的样式,使其与附加模板中的样式相同。

图 3 - 36　"模板和加载项"对话框

3.5　Word 表格处理

表格是一种简明的数据表现形式，有时需要在文档中插入表格来表现相关的数据。表格是由许多行列交叉的单元格组成。在表格的单元格中可以随意添加文字，也可以对表格中的数字数据进行排序和计算等操作。

3.5.1　表格建立

在 Word 中用户可通过不同的方式建立风格迥异的表格。表格建立的常用方法有 2 种。

1. 自动建立简单表格

自动建立的简单表格中只有横线和竖线，不出现斜线。可以使用工具栏或菜单命令建立简单表格。

（1）使用工具栏建立。将光标定位到要插入表格的位置，单击"常用"工具栏的"插入表格"按钮，拖动鼠标到所需的行和列数，出现如图 3 - 37 所示的表格模式，释放鼠标，这时文档中就出现一个满页宽的表格，效果如图 3 - 38 所示。

3 x 4 表格

图 3 - 37　插入表格模式

（2）使用菜单命令建立。将光标定位到要插入表格的位置，单击"表格/插入/表格"菜单命令，打开"插入表格"对话框，如图 3 - 39 所示。在对话框中输入列数、行数及相应参数，单击"确定"按钮。

2. 手工绘制表格

（1）选择要创建表格的位置，单击"常用"工具栏上的"表格和边框"按钮，弹出"表格和边框"工具栏，如图 3 - 40 所示，同时鼠标将变成笔形指针。

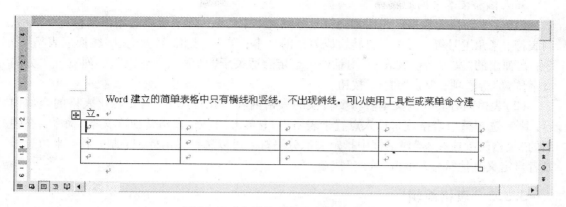

图 3 – 38　自动建立简单表格的效果图

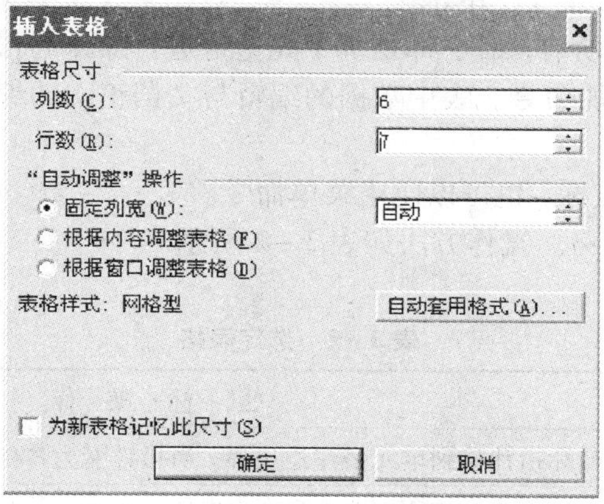

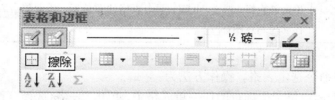

图 3 – 39　"插入表格"对话框

图 3 – 40　"表格和边框"工具栏

（2）将指针移到文本区中，从要建立表格的一角拖动至其对角，可以确定表格的外围边框。在创建的外框或已有表格中，可以利用笔形指针绘制横线、竖线、斜线等。

（3）如果要擦除框线，单击"擦除"按钮，指针变为"橡皮擦"形，将其移到要擦除的框线上双击。

注意：将光标指向"表格和边框"工具栏中的任意一个工具按钮时，都会弹出相应的解释框，给出该工具按钮的名称。如图 3 – 40 所示的"擦除"按钮。

3. 表格和文本之间的转换

（1）文本转换为表格。先用相同符号分隔文本中的数据项，可以选用段落标记、空格、制表符、半角逗号等，再选定要转换成表格的文本；单击"表格/转换/文字转换成表格"命令；在弹出的"文本转换成表格"对话框中选定合适关于"列数"、"行数"、"列宽"、"分隔文字位置"等选项；单击"确定"按钮。

（2）表格内容转换为文本。将要转换的表格内容所在行选定（若要转化表格的全部内容，则需选定整个表格或将插入点置于表格中）；单击"表格/表格转换成文本"命令；在弹出的"表格转换成文本"对话框中指定文字分隔符。可以选择段落标记、制表符、半角逗号或者自定义其他符号；单击"确定"按钮。

3.5.2　表格编辑

表格编辑主要包括：添加、删除或移动一行（列）、调整行和列的位置或间距、单元格的拆分与合并、表格的拆分与合并等。

在 Word 中对表格的所有操作，都是基于先选定进行操作的行、列或单元格（表格中行与列的交叉部分），再施加命令。表中数据的编辑与文档正文的编辑操作一样。

1. 表格选定

表格选定可以使用鼠标，也可以使用菜单命令。

（1）使用鼠标选定表格。操作方法如表 3－2 所示。

表 3－2　选定表格

选　　定	鼠　标　操　作
选定一个单元格	将鼠标指针移到单元格左边边界，当指针变为↗时，单击鼠标左键
选定一行	将鼠标指针移到该行的左侧，当指针变为↗时，单击鼠标左键
选定一列	将鼠标指针移到该列顶端的边框，当指针变为↓时，单击鼠标左键
选定整张表格	单击该表格，按下 Alt 键，双击表格任意位置；或者单击表格左上角的表格移动控制点图标✛

（2）使用菜单命令选定表格。操作方法为：

①选择行。光标定位于所选行的任一单元格中，单击"表格/选择/行"命令。

②选择列。将光标定位于所选列的任一单元格中，单击"表格/选择/列"命令。

③选择全表。将光标定位于表格的任一单元格中，单击"表格/选择/表格"命令。

④选择单元格。将光标定位于所选单元格中，单击"表格/选择/单元格"命令。

2. 插入或删除行或列

（1）插入行。选择表格中某处的一行或多行，单击"表格/插入/行（在上方）"命令，插入空行，插入的空行数与选择的行数相同。

（2）插入列。选择表格中某处的一列或多列，单击"表格/插入/列（在左侧）"命令，插入空列，插入的空列数与选择的列数相同。

（3）插入单元格。选择要插入单元格的位置，单击"表格/插入/单元格"命令，在弹出的"插入单元格"对话框(如图 3 - 41 所示)中,选择一种插入方式,单击"确定"按钮。

(4)删除行(或列)。选择要删除的行(或列),单击"表格/删除/行(或列)"命令即可。也可以直接按"Delete"键,将选定表格中的数据删除掉,但表格仍然存在。

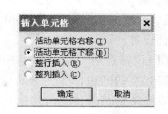

图 3 - 41　"插入单元格"对话框

3.合并单元格

合并单元格是将同一行或同一列中的两个或多个单元格合并为一个单元格。操作方法为:

(1)选择将要合并的单元格。

(2)单击"表格/合并单元格"命令,或单击"表格和边框"工具栏上的"合并单元格"按钮,即可将选定的多个单元格合并成一个单元格。

4.拆分单元格

拆分单元格是将表格中的一个单元格拆分成多个单元格。操作方法为:

(1)选择要拆分的一个或多个单元格,单击"表格/拆分单元格"命令(或单击"表格或边框"工具栏上的"拆分单元格"按钮)。

(2)弹出"拆分单元格"对话框,设置拆分的行数和列数,单击"确定"按钮。

5.拆分表格

Word 允许用户把一个表格拆分成两个或多个表格,拆分表格的操作方法为:

(1)将插入点定位于要分开的行分界处,即要成为拆分后第二个表格的第一行处;

(2)单击"表格/拆分表格"命令,这时,插入点所在行以下的部分从原表格中分离出来,变成另一个独立的表格。

6.表格自动套用格式

制表时,可以自动套用已经定义好的表格格式,操作方法为:

(1)将插入点定位于要排版的表格中,单击"表格/表格自动套用格式"命令,弹出"表格自动套用格式"对话框(如图 3 - 42 所示)。

(2)在"类别"下拉列表框中选择表格类别,在"表格样式"列表框中选择所需要的样式,在"预览"区中浏览该样式的效果,在"将特殊格式应用于"选择区中选择所要应用于表格的选项,单击"应用"按钮。

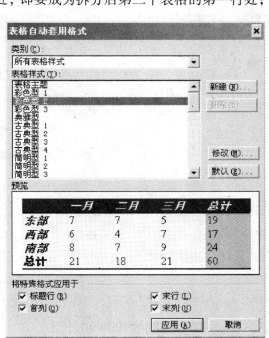

图 3 - 42　"表格自动套用格式"对话框图

7.表格的行高和列宽设置

由于创建 Word 表格时系统默认

选中"固定列宽"选项（即每列的宽度都是一样的），可根据实际需要对 Word 表格列宽重新进行设置。

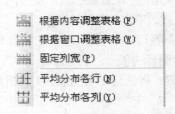

（1）设置表格列宽。将鼠标指针指向需要设置列宽的列边框上，当鼠标指针变成横向的双箭头形状时，单击并拖动鼠标即可调整列宽。拖动的同时如果按下 Alt 键则可微调表格宽度。如果要调整表格的行高，其操作方法与调整列宽类似。

（2）自动调整。在"表格/自动调整"的级联菜单下（如图 3 – 43 所示），单击"根据内容调整表格"、"根据窗口调整表格"、"固定列宽"、"平均分布各行"或"平均分布各列"任一命令，可更改"自动调整"设置。

8. 表格边框与底纹设置

对建立好的表格增加各种颜色的边框和底纹，是对表格进行美化的处理。操作方法为：

（1）选择整个表格或部分单元格；

（2）单击"表格/表格属性"命令，在弹出的"表格属性"对话框中，单击"表格"选项卡中的"边框和底纹"按钮（如图 3 – 44 所示），在弹出的"边框和底纹"对话框（如图 3 – 45 所示）中进行设置。

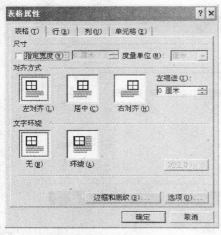

图 3 – 44　"表格属性"对话框

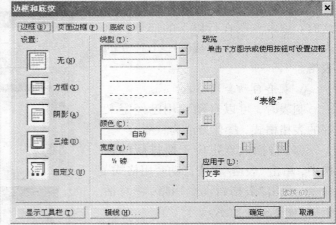

图 3 – 45　"边框和底纹"对话框

注意：直接单击"格式/边框和底纹"命令，也会弹出"边框和底纹"对话框。

3.5.3　表格数据的排序和计算

Word 表格中的数据可以进行计算和排序。

1．表格数据排序

选择需要排序的列，单击"表格/排序"命令，在"排序"对话框进行相应设置，或单击"表格和边框"工具栏上的"升序"、"降序"按钮。

2．表格数据计算

在 Word 中，用户可以通过常用的算术运算符或 Word 自带的函数对文档或表格中的数据进行简单的运算。若要进行复杂的数据运算，则应采用 Excel。

表格的计算是以单元格进行的，为方便运算，Word 用字母后面跟数字的形式给单元格命名，每一个单元格都有其固定的名称。对于表格的行、列以及多个连续的单元格也进行了命名。表格的列号从左至右用英文字母 A、B、C、…表示，行号则从上到下依次用正整数 1、2、3、…表示。

在表格中可以运用公式进行计算，操作方法为：

（1）选择存放计算结果的单元格，单击"表格/公式"命令，在弹出的"公式"对话框中输入公式，公式必须以" ＝"号开头，例如 ＝（A2 ＋ B2 ＋ C2）/3；

（2）在"粘贴函数"下拉列表框中，可以选择所需的公式函数。例如，要进行求和，可以选择 SUM 函数。若要设置计算结果的数字格式，可在"数字格式"下拉列表框中选择所需的数字格式。

3.6　Word 图形操作

在 Word 文档中，可以使用剪贴画、图形文件、艺术字、公式等对象，并能实现图文混排，从而增强文档的表现力。

3.6.1　图形的绘制

使用绘图工具栏中提供的绘图工具可以绘制正方形、矩形、多边形、直线、曲线、圆、椭圆等各种图形对象。单击"视图/工具栏/绘图"命令，即可打开"绘图"工具栏（如图 3 - 46 所示）。

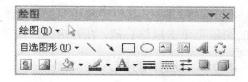

图 3 - 46　"绘图"工具栏

注意：图形的绘制应在页面视图或者 Web 视图下进行，在普通视图或大纲视图下，绘制的图形不可见。

1．绘制自选图形

使用绘图栏工具栏中的"自选图形"中提供的多种图形，可以在文档中绘制各种规则或不规则的几何图形。操作方法为：

（1）单击"绘图"工具栏中的"自选图形"按钮，弹出"自选图形"分类下拉菜单（如图 3 - 47所示）。

（2）在弹出的菜单中选择类型，包括各种线条、箭头、流程图以及标注等，再从弹出的级联菜单中

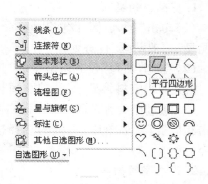

图 3 - 47　"自选图形"菜单

选择要绘制的图形按钮，鼠标指针变为"＋"字形状。

（3）将鼠标移至绘制图形的起点，按下鼠标左键进行拖动，释放鼠标，即可绘出需要的图形。绘制圆和矩形时，在拖动鼠标的同时按住 Shift 键，可以绘出正圆和正方形。

注意：也可在"绘图"工具栏中，选择基本的绘图按钮直接绘制图形。

2. 在绘制的图形上添加文字

可以在已经绘制的自选图形内部添加文字，操作方法为：

在绘制的自选图形上单击鼠标右键，从弹出的快捷菜单中单击"添加文字"命令，可直接向自选图形中添加文字。

3. 旋转图片

已经绘制的图形可以进行任意角度的旋转。操作方法为：

（1）选中要旋转的图形，在"绘图"工具栏中单击"绘图"按钮，选择"旋转或翻转／自由旋转"命令，这时选中的图形有 4 个旋转点。

（2）拖动旋转点到所需角度即可。也可以在单击图形后，直接拖曳旋转点到所需角度。

4. 改变图形的叠放次序

可以根据实际需要改变图形的叠放次序，操作方法为：

（1）选中需要改变叠放次序的图形，在"绘图"工具栏中单击"绘图"按钮，或在该图形对象上单击鼠标右键，在弹出的菜单中单击"叠放次序"命令。

（2）在弹出的下拉菜单中选择所需要的叠放方式。

5. 组合图形

有时需要把多个图形组合成一个图形，这样可以把多个图形作为一个整体进行编辑，操作方法为：

（1）按下 Shift 键不放，单击鼠标选择两个以上需要组合为一个整体的图形。

（2）在"绘图"工具栏中单击"绘图"按钮，在弹出的菜单中选择"组合"命令；或者在选择的图形上单击鼠标右键，在弹出的快捷菜单中选择"组合"选项。

3.6.2　对象的插入

Word 提供了一个剪贴库，其中包含大量的剪贴画、图片、声音和图像。可以在文档中插入这些对象。

1. 剪贴画的插入

（1）单击"插入／图片／剪贴画"命令或者单击"绘图"工具栏中的"剪贴画"按钮，屏幕右侧显示"剪贴画"任务窗格。

（2）在"剪贴画"任务窗格中的"搜索文字"框内输入关键词"自然"，单击"搜索"按钮后，相关剪辑资料将显示于"剪贴画"任务窗格的下部。

（3）通过相关剪辑资料显示区右侧的滚动条，可以查看符合搜索条件的资料。选定后，单击相应资料（如图片）右侧的选择按钮显示快捷菜单（如图 3 - 48 所示），单击"插入"命令。

2. 艺术字的插入

（1）将光标定位于要插入艺术字的位置，单击"插入／图片／艺术字"命令或者单击"绘图"工具栏中的"插入艺术字"按钮，弹出"艺术字库"对话框，如图 3 - 49 所示。

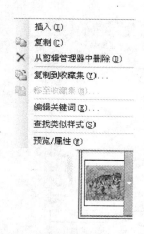

图 3－48　单击右侧按钮显示的快捷菜单

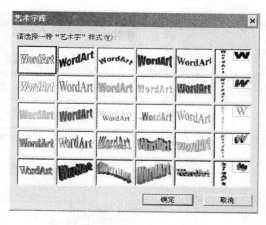

图 3－49　"艺术字库"对话框

（2）在对话框中选择需要的艺术字样式，单击"确定"按钮，弹出"编辑'艺术字'文字"对话框，在其中输入要插入艺术字的文字，单击"确定"按钮，即可把艺术字插入到文档中。

3. 文本框的插入

为了与插入的图片配合，往往需要加上一些解释说明性文字，这时需要插入文本框来实现。操作方法为：

（1）单击"插入/文本框/横排"命令或"插入/文本框/竖排"命令，或单击"绘图"工具栏上的"文本框"或"竖排文本框"按钮，鼠标光标变为"＋"字形。

（2）将"＋"字形光标移到文档中要插入文本框的位置，按住鼠标左键并拖动到需要的位置，松开鼠标左键，即在指定位置插入文本框。

（3）向文本框中输入所需文字。

4. 图形文件的插入

在文档中可以插入来自文件的图片。操作方法为：

（1）将光标定位于要插入图片的位置。

（2）单击"插入/图片/来自文件"命令，打开"插入图片"对话框（如图 3－50 所示）。

（3）在"插入图片"对话框的"查找范围"列表框中，选择图形文件的位置。

（4）单击"插入"按钮，完成图形文件的插入。

5. 公式的插入

在 Word 中利用"公式编辑器"编辑各种公式，操作方法为：

（1）将光标定位于要插入公式的位置，单击"插入/对象"命令，打开"对象"对话框。

（2）在该对话框中选择"Microsoft 公式 3.0"选项，单击"确定"按钮，启动"公式编辑器"，系统自动打开"公式"工具栏。

（3）"公式"工具栏中提供了两排工具按钮，上面一排为"符号"按钮，可以选择插入一些特殊的符号，如希腊字母、关系符号等；下面一排为"模板"按钮，提供了编辑公式所需的各种不同的模板样式，如分式、根式、上标和下标等，如图 3－51 所示。

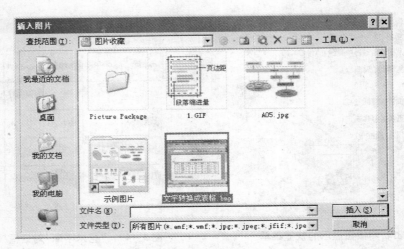

图 3-50 "插入图片"对话框

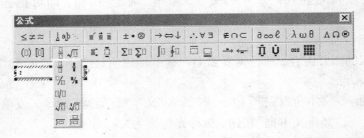

图 3-51 "公式"工具栏

公式插入文档后,就成为一个整体。用鼠标单击公式,公式就会被选中,可以对其进行复制、粘贴、删除等操作。用鼠标拖动公式周围的小框,还可以改变公式的大小。

3.7 典型例题与解析

例 3-1 Word 是( )。

A. 多媒体软件　　　　B. 文字和表格处理软件　　　　C. 系统软件　　　　D. 图形软件

正确答案为 B。

解析:本题考查 Word 字处理系统的相关概念,属识记题。Word 是 Microsoft Office 办公套件的一个组件,具有强大的文字编辑和排版功能,可用于一般文稿的编辑和排版。

例 3-2 如果要将 Word 文档中选定的文本复制到其他文档中,首先要( )。

A. 单击"编辑"菜单中的"清除"命令　　　　B. 单击"编辑"菜单中的"剪切"命令

C. 单击"编辑"菜单中的"复制"命令　　　　D. 单击"编辑"菜单中的"粘贴"命令

正确答案为 C。

解析:本题考查"编辑"菜单下相关命令的使用,属识记题。在 Word 中,复制文本的操作，可以通过菜单命令、工具按钮及快捷键完成。由题意知，需单击"编辑"菜单中的"复制"命令（将选定的文本复制到剪贴板中），然后切换至其他文档中要粘贴的位置，进行粘贴。

例 3 – 3　文本框实质上是一个特殊的(　　)对象。

A.文件　　　　　　　B.图片　　　　　　　C.文档　　　　　　　D.记事本

正确答案为 B。

解析：本题考查文本框的相关知识，属识记题。文本框是一独立对象，框中的文字和图片可以随文本框移动，它与给文字加边框是不同的概念。实际上，可以把文本框看作一个特殊的图形对象。可以在页面上对它进行定位并调整，也可以利用它重排文字和向图形添加文字。

例 3 – 4　在 Word 中，要新建文档，应选择(　　)菜单中的命令。

A.文件　　　　　　　B.编辑　　　　　　　C.视图　　　　　　　D.插入

正确答案为 A。

解析：本题考查 Word 环境下文档建立的基本方法，属识记题。在 Word 中，利用菜单命令新建文档的操作为：单击"文件/新建"命令，打开"新建文档"任务窗格，选择"空白文档"选项，新建一个空白文档。

例 3 – 5　Word 中下面(　　)方法不能移动文本。

A.使用剪贴板　　　　　　　　　　　B.直接拖动文本到目标位置

C.与键盘结合移动文本　　　　　　　D.使用"查找"和"替换"命令

正确答案为 D。

解析：本题考查文本移动的相关知识，属识记和领会题。在 Word 中实现文本移动的常用方法有 3 种：使用剪贴板、直接拖动文本到目标位置和与键盘结合移动文本。Word 编辑菜单下的"查找"和"替换"命令，可以查找和替换文字、格式、段落标记、分页符，不能移动文本。

例 3 – 6　在 Word 中，下列叙述正确的是(　　)。

A.文档中的分节符，在大纲视图方式下不能显示

B.文档中的分节符，只能在打印预览方式下显示

C.整个文档只能分为一节，不能分为若干节

D.整个文档可以分为一节，也可以分为若干节

正确答案为 D。

解析：本题考查"节"的相关知识，属领会题。在 Word 页面设置和排版中，"节"是一个非常有用的工具，分节符可用在一页之内或两页之间改变文档的布局。整个文档可以是一个节，也可以将文档分成几个节。"分节符"只有在普通视图与大纲视图方式中才可见到。

例 3 – 7　Word 文档某页有两个连续的自然段，若要将第一段独占本页，最好的方法是(　　)。

A.使用回车增加空行　　　　　　　　B.使用"分节符"

C.使用"分页符"　　　　　　　　　　D.重新进行页面设置

正确答案为 C。

解析：本题考查的是分页操作，属简单应用题。分页时，单击"插入/分隔符"命令，在弹出的对话框中选中"分页符"，再单击"确定"按钮。这种方法简便快捷。

例3－8　要插入页眉和页脚，首先要切换到(　　)视图方式下。

A. 普通　　　　　　　B. 页面　　　　　　　C. 大纲　　　　　　　D. Web

正确答案为 B。

解析：本题考查视图的相关知识，属简单应用题。在 Word 中，页眉和页脚只有在页面视图中才能显示出来，所以要插入页眉和页脚，首先要切换到页面视图方式下。

例3－9　在 Word 中，用"插入"菜单中的"图片"命令，不可能在文档中插入(　　)。

A. 艺术字　　　　　　B. 剪贴画　　　　　　C. 图表　　　　　　　D. 公式

正确答案为 D。

解析：本题考查对象的插入操作，属综合应用题。在 Word 中，用"插入"菜单中的"图片"命令，可以插入"剪贴画"、"图形文件"、艺术字、图表等多种对象，但不能插入"公式"。公式要通过"插入"菜单的"对象"命令，在"对象"对话框中选中"Microsoft 公式3.0"，单击"确定"按钮，启动公式编辑器后才能插入。

例3－10　关于 Word 文本框叙述正确的是(　　)。

A. 文本框以外的文字其环绕方式是固定不变的

B. 文本框内的文字可以随文本框的移动而移动

C. 文本框内的文字格式是不能设置的

D. 文本框的边框颜色是不能改变的

正确答案为 B。

解析：本题考查图文混排的相关知识，属综合应用题。文本框内可供用户输入文字、数字等文本内容。文本框的文字是可以随文本移动的。

习　题

1. Word 具有的功能是(　　)。

A. 字处理软件　　　　B. 操作系统　　　　C. 数据库管理系统　　D. 一种电子表格

2. 在 Word 编辑状态下，插入一文本框，应使用的下拉菜单是(　　)。

A. "插入"　　　　　　B. "编辑"　　　　　C. "格式"　　　　　　D. "工具"

3. Word 替换功能所在的菜单是(　　)。

A. "视图"　　　　　　B. "编辑"　　　　　C. "插入"　　　　　　D. "格式"

4. 在 Word 编辑中，下拉出 Word 控制菜单的快捷键是(　　)。

A. Shift + F4　　　　B. Alt + 空格键　　C. Ctrl + Tab　　　　D. Shift + Alt

5. 在 Word 编辑状态下，若要进行字体效果的设置，首先应打开(　　)下拉菜单。

A. "编辑"　　　　　　B. "视图"　　　　　C. "格式"　　　　　　D. "工具"

6. Word 文档中，每个段落都有自己的段落标记，段落标记的位置在(　　)。

A. 段落的首部　　　　　　　　　　B. 段落的结尾处

C. 段落的中间位置　　　　　　　　D. 段落中，但用户找不到的位置

7. 在 Word 编辑状态下，对于选定的文字不能进行的设置是(　　)。

A. 加下划线　　　B. 加着重符　　　C. 动态效果　　　D. 自动版式

8.在 Word 最小化时，Word 的工作窗口显示在(　　)。

A.任务栏上　　　　　B.状态栏上　　　　　C.标题栏上　　　　　D.菜单栏上

9.在 Word 编辑状态下，若光标位于表格外右侧的行尾处，按 Enter 键，结果为(　　)。

A.光标移到下一列　　　　　　　　　　B.光标移到下一列，表格行数不变

C.插入一行，表格行数改变　　　　　　D.在本单元格内换行，表格行数不变

10.在 Word 中，当前正在编辑的文档的文档名显示在(　　)。

A.菜单栏右边　　　　　B.状态栏上　　　　　C.工具栏中　　　　　D.标题栏上

11.启动 Word 后，系统作为第一个新文档的命名应该是(　　)。

A. 没有文件名　　　　　　　　　　　　B. 自动命名为"∗．doc"

C. 随机的 8 个字符作为文件名　　　　　D. 自动命名为"文档 1"

12.在 Word 中，下述关于分栏操作的说法，正确的是(　　)。

A. 可以将指定的段落分成指定宽度的两栏

B. 任何视图下均可看到分栏效果

C. 设置的各栏宽度和间距与页面宽度无关

D. 栏与栏之间不可以设置分隔线

13.在 Word 编辑状态下，进行改变段落的缩进方式、调整左右边界等操作，最直观、快速的方法是利用(　　)。

A. 菜单栏　　　　　B. 工具栏　　　　　C. 格式栏　　　　　D. 标尺

14.在 Word 编辑状态下，要将另一文档的内容全部添加在当前文档的当前光标处，应选择的操作是单击(　　)菜单项。

A."文件"→"打开"　　　　　　　　　B."文件"→"新建"

C."插入"→"文件"　　　　　　　　　D."插入"→"超级链接"

15.在 Word 编辑状态下，若要进行选定文本行距的设置，应选择的操作是单击(　　)菜单项。

A."编辑"→"打开"　　　　　　　　　B."格式"→"段落"

C."编辑"→"定位"　　　　　　　　　D."格式"→"字体"

16.页眉和页脚的建立方法相似，都使用(　　)菜单中的"页眉和页脚"命令进行设置。

A."编辑"　　　　　B."工具"　　　　　C."插入"　　　　　D."视图"

17.下列关于 Word 文档的叙述中，正确的是(　　)。

A.一次只能打开一个文档　　　　　　　B.只能打开 Word 格式的文档

C.文档只能以 Word 格式保存　　　　　D.可以一次保存多个文档

18.在 Word 的默认状态下，不用打开"文件"对话框就能直接打开最近使用过的文档的方法是(　　)。

A.工具栏"打开"按钮　　　　　　　　　B.选择"文件"菜单中"打开"命令

C.快捷键 Ctrl＋O　　　　　　　　　　D.选择"文件"菜单底部文件列表中的文件

19.切换到页面视图的方法是单击"视图"菜单中的(　　)。

A."页面"命令　　　　B."标记"命令　　　　C."大纲"命令　　　　D."普通"命令

20.下列不是复制文本的常用方法是(　　)。

A.使用剪贴板　　　　B.使用快捷菜单　　　　C.即点即输入　　　　D.使用鼠标拖动

21. 在 Word 的编辑状态下，文档左侧的空白区域称为文档的( )。
   A. 注释区   B. 选定区   C. 标记区   D. 目标区

22. 下列不是"新建"对话框中的选项卡为( )。
   A. 空白文档   B. XML 文档   C. 网页   D. 公文导向

23. 下列关于 Word 菜单的叙述，错误的是( )。
   A. 颜色暗淡的命令表示当前不能使用
   B. 带省略号的命令表示会弹出一个对话框
   C. 菜单栏中的菜单个数是可以变化的
   D. 菜单中的内容(命令)是不同的

24. 在 Word 编辑中，插入与改写方式之间进行切换的键是( )。
   A. Space 键   B. 空格键   C. Ins 键   D. Alt 键

25. 在 Word 中，如果插入表格的内外框线是虚线，要想将框线变成实线，用( )命令实现。
   A. "表格"菜单的"转换"   B. "格式"菜单的"边框和底纹"
   C. "表格"菜单的"自动调整"   D. "格式"菜单的"制表位"

26. 要将文档中选定的文字移动到指定的位置上，首先对它进行的操作是单击( )。
   A. "编辑"菜单下的"复制"命令   B. "编辑"菜单下的"消除"命令
   C. "编辑"菜单下的"剪切"命令   D. "编辑"菜单下的"粘贴"命令

27. Word"文件"菜单下部一般列出 4 个用户最近用过的文档名，文档名的个数最多可设置为( )。
   A. 6 个   B. 8 个   C. 9 个   D. 12 个

28. 在 Word 的编辑状态，执行"编辑"菜单中的"复制"命令后( )。
   A. 插入点所在的段落内容被复制到剪贴板   B. 被选择的内容被复制到剪贴板
   C. 光标所在的段落内容被复制到剪贴板   D. 被选择的内容被复制到插入点处

29. 在 Word 中"打开"文档的作用是( )。
   A. 将指定的文档从内存中读入，并显示出来
   B. 为指定的文档打开一个空白窗口
   C. 将指定的文档从外存中读入，并显示出来
   D. 显示并打印指定文档的内容

30. Word 的"文件"命令菜单底部显示的文件名所对应的文件是( )。
   A. 当前被操作的文件   B. 当前已经打开的所有文件
   C. 最近被操作过的文件   D. 扩展名是.doc 的所有文件

31. 在 Word 的编辑状态，执行"编辑"下的"粘贴"命令后( )。
   A. 将文档中被选择的内容复制到当前插入点处
   B. 将文档中被选择的内容移动到剪贴板
   C. 将剪贴板中的内容移动到当前插入点处
   D. 将剪贴板中的内容复制到当前插入点处

32. 在 Word 的编辑状态，可以显示页面四角的视图方式是( )。
   A. 普通视图   B. 页面视图   C. 大纲视图   D. Web 视图方式

33. 在 Word 的编辑状态，按先后顺序依次打开了 D1. doc，D2. doc，D3. doc，D4. doc 文档，当前的活动窗口是文档(　　)的窗口。

A. D1. doc　　　　　B. D2. doc　　　　　C. D3. doc　　　　　D. D4. doc

34. 在 Word 的编辑状态，被编辑文档的文字有"四号"，"五号"，"16"磅。"18"磅 4 种，下列关于所设定字号大小的比较中，正确的是(　　)。

A. "四号"大于"五号"　　　　　　　　　B. "四号"小于"五号"

C. "16"磅大于"18"磅　　　　　　　　　D. 字的大小一样，字体不同

35. 在 Word 的编辑状态，对当前文档中的文字进行"字数统计"操作，应当使用的菜单是(　　)。

A. "编辑"菜单　　　B. "文件"菜单　　　C. "视图"菜单　　　D. "工具"菜单

36. 在 Word 的编辑状态，打开文档"ABC"，修改后另存为"ABD"，则文档 ABC(　　)。

A. 被文档 ABD 覆盖　　　　　　　　　B. 被修改未关闭

C. 被修改并关闭　　　　　　　　　　　D. 未修改被关闭

37. 在 Word 的编辑状态中，使插入点快速移动到行尾的操作是(　　)。

A. Page Up　　　　　B. Home　　　　　C. End　　　　　D. Page Down

38. 在 Word 的编辑状态中，如果要输入希腊字母"Ω"，则需要使用(　　)菜单。

A. 编辑　　　　　　　B. 插入　　　　　C. 格式　　　　　D. 工具

39. 在 Word 的文档中插入复杂的数字公式，在"插入"菜单中应选的命令是(　　)。

A. 符号　　　　　　　B. 图片　　　　　C. 文件　　　　　D. 对象

40. 在 Word 的编辑状态中，已经输入的文档设置首字下沉，需要使用的菜单是(　　)。

A. 编辑　　　　　　　B. 视图　　　　　C. 格式　　　　　D. 工具

第4章　Excel 电子表格

学习目标：

◇ 了解 Excel 的主要功能及窗口的结构，理解单元格地址的表示。
◇ 熟练掌握 Excel 中数据的输入和编辑操作，工作表的基本操作。
◇ 掌握公式与函数的使用，数据的排序、筛选和分类汇总方法。
◇ 了解图表类型，掌握图表的建立、编辑和打印。

4.1　Excel 基础

Excel 也称为电子表格软件，是 Office 办公软件的组件之一，随着 Office 一起安装到计算机系统中。Excel 以表格方式实现文字、数据的处理，并以图形、图表方式对数据进行统计计算分析管理。

4.1.1　Excel 的启动和退出

要使用 Excel 软件，首先需要在 Windows 操作系统下启动它，启动方法以下几种：

（1）在 Windows 桌面上单击"开始"按钮，选择"所有程序/ Microsoft Office/ Microsoft Office Excel 2003"菜单项（如图 4 - 1 所示），即启动 Excel 2003，在屏幕上显示出 Excel 主界面，如图 4 - 2 所示，其窗口结构与 Windows 的其他应用程序窗口完全一致。

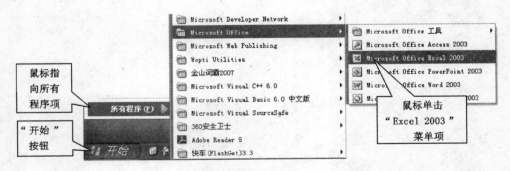

图 4 - 1　Excel 启动过程

（2）若在 Windows 操作系统桌面上存在如图 4 - 3 所示的 Excel 快捷方式图标，则双击该快捷方式完成启动 Excel 操作。

图 4－2　Excel 操作界面　　　　　图 4－3　快捷方式图标　　　图 4－4　Excel 的控制菜单

（3）若在一个文件夹内存在以图 4－3 为图标的文件（文档），则双击该电子表格文件名将启动 Excel 软件，并在窗口中打开该文件供用户使用。

退出 Excel 软件有 3 种方法，一是单击"标题栏"最右端的"关闭"按钮；二是单击"标题栏"最左端的窗口控制按钮，打开对应的下拉菜单，再单击控制菜单中"关闭"菜单选项，如图 4－4 所示；三是选择 Excel 的"文件"菜单中的"退出"菜单项。

4.1.2　Excel 的工作窗口

Excel 的工作窗口主要包括标题栏、菜单栏、工具栏、状态栏、编辑栏和工作表区等。

（1）标题栏

标题栏位于 Excel 窗口的最顶行，其左端显示的图标是 Excel 应用程序窗口的控制菜单按钮（如图 4－4 所示），单击此按钮将打开其控制菜单，其中包含最大化、最小化、移动、关闭等菜单项。控制按钮的右侧显示应用程序名称"Microsoft Excel"，其右为正在打开的电子表格文件名，默认为"Book1"；标题栏的最右端为窗口控制的图标按钮。单击相应的控制菜单项或按钮可以实现最大化、最小化、关闭等操作。

（2）菜单栏

菜单栏位于标题栏的下面一行，包含 9 个菜单项，分别为文件、编辑、视图、插入、格式、工具、数据、窗口和帮助菜单，单击每一个菜单项以打开相应的下拉式菜单，进而单击其中相应的子菜单项执行相应的功能。

菜单栏的最左和最右端同样具有控制菜单按钮和图标，它们用来控制当前工作簿文件窗口的最大化、最小化、关闭等操作。Excel 应用程序窗口可以同时打开多个工作簿文件，但只有一个是活动文件，在菜单栏的"窗口"项对应的下拉菜单列表中列出了当前所有打开的工作簿文件名（如图 4－5 所示），其中带"√"标记的文件为当前活动文件。当单击另一个文件名后，可使其变为当前活动文件。

图 4－5　Excel"窗口"菜单

（3）工具栏

工具栏主要包括"常用"和"格式"两个默认打开的工具栏，通常位于菜单栏的下面。利用"视图"菜单项的下拉菜单列表中的"工具栏"子菜单项的下一级子菜单，可以打开（前面打"√"）或关闭其他具有特定用途的工具栏。

（4）编辑栏

编辑栏位于工具栏的下面，由名称框、插入函数按钮⨍ₓ、编辑框3部分构成，如图4-6所示。名称框显示活动单元的名称，由列标和行号组成，例如图4-6的名称框中显示E2，则E2为活动单元格，即第2行第E列的单元格；插入函数按钮⨍ₓ用来向活动单元格输入函数；编辑框用于显示输入和修改活动单元格的内容，其他内容同时显示在活动单元格中。单击"视图/编辑栏"菜单命令，可打开或关闭编辑栏。

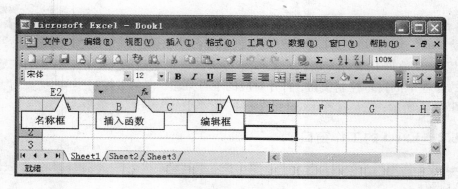

图4-6　Excel编辑栏

（5）任务窗格

任务窗格是一个协助Excel操作的工具，在Excel窗口右侧，系统所默认打开"开始工作"任务窗格，方便用户打开或新建Excel工作簿，如图4-7所示。单击任务窗格顶行标题栏最右边的"×"按钮，可以关闭任务窗格。单击"视图/任务窗格"菜单命令也可以打开关闭它。

（6）状态栏

状态栏位于窗口的底部，其作用是显示Excel应用程序当前的工作状态，如等待用户操作时为"就绪"状态，当正在向单元格输入数据时则为"输入"。单击"视图/状态栏"菜单项可以打开或关闭状态栏显示。

图4-7　Excel"任务窗格"

（7）工作簿与工作表

Excel的数据表格文件被称为工作簿文件、电子表格文件或工作簿等，其默认扩展名为".xls"，文件名由用户命名。

在启动Excel后，系统就自动建立和打开一个空白的工作簿文件，其文件名为"Book1"。该文件的结构框架为Excel的工作区。

系统自动打开的默认工作簿"Book1"建立了三个空白的工作表，其工作表名为 Sheet1、Sheet2、Sheet3，每个名称又称为对应工作表的标签，其中 Sheet1 为活动工作表，或当前工作表。当鼠标单击其他工作表标签时，进行活动工作表切换。工作表是用来输入、存放各种数据，以及存放由数据生成的各种统计图表和图片等。

（8）工作表结构

一个工作表就是一张电子表格，具有最多达 65536 行，256 列的二维表。工作表中由横竖线交叉组成的矩形方框即为单元格。单元格所在的列标和行号连在一起就构成了单元格的地址，列标用字母 A～Z、AA～AZ、BA～BZ、…、IA～IV 表示；行号用数字 1～65536表示。例如 B5 表示第 2 列和 5 行单元格的地址。一个工作表最多可包含 65536×256 个单元格。

单元格是进行工作表操作的最基本单位，也叫最小单位。当用鼠标单击一个单元格时，该单元格就成为"活动单元格"，或称为当前单元格。活动单元格的边框为黑色加粗显示，其对应的列标和行号标记区以金黄底色显示，如图 4-7 的单元格 A1。在任何时刻都可以对活动单元格进行数据输入或编辑。

4.1.3　Excel 的数据类型

在 Excel 中，数据被分为数字、文字、逻辑和错误值 4 种。

1. 数字数据

数字数据由十进制数字（0～9）、小数点（.）、正负号（+ -）、百分号（%）、千位分隔符（,）、指数符号（E 或 e）、货币符号（¥、$、US $、£ 等）组合而成。如 25、-48.6、23.45%、1.2E5、¥2,518.14 等都是符合表示规则的数字数据（或数值）。

日期时间数据为两种特殊的数字数据，包括日期和时间。日期数据的格式通常为"yyyy-mm-dd"，如 2011-1-1 表示 2011 年 1 月 1 日。时间数据格式通常为"hh:mm:ss"或"hh:mm"，如 14:20:5 表示为 14 点 20 分 5 秒，8:34 表示 8 点 34 分。

2. 文字数据

文字数据由英文字母、汉字、数字、标点、符号等字符排列而成。如 Excel、姓名、计算、123、xh12 等都是文字数据（或文本）。

3. 逻辑数字

逻辑数据为两个特定的标识符：TRUE 和 FALSE，字母大小写均可。TRUE 表示逻辑值"真"，FALSE 表示逻辑值"假"。

4. 错误值

错误值是因为单元格输入或编辑数据错误，而由系统自动显示的结果，提示用户注意改正。如当错误值为"#DIV/0!"时，则表明此单元格的输入公式中存在着除数为 0 的错误；当错误值为"#VALUE!"时，则表明此单元格的输入公式中存在着数据类型错误。

4.2　Excel 工作表操作

Excel 工作表的操作包括工作表的建立、数据处理、单元格格式设置等操作。

4.2.1 建立工作表

工作表存在于工作簿文件中。启动 Excel 后,系统自动建立并打开一个名为 Book1 的工作簿文件,它自动生成 3 个工作表,对应的标签依次为 Sheet1、Sheet2、Sheet3,其中 Sheet1 自动成为活动工作表。

1. 创建工作簿

若要创建新的工作簿,可以有以下三种方式实现:

(1)单击"文件/新建"菜单命令,在弹出的"新建工作簿"任务窗格中单击"新建"选项区中的"空白工作簿"超链接,如图 4-8 所示。

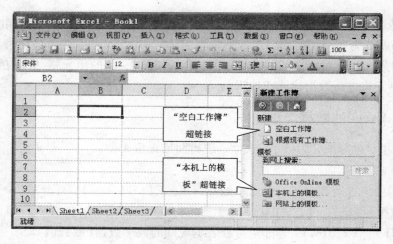

图 4-8 "新建工作簿"任务板

(2)单击"常用"工具栏中的"新建"按钮。

(3)如果需要创建一个基于模板的工作簿,则在"新建工作簿"任务窗格中单击"模板"选项区中的"本机上的模板"超链接,在弹出的如图 4-9 所示"模板"对话框中单击"电子

图 4-9 "模板"对话框

方案"选项卡，在列表框中选择需要的模板，单击"确定"按钮。

2. 插入工作表

要在工作簿中插入新的工作表，首先要在工作表标签上选择要插入的位置，如 Sheet2，单击鼠标右键选择快捷菜单中的"插入"菜单项，在如图 4 – 10 所示的"插入"对话框中选择"工作表"项，则在 Sheet2 之前插入新的空白工作表且命名为 Sheet4，并成为活动工作表。

图 4 – 10　"插入"工作表对话框及新建工作表 Sheet4

3. 移动与复制工作表

在默认情况下，Excel 将工作表按 Sheet1，Sheet2，…顺序排列。若要在 Excel 的一个工作簿中或工作簿之间移动一个工作表，可以有以下两种方法：

（1）若要移动工作表，如将 Sheet1 移动到 Sheet2 和 Sheet3 之间，首先将鼠标指针移到 Sheet1 的标签上，按住鼠标左键拖动 Sheet1 的标签，当标签上方的黑色三角指向插入位置时释放鼠标，Sheet1 就移动到位且成为当前工作表，如图 4 – 11 所示。

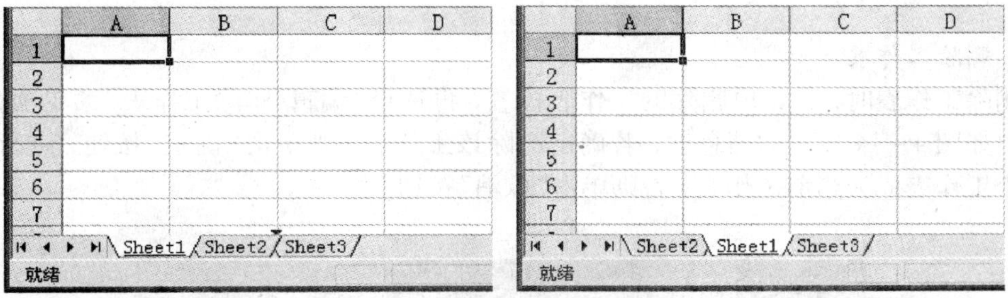

图 4 – 11　移动标签插入位置与移后的工作表 Sheet1

（2）选择要移动的工作表，如 Sheet1，单击鼠标右键，在弹出的快捷菜单中选择"移动或复制工作表…"菜单项，显示"移动或复制工作表"对话框，如图 4 – 12 所示，选择要将 Sheet1 移动到的那个工作表，单击"确定"按钮即完成移动操作。若选择了"建立副本"复选框，则将 Sheet1 复制成 Sheet1(2) 放置于指定位置。

若在工作簿之间移动工作表，例如将 Book1 中的工作表 Sheet1 移动到 Book2 的 Sheet3 之后，则选择图 4 – 12 的"工作簿"下拉列表框中 Book2. xls，再选择"（移至最后）"选项，

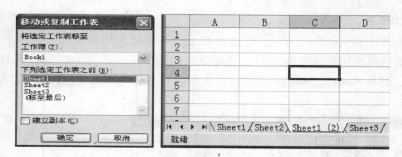

图 4 – 12　"移动或复制工作表"对话框及复制后工作表 Sheet1(2)

单击"确定"按钮,在 Book2 中增加了一个 Sheet1(2)的工作表,至此完成了 Sheet1 在工作簿之间的移动,如图 4 – 13 所示。

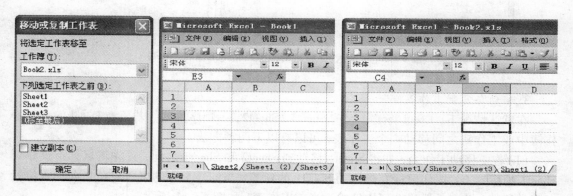

图 4 – 13　工作表在工作簿之间的移动

4.删除工作表

删除工作表时,单击要删除的工作表标签,再选择"编辑/删除工作表"菜单项,Excel 将弹出如图 4 – 14 所示的消息框,若确定删除该工作表,则单击"确定"按钮,进行删除,下一个工作表成为当前工作表;否则单击"取消"按钮。

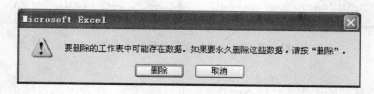

图 4 – 14　删除工作表对话框

4.2.2　数据输入与编辑

工作表中单元格的数据有常数和公式,可以对它们进行输入和编辑操作。

1. 数据输入

单元格数据可以键盘直接输入、从下拉列表中输入、使用自动填充功能输入等方法。

（1）从键盘直接输入数据

要从键盘直接输入数据，首先选择要输入数据的单元格，使之成为活动单元格，再直接从键盘输入数字、文字等数据，此时单元格的内容同时显示在编辑框中。单元格数据输入完成后，按 Tab 键、光标右移键→、Enter 键、光标下移键↓结束输入，并使右侧或下方单元格成为活动单元格。

单元格的数据若为时期与时间，例如日期"2011 年 1 月 1 日"，则可以输入"2011/1/1"或"2011 − 1 − 1"；若时间为"下午 2 时 30 分 15 秒"，则可使用 12 小时制"2:30:15p"或 24 小时制"14:30:15"格式输入。

注意：若将数值、日期、时间等值作为文本数据输入时，应先输入单引号作为标记；若输入的字符在键盘上不存在时，可以使用"插入/符号"菜单项打开"符号"对话框进行选择。

（2）从下拉列表中输入数据

输入数据时，鼠标右击待输入数据的活动单元格，从快捷菜单中选择"从下拉列表中选择"项，则活动单元格下面弹出一个列表，如图 4 − 15 所示，从中选择一个已有值即可作为该单元格的值。

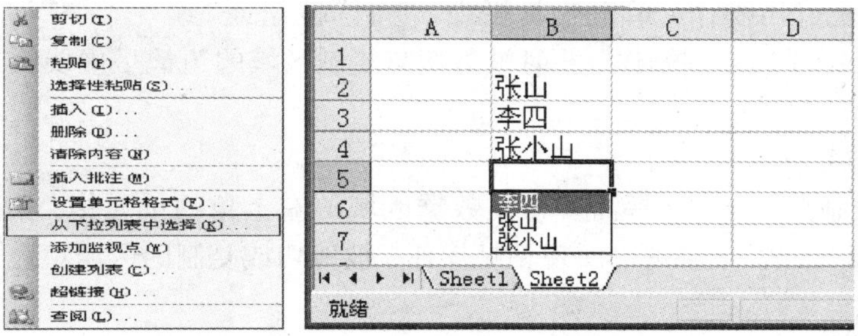

图 4 − 15　从下拉列表中输入数据

（3）使用自动填充功能输入数据

若数值或文本序列中所含的数字变化有规律，则可以利用数据自动填充功能进行同行或同列连续若干个单元格的数据输入。

例如，要从 A1 单元格开始依次横向输入数据 1，3，5，…，11 等 6 个数据，这是一个等差序列，则首先在 A1、B1 输入 1 与 3，选择该两个单元格，如图 4 − 16 左图所示，松开鼠标，再将鼠标移至选择区域的右下角的填充柄（被选择区域右下角的小方块即为填充柄）上，使之成为黑色十字，然后按住鼠标右移至 F1 单元格，即完成了 6 个等差数据的输入，如图 4 − 16 右图所示。

再如在 A1 到 A10 一列输入学号 XH001，XH002，…，XH010 等 10 个数据，则先输入前两个数据，然后采用填充柄向下拖动填充。

若填充的数据为等比数列，如 1，2，4，8，16，…，则按上述方法，使用鼠标右键拖动

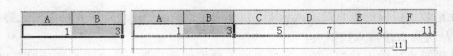

图 4 – 16　使用自动填充柄输入数据

自动填充柄，等填充到位时，松开鼠标，在弹出的快捷菜单中选择"等比序列"，如图 4 – 17 所示，将实现等比填充。

2. 数据编辑

对数据的编辑方法包括对数据的选择、剪切、粘贴、修改、插入、删除、清除等内容。

（1）选择数据

把鼠标移到待选择区域的一角，按住鼠标左键移动鼠标，在适当时候释放鼠标，则工作表中出现一块选择区域，该区域的边框为黑粗线，单元格底色为淡蓝色。若同时选择另一区域，则按住 Ctrl 键同时继续用鼠标选择另一块区域即可。

（2）剪切与复制数据

在选择数据后接着单击工具栏中"剪切"按钮或"编辑/剪切"菜单项可实现剪切操作，单击工具栏中"复制"按钮或"编辑/复制"菜单项则实现复制操作，此时被剪切与复制区域的边框呈虚线闪烁状态，区域内数据仍然存在。

图 4 – 17　填充菜单

（3）粘贴数据

在剪切或复制数据后，选择需要粘贴数据区域的左上角的单元格，单击工具栏中"粘贴"按钮或"编辑/粘贴"菜单项可实现粘贴操作，被剪切或复制的区域填充数据，而原位置的内容为空。

（4）修改数据

双击被选择的单元格，单元格内出现文字光标，此时可修改其中的字符，或者直接在编辑框中修改。

（5）插入单元格

选择单元格或区域，单击菜单栏中的"插入"项，出现如图 4 – 18 所示菜单，可根据需要插入单元格、行或列：若单击"行"菜单项，则在当前单元格所在行或选择区域的上面插入一个或若干个空行；若单击"列"菜单项，则在当前单元格所在列或选择区域的左侧插入一个或若干个空列；若单击"单元格"菜单项，则打开"插入"对话框，则可按如图 4 – 19 所示选项进行 4 种插入情况的操作。

（6）删除单元格

删除单元格与插入单元格相似，首先选择待删除数据的区域，然后单击菜单栏中的"编辑/删除"项，打开"删除"对话框，如图 4 – 20 所示，也可进行 4 种情况的删除操作。

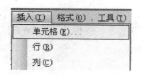

图 4-18　"插入"菜单

图 4-19　"插入"对话框

图 4-20　"删除"对话框

（7）清除数据

工作表中的每个单元格，包含数据（或内容）、格式和批注。清除数据时，首先选择待清除数据的区域，再单击"编辑/清除"菜单项，其子菜单有 4 个选项：全部、格式、内容和批注，如图 4-21 所示。"全部"指清除所选区域的所有单元格的格式、内容及批注；"格式"指清除所选区域内所有单元格的格式，使之恢复为默认的"常规"格式，其他不变；"内容"指清除所选区域内所有单元格的内容，其他不变；"批注"指清除所有区域内所有单元格的批注信息，其他不变。

按键盘上的 Delete 键也可清除所选区域的数据，与"编辑/清除/内容"菜单项功能相同。

图 4-21　"清除"子菜单

4.2.3　单元格格式设置

Excel 的单元格包含格式与内容。单元格的内容就是其中保存的数字、文字或逻辑数据。单元格的格式默认为"常规"格式，即字体为宋体，字形为常规，字号为 12，文字左对齐，数字右对齐，字体颜色为自动（黑色），单元格无边框，衬底为自动（白色）、无图案。

1.设置文字格式

Excel 单元格的格式可以使用"单元格格式"对话框来设置，如图 4-22 所示。例如，要将图 4-23 中表标题设置为黑体、14号、红色，则首先选择设置格式的区域，再单击"格式/单元格"菜单项，打开图 4-22 所示

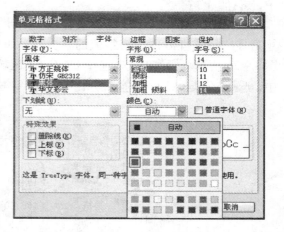

图 4-22　"单元格格式"对话框

的"单元格格式"对话框，单击"字体"选项卡，在"字体"列表框中选择"黑体"，在"字号"列表框中选择 14 号，单击"颜色"框的下拉按钮，在"颜色"面板中选择红色。其他文字格式都可以通过"单元格格式"对话框完成操作。

2.设置数字格式

Excel 单元格的数字格式除常规数字格式外，还包括"货币符号"、"会计专用"、"百分比样式"、"小数位数"等功能。

	A	B	C	D
1	学号	姓名	性别	成绩
2	X001	王小川	男	90
3	X002	李大明	男	88
4	X003	张大山	男	85
5	X004	刘小莉	女	87

图 4-23　设置单元格文字格式

	A	B	C	D	E	F
1	弘达公司销售统计表(单位:万元)					
2	产品类别	产品名称	一月	二月	三月	合计
3	打印机	HP彩喷	￥320.00	￥377.50	￥360.45	￥1,057.95
4	显示器	飞利浦	￥142.60	￥130.00	￥150.00	￥422.66
5	硬盘	西捷	￥133.00	￥110.66	￥155.00	￥398.66
6	显示器	美格	￥185.50	￥117.36	￥179.00	￥481.86
7	合计					￥2,361.13

图 4-24　产品销售表

　　例 4-1　设置各种产品销售值为货币型，保留 2 位小数，加千分位分隔符，如图 4-24 所示。操作方法如下：

　　(1)选择 C3 到 F7 的数据区域，鼠标单击"格式/单元格"菜单项，打开"单元格格式"对话框，选择"数字"选项卡，如图 4-25 所示。

　　(2)在该对话框的"分类"列表框中选择"货币"，在"小数位数"输入框选择 2，在"负数"栏中选择一种合适的千分位分隔符，单击"确定"按钮设置完成。

　　(3)在"货币符号(国家/地区)"下拉列表中，选择"￥"符号。

　　单元格数据可以百分比形式存在，如计算每月产品销售值占总销售值的百分比，如

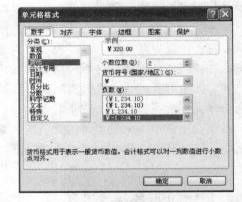

图 4-25　"数字"选项卡

图 4-26 所示。操作时，先选择 C7 至 E7 区域，在"单元格格式"对话框的"数字"选项卡中，选择"分类"列表中的"百分比"，或者单击工具栏中的"百分比样式"按钮 % 即可。

	A	B	C	D	E	F
1	弘达公司销售统计表(单位:万元)					
2	产品类别	产品名称	一月	二月	三月	合计
3	打印机	HP彩喷	￥320.00	￥377.50	￥360.45	￥1,057.95
4	显示器	飞利浦	￥142.60	￥130.00	￥150.06	￥422.66
5	硬盘	西捷	￥133.00	￥110.66	￥155.00	￥398.66
6	显示器	美格	￥185.50	￥117.36	￥179.00	￥481.86
7	合计		33.1%	31.2%	35.8%	￥2,361.13

图 4-26　百分比设置

单元格数据可以分数形式存在。输入分数时，例如 $\frac{1}{2}$，先输入"0"和空格，再输入"1/2"；若输入 $3\frac{1}{2}$，则先输入"3"和空格，再输入"1/2"。

3.设置行高和列宽

工作表中单元格的行高和列宽都是可以改变的，可以通过鼠标或菜单方式操作。

例 4 - 2　将图 4 - 24 中销售表的第 1 行的行高设置为 40 像素，第 2 行行高设为 35 像素，其他行行高为 30 像素，所有列宽值设为 9，如图 4 - 27 所示。操作方法：

（1）分别选择每行，单击鼠标右键，在弹出的"行高"对话框的输入框中输入 40（如图 4 - 28 所示）、35、30；或者将鼠标移到行与行之间的分隔处，当鼠标形状变为双箭头时，按住鼠标左键，拖动到指定的高即可。

（2）选择 A 列至 F 列，鼠标右击，在弹出的"列宽"对话框的输入框中输入列宽值 9，或在列分隔处按住鼠标左键拖动至 9。

	A	B	C	D	E	F
1	弘达公司销售统计表(单位:万元)					
2	产品类别	产品名称	一月	二月	三月	合计
3	打印机	HP彩喷	￥320.00	￥377.50	￥360.45	￥1,057.95
4	显示器	飞利浦	￥142.60	￥130.00	￥150.06	￥422.66
5	硬盘	西捷	￥133.00	￥110.66	￥155.00	￥398.66
6	显示器	芙格	￥185.50	￥117.36	￥179.00	￥481.86
7	合计					￥2,361.13

图 4 - 27　行高设置

图 4 - 28　"行高"与"列宽"对话框

4.设置对齐

工作表的表标题和列标题通常放在表格或单元格的中间位置，这可以使用"单元格格式"对话框或工具栏的"合并居中"按钮来设置。

例 4 - 3　将销售表的表标题居中，列标题在单元格中水平和垂直居中，如图 4 - 29 所示。操作方法如下：

	A	B	C	D	E	F
1	弘达公司销售统计表(单位:万元)					
2	产品类别	产品名称	一月	二月	三月	合计
3	打印机	HP彩喷	￥320.00	￥377.50	￥360.45	￥1,057.95
4	显示器	飞利浦	￥142.60	￥130.00	￥150.06	￥422.66
5	硬盘	西捷	￥133.00	￥110.66	￥155.00	￥398.66
6	显示器	芙格	￥185.50	￥117.36	￥179.00	￥481.86
7	合计		33.1%	31.2%	35.8%	￥2,361.13
8						

图 4 - 29　标题居中设置

（1）选择 A1 至 F1 区域，选择"单元格格式"对话框的"对齐"选项卡，将"文本控制"的"合并单元格"项勾选，在"水平对齐"下拉列表中选择居中；或者单击工具栏中的"合并居中"按钮 ↔，都可实现单元格合并居中设置，如图 4 - 30 所示。

（2）选择 A2 至 F2 的列标题区域，在"单元格格式"对话框的"对齐"选项卡的"水平对齐"和"垂直对齐"下拉列表中都选择居中。

5．设置单元格边框与底纹

工作表通常要画上表格线，对于一些比较重要的数据，如合计数、平均数等，需要突出显示，可以增加底纹，底纹由图案和颜色组成。这些都可以通过"单元格格式"对话框来设置。

例 4 - 4　按图 4 - 31 为销售表画上细表格线，外框为粗匣框线，B2 单元格画上斜线，列标题分为月份和产品名称，F2 与 F7 单元格填充浅灰色，6.25% 灰色图案。操作方法如下：

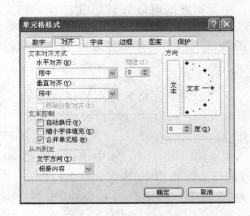

图 4 - 30　"对齐"选项卡

	A	B	C	D	E	F
1	弘达公司销售统计表(单位:万元)					
2	产品类别	产品名称 月份	一月	二月	三月	合计
3	打印机	HP彩喷	320.00	377.50	360.45	1,057.95
4	显示器	飞利浦	142.60	130.00	150.06	422.66
5	硬盘	西捷	133.00	110.66	155.00	398.66
6	显示器	美格	185.50	117.36	179.00	481.86
7		合计	781.10	735.52	844.51	2,361.13

图 4 - 31　销售表表格线设置

（1）选择 A2 至 F7 数据区域，在"单元格格式"对话框"边框"选项卡的"线条"列表中选择细实线，单击"预置"项的"内部"按钮，画上线表格线，如图 4 - 32 左图所示。

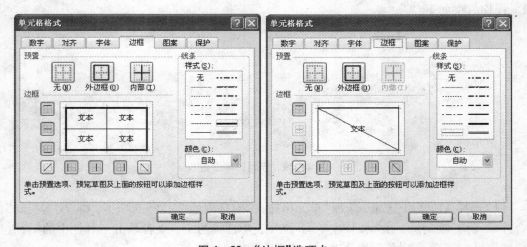

图 4 - 32　"边框"选项卡

（2）继续在"线条"列表中选择粗实线，再单击"预置"项的"外边框"按钮，为表格外边框画上粗匣框线。

（3）单击 B2 单元格，在"边框"选项卡的"边框"项中单击▧按钮，如图 4-32 右图所示，为 B2 单元格画上斜线，再单击"对齐"选项卡，在"文本控制"中勾选"自动换行"项，在 B2 的"月份"前加上空格至"产品名称"移动下一行。

（4）选择 F2 和 F7 单元格，在"单元格格式"对话框"边框"选项卡的"颜色"列表中选择"灰色"，如图 4-33 左图所示，单击"图案"的下拉按钮，弹出图 4-33 右图所示的"图案"面板，选择右上角"6.25 灰色"图案，为 F2 和 F7 单元格填充底纹与图案。

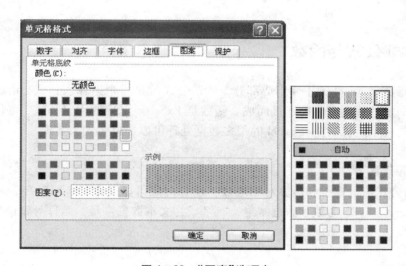

图 4-33 "图案"选项卡

边框与底纹也可以通过工具栏上的"边框"和"填充颜色"按钮实现。

6. 条件格式

工作表中同一列数据往往具有相同的属性，如用一列来记录全班中某门课程的成绩，这些数据有时需要分成若干个等级，不同等级的数据在工作表中最好按不同的颜色显示，以示区别。这可以通过"格式/条件格式"菜单项实现。

例 4-5　在学生成绩表中，将成绩不及格（即小于 60）的用红色显示，成绩优秀（大于等于 85）的用蓝色显示，其余成绩颜色不变，如图 4-34 左图所示。操作方法如下：

（1）选择数据区域 E2：E10，单击"格式/条件格式"菜单项，打开"条件格式"对话框，如图 4-34 右图所示。

（2）从"介于"下拉列表中选择"小于"选项，在其右的输入框中输入"60"，单击其下的"格式"按钮，打开"单元格格式"对话框，在该对话框中的"字体"选项卡中选择"颜色"选项板中的"红色"，单击"确定"按钮返回"条件格式"对话框。

（3）单击"添加"按钮，在"条件 2"项下的"介于"列表中选择"大于或等于"选项，在其右的输入框中输入"85"，单击其下的"格式"按钮，在打开的"单元格格式"对话框的"颜色"选项板中选择"蓝色"，单击"确定"按钮返回"条件格式"对话框，再单击"确定"按钮完成操作。

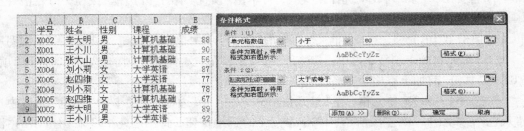

图 4 – 34　成绩表及"条件格式"对话框

4.3　Excel 公式与函数

公式和函数是 Excel 的重要组成部分。所谓公式就是一个运算表达式，由运算符和运算对象按照一定的规则和需要连接而成。函数是 Excel 预定义的内置公式，可作为整个公式或公式中的一个运算对象。Excel 的很多数据处理可以通过公式来实现。

4.3.1　公式

Excel 的公式由运算符和运算对象组成。运算对象可以是常量，即直接表示出来的数字和文本数据。如 123 为数字数据常量，"学生"为文本数据常量。运算对象还可以是单元格引用或函数。

1. 运算符

公式中的运算符包括算术、比较和文本连接三种类型。

（1）算术运算符：有加" + "、减" – "、乘" * "、除"/"、百分号"%"、乘幂"^"等 6 个运算符。例如，3 + C5 其值为 3 与单元格 C5 的值之和，3% 其值为 0.03，3^2 其值为 9。

（2）比较运算符：有等于" = "、大于" > "、大于等于" > = "、小于" < "、小于等于" < = "、不等于" < > "等 6 个。例如，假定 D5 的值为 3，D5 > 6，则其值为真 TRUE，若 D5 的值为 10，则其值为假 FALSE。

（3）文本连接运算符"&"，将其前后两个文本连接成一个文本。例如，若 C3 取值为"计算机"，D3 值为"基础"，C3 & D3 的值为"计算机基础"。

2. 单元格引用

在工作表中，单元格的名称也称为单元格的地址，该地址可以参与各种 Excel 公式的运算，该操作叫单元格地址引用。单元格引用分为相对引用、绝对引用和混合引用。

（1）相对引用：指直接使用列标和行号作为单元格地址，如 A1、B2、K15 等。

（2）绝对引用：分别在列标和行号加上" $ "来构成单元格的地址，如 $ A $ 1、$ B $ 2，其相对引用为 A1、B2。

（3）混合引用：列标或行号之一采用绝对引用表示，如 $ C5、C $ 8。

（4）单元格区域地址：对于工作表中的矩形区域，将它的左上角单元格地址和右下角单元格地址用"："连接起来表示该区域的地址，图 4 – 35 中所选区域的地址为 B2：D5。

（5）三维地址：若要引用不同工作表中的单元格，则要将工作表名和单元格地址之间以"!"连接,如在 Sheet1 中引用 Sheet2 的 C3 单元格,则其相对引用表示为 Sheet2! C3,绝对引用表示为 Sheet2! ＄C＄3。

3. 公式输入

在单元格中输入公式时,必须以等号 "＝"作为前导符号(或称为前缀),再输入 用于数据计算的表达式。

例 4 – 6　图 4 – 36 左图的商品总价的 计算,操作方法如下:

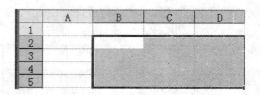

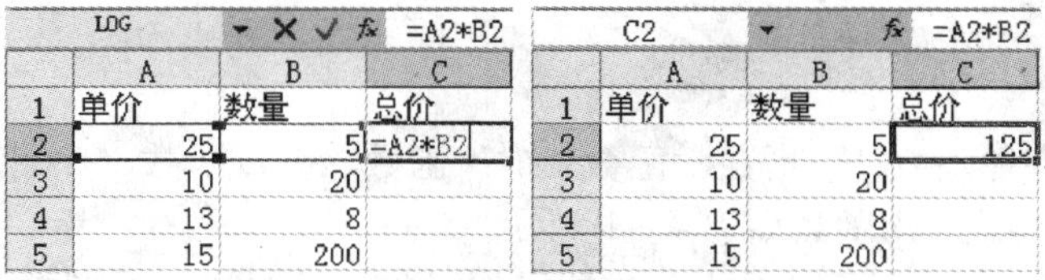

图 4 – 35　区域地址

图 4 – 36　公式输入示例

(1)鼠标单击 C2 单元格,从键盘输入" ＝A2 * B2",或者直接从编辑框输入" ＝A2 * B2",再回车即完成公式的输入,结果如图 4 – 36 右图所示。

(2)选择 C2 单元格后,输入" ＝",再鼠标单击 A2,输入" * ",鼠标单击 B2,再回车,同样完成公式的输入,结果与上述操作相同。

4. 公式的填充操作

对于同行或同列的多个公式输入时,若表达式 相同,只有单元格引用不同,可以使用自动填充柄 来实现公式的自动输入,此时单元格地址随填充方 向依次递增或递减。例如图 4 – 36 右图中的 C2 总价 已计算完成,移动鼠标向下拖动自动填充柄,就依 次为 C3 至 C5 填充公式 ＝A3 * B3、＝A4 * B4、＝A5 * B5,即列标和行号随填充柄自动递增,实现每种 商品的总价计算,如图 4 – 37 所示。

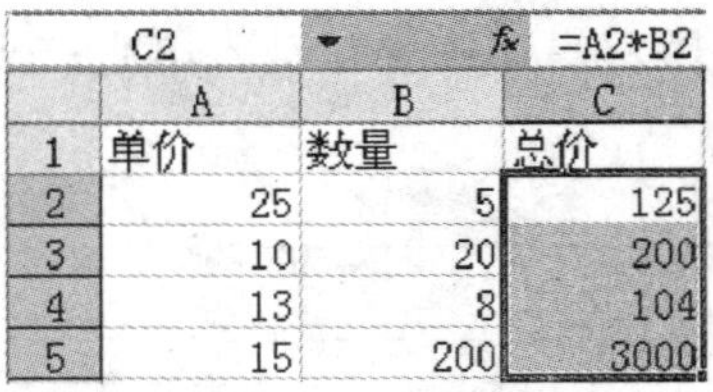

图 4 – 37　自动填充公式

一般来说,公式中的单元格地址需要随着填充柄递增或递减,应使用相对引用方式, 但有时有些单元格地址不需要随着填充柄变化,此时需要使用绝对引用,绝对地址在填充 过程中不会改变。

例 4 – 7　对于图 4 – 26 中公司每月产品销售值占总销售值的百分比的计算,1 月的百 分值计算公式为 C8 ＝C7/F7,自动填充 D8 为 D7/G7,但 G7 无数据,会出现错误信息,如 图 4 – 38 左图所示。因此,在自动填充过程中,分母值不能改变,需使用绝对引用,即 C8 ＝C7/＄F＄7,自动填充结果正确,如图 4 – 38 右图所示。

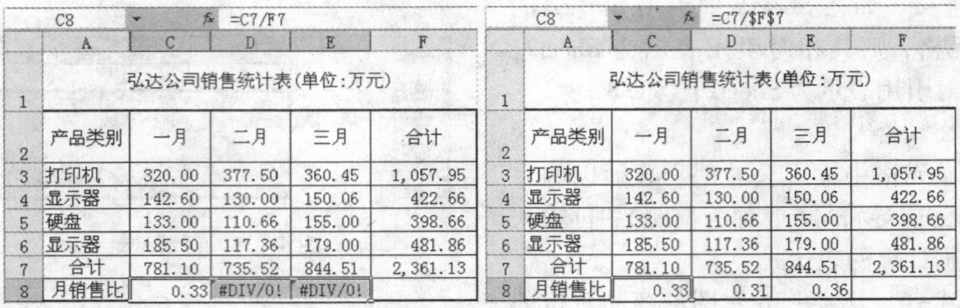

图4-38　绝对引用应用示例

4.3.2　函数

Excel 提供了多种函数，包括数学函数、统计函数、逻辑函数、日期与时间函数、财务函数、文本函数等，常用的函数如表4-1所示。

函数可以直接调用，也可以作为公式的操作对象，函数的调用格式如下：

函数名(参数1，参数2，…)

其中，参数类型可以是数字、文本、逻辑值(TRUE 或 FALSE)。参数值可以是常量、公式或其他函数。

例如，计算数据3、7、2中的最大值，使用函数 MAX(3，7，2)，函数带有三个常量参数，参数间以"，"分隔；计算 A1、B3、E4 单元格的数据平均值，使用函数 AVERAGE(A1，B3，E4)，进行单元格引用；计算区域 A1 至 F1 的数据和，使用函数 SUM(A1：F1)，进行区域地址引用，为一个参数。

函数可以按多种方法输入，包括直接输入、函数粘贴、快捷输入等。

表4-1　常用函数

函数名	函数功能	用　途
AVERAGE	求出所有参数的算术平均值	数据计算
COUNT	求出一组数据的个数	数据计算
COUNTIF	统计单元格区域中符合指定条件的单元格数目	条件统计
IF	根据对指定条件的逻辑判断的真假结果，返回相对应条件触发的计算结果	条件计算
INT	将数值向下取整为最接近的整数	数据计算
MAX	求出一组数中的最大值	数据计算
MIN	求出一组数中的最小值	数据计算
NOW	给出当前系统日期和时间	显示日期和时间
SUM	求出一组数值之和	数据计算
SUMIF	计算指定的数值格式将相应的数字转换为文本形式	条件数据计算

例 4 – 8　计算图 4 – 39 中弘达公司打印机的月平均销售值,操作方法如下:

(1)选择 F3 单元格用于存放打印机的月平均值。

	A	B	C	D	E	F
	弘达公司销售统计表(单位:万元)					
1						
2	产品类别	产品名称	一月	二月	三月	月平均值
3	打印机	HP彩喷	320.00	377.50	360.45	
4	显示器	飞利浦	142.60	130.00	150.06	
5	硬盘	西捷	133.00	110.66	155.00	
6	显示器	美格	185.50	117.36	179.00	
7	合计					

图 4 – 39　使用 AVERAGE 函数

(2)单击"编辑栏"中"插入函数"按钮 ,弹出如图 4 – 40 左图所示"插入函数"对话框,从"选择函数"列表中选择"AVERAGE"函数,单击"确定按钮"。

(3)单击弹出的"函数参数"对话框中的"Number1"右侧的区域选择按钮,如图 4 – 40 右图所示。

图 4 – 40　"插入函数"对话框与"函数参数"对话框

(4)弹出如图 4 – 41 所示的"函数参数"输入框,鼠标在图 4 – 39 的数据表中选择 C3:E3 区域,或者直接在输入框中输入 C3:E3,单击其右侧的按钮返回图 4 – 40 右图的"函数参数"对话框。

图 4 – 41　"函数参数"输入框

(5)单击图 4 – 40 右图的"函数参数"对话框的"确定"按钮,完成函数输入,计算出 C3:E3 区域的平均值。

例 4 – 9　计算图 4 – 39 中弘达公司一月份所有商品的总销售值,操作方法如下:

选择 C7 单元格，单击工具栏中"自动求和"按钮 $\boxed{\Sigma \cdot}$，单元格 C7 自动填充表达式" = SUM(C3：C6)"，按 Enter 键即完成求和操作。

例 4 - 10 将图 4 - 42 中学生成绩≥ 90 标注为优秀。操作方法如下：

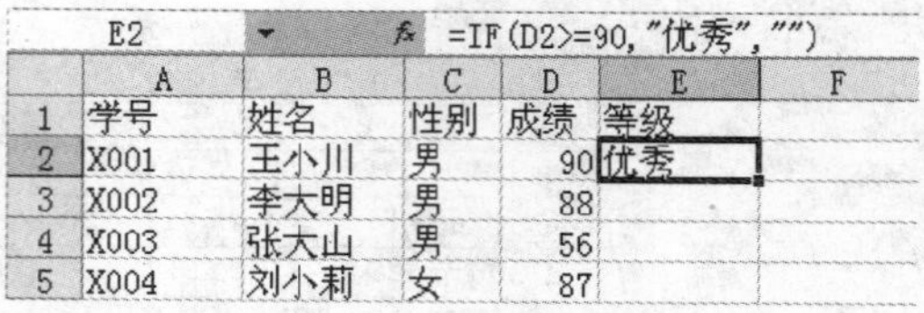

（1）选择 E2 单元格，单击"编辑栏"中"插入函数"按钮，打开如图 4 - 43 所示对话框，在"Logical_test"框中输入判断条件 D2 > = 90，在"Value_if_true"框中输入当条件 D2 > = 90 为真为取值"优秀"，在"Value_if_false"框中输入条件为假为取值空，单击"确定"按钮。

图 4 - 42　IF 函数使用示例

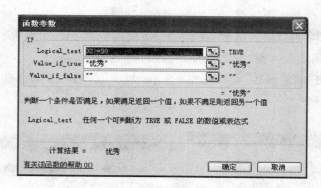

图 4 - 43　If 函数设置

（2）鼠标移动至 E2 单元格的右下角填充柄处，按住鼠标左键填充 E3：E5 区域，结果如图 4 - 42 所示。

若需要区分 90 分以下成绩，即成绩≥60 为合格，成绩 <60 为不合格，则 E2 单元格的计算公式应设置为： = IF(D2 > = 90，"优秀"，IF(D2 > = 60，"合格"，"不合格"))，这种形式叫函数的嵌套。结果如图 4 - 44 所示。

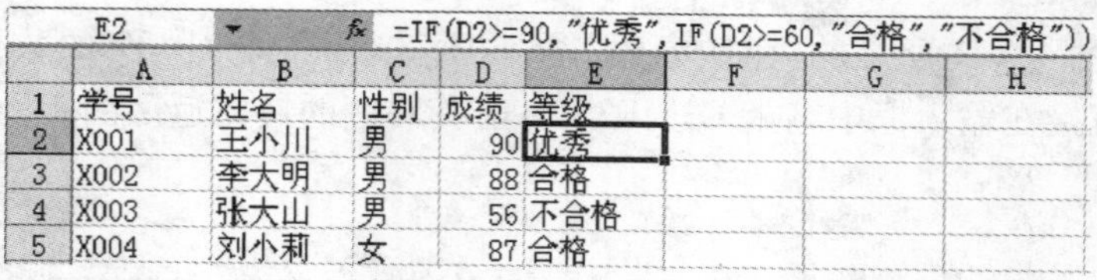

图 4 - 44　IF 嵌套示例

4.4　Excel 数据分析与处理

Excel 工作表包含一组相关数据的集合，也称为数据清单。对其中的数据进行分析和处理，可以进一步得出新数据。Excel 可以对工作表中的数据进行排序、分类汇总、筛选等操作。

4.4.1 数据排序

工作表中的数据输入完毕以后，表中数据的顺序是按输入数据的先后排列的。若要使数据按照某一特定顺序排列，就要对数据进行排序。排序操作可通过"数据/排序"菜单项完成。

例 4 – 11 在图 4 – 45 的弘达公司销售统计表中，将各商品按月平均销售值由高到低排序。操作方法如下：

（1）鼠标单击数据区域的任一单元格，选择"数据/排序"菜单项，打开排序对话框，如图 4 – 46 所示。

	A	B	C	D	E	F
1	弘达公司销售统计表（单位:万元）					
2	产品类别	产品名称	一月	二月	三月	月平均值
3	打印机	HP彩喷	320.00	377.50	360.45	352.65
4	显示器	飞利浦	142.60	130.00	150.06	140.89
5	硬盘	西捷	133.00	110.66	155.00	132.89
6	显示器	美格	185.50	117.36	179.00	160.62

图 4 – 45　弘达公司销售统计表

图 4 – 46　"排序"对话框

（2）在"主要关键字"列表框中选择"月平均值"，选择"降序"单选按钮，单击"确定"按钮，完成排序操作，结果如图 4 – 47 所示。

	A	B	C	D	E	F
1	弘达公司销售统计表（单位:万元）					
2	产品类别	产品名称	一月	二月	三月	月平均值
3	打印机	HP彩喷	320.00	377.50	360.45	352.65
4	显示器	美格	185.50	117.36	179.00	160.62
5	显示器	飞利浦	142.60	130.00	150.06	140.89
6	硬盘	西捷	133.00	110.66	155.00	132.89

图 4 – 47　按"月平均值"列"降序"排列结果

Excel 可以进行多关键字排序。排序时，先按"主要关键字"排序，主要关键字相同的记录，再按"次要关键字"排序，次要关键字相同的记录，最后按"第三关键字"排序。

例 4 – 12 在图 4 – 48 左图的学生成绩表中，分男女同学对成绩进行由低到高排序。操作方法如下：

（1）选择学生成绩数据区域，打开"排序"对话框，如图 4 – 48 中图所示。

（2）选择"主要关键字"的下拉列表中"性别"项，单击"升序"单选按钮，再选择"次要关键字"列表中的"成绩"项，选择"升序"项，单击"确定"按钮，完成操作。如图 4 – 48 右图所示。

图 4 - 48　多关键字排序

注意：当工作表的数据无列标题进行排序时，可以在"排序"对话框中"我的数据区域"项下选择"无标题行"。

4.4.2　分类汇总

分类汇总是指对工作表中的某一项数据进行分类，并对每类数据进行统计计算。例如，对于学生成绩表，若要了解男女同学的学习情况，就要按性别对成绩进行分类，对于分类的成绩，可进行求平均、求和、计数等运行。

例 4 - 13　对于图 4 - 48 左图中的学生成绩表，按学生性别进行分类，并计算男女同学的平均成绩、总成绩。操作方法如下：

（1）按"性别"对学生成绩表排序。在"排序"对话框中，选择"主要关键字"列表中的"性别"、"升序"排序顺序，单击"确定"按钮。

（2）按"性别"分别对男女同学求平均值。单击"数据/分类汇总"菜单项，打开"分类汇总"对话框，如图 4 - 49 所示。

（3）在"分类"列表中选择"性别"，在"汇总方式"列表中选择"平均值"，在"选定汇总项"列表中选择"成绩"。

（4）勾选"替换当前分类汇总"和"汇总结果显示在数据下方"两个复选框。

（5）单击"确定"按钮，完成按"性别"求成绩平均值，如图 4 - 50 所示。

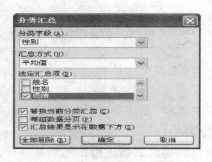

图 4 - 49　"分类汇总"对话框　　　　　　图 4 - 50　按性别求成绩平均值

（6）按"性别"分别对男女同学求成绩之和。打开"分类汇总"对话框，在"分类"列表中选择"性别"，在"汇总方式"列表中选择"求和"，在"选定汇总项"列表中选择"成绩"，如图 4 - 51 所示。

（7）去掉"替换当前分类汇总"和"汇总结果显示在数据下方"两个复选框的勾选，单击"确定"按钮，完成按"性别"求成绩之和，结果如图 4－52 所示。

如果要隐藏汇总结果中的细则，可以单击工作表左侧的中间层的每条小节的左边的减号"－"，就将最内层的记录隐藏起来，此时"－"变为"＋"，如图 4－53 所示。

图 4－51　"分类汇总"对话框　　　图 4－52　分类汇总结果　　　　图 4－53　细则折叠

若要删除汇总信息，则首先选定分类汇总表中的区域，在"分类汇总"对话框中单击"全部删除"按钮，数据表将恢复汇总前的排序状态。

4.4.3　筛选

筛选数据是指根据用户设定的条件，在工作表中筛选出符合条件的数据。使用"数据/筛选"或者菜单项命令，可完成筛选数据的操作。

例 4－14　从学生成绩表中筛选出男同学的数据，操作方法如下：

（1）选择学生成绩表数据区域，单击"数据/筛选/自动筛选"菜单命令，此时每个列标题的右侧出现一个下拉按钮，如图 4－54 左图所示。

（2）单击"性别"标题右侧的下拉按钮，选择"男"数据项，则列出所有男学生的数据行。结果如图 4－54 右图所示。

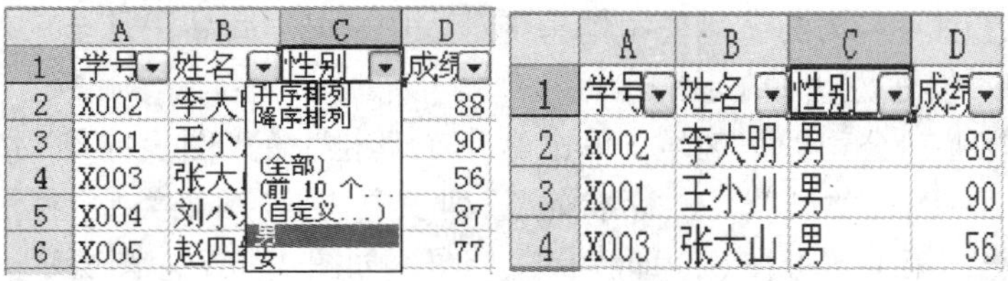

图 4－54　学生表筛选操作及结果

若要显示全部数据行，可以选择"性别"下拉列表中的"全部"选项。

筛选结束后，若要取消筛选，单击"数据/筛选/自动筛选"按钮，去掉"自动筛选"项前的勾选标志即可重新显示所有记录。

例 4－15　在图 4－55 左图的学生成绩表中，筛选出"计算机基础"课程成绩大于 60、小于等于 90 的学生数据。操作方法如下：

（1）在学生成绩表数据区域设置"自动筛选"，单击"课程"下拉按钮选择"计算机基础"选项，有 5 条学生数据。

（2）单击"成绩"下拉按钮，选择"自定义"选择，如图 4-55 右图所示。

	A	B	C	D	E
1	学号	姓名	性别	课程	成绩
2	X002	李大明	男	计算机基础	88
3	X001	王小川	男	计算机基础	90
4	X003	张大山	男	计算机基础	56
5	X004	刘小莉	女	大学英语	87
6	X005	赵四维	女	大学英语	77
7	X004	刘小莉	女	计算机基础	78
8	X005	赵四维	女	计算机基础	67
9	X002	李大明	男	大学英语	89
10	X001	王小川	男	大学英语	92

	A	B	C	D	E
1	学号	姓名	性别	课程	成绩
2	X002	李大明	男	计算机基础	升序排列 / 降序排列
3	X001	王小川	男	计算机基础	
4	X003	张大山	男	计算机基础	(全部) / (前 10 个...)
7	X004	刘小莉	女	计算机基础	(自定义...)
8	X005	赵四维	女	计算机基础	56 / 67 / 78 / 88 / 90
11					
12					

图 4-55　"自定义"筛选

（3）在弹出的"自定义自动筛选方式"对话框中，如图 4-56 左图所示，选择"显示行"项的"成绩"列表中的"大于"项，在其右侧输入框中输入 60，再选择其他的"与"单击按钮，最后在其下的下拉列表中选择"小于或等于"项，在其右侧的输入框输入 90，单击"确定"按钮，则筛选出"计算机基础"课程中成绩在（60，90]的数据行。结果如图 4-56 右图所示。

4.5　Excel 图表

在 Excel 中，利用工作表中的数据制作图表，可以更加清楚、直观和生动地表现数据。图表和工作表中的数据是互相链接的，当工作表中的数据发生变化时，图表会自动随之变化。Excel 提供了柱形图、折线图、圆饼图等多种图表类型，用户可根据需要进行选择。

4.5.1　创建图表

使用常用工具栏上的"图表向导"按钮，或者使用"插入/图表"菜单命令都可以完成创建图表的操作。

例 4-16　在图 4-47 的弘达公司销售统计表中，根据商品一月至三月的销售额数据，建立簇状柱形图。操作方法如下：

（1）鼠标选择弘达公司数据区域，单击常用工具栏上的"图表向导"按钮，打开"图表向导-4 步骤之 1-图表类型"，从"标准类型"列表中选择"图表类型"柱形图，在"子图表类型"选项板中选择第 1 图形按钮，即簇状柱形图。如图 4-57 左图所示。

自定义自动筛选方式

显示行：
成绩
大于　　　　60
⊙ 与(A)　○ 或(O)
小于或等于　　　　90

可用 ? 代表单个字符
用 * 代表任意多个字符

确定　　取消

	A	B	C	D	E
1	学号	姓名	性别	课程	成绩
2	X002	李大明	男	计算机基础	88
3	X001	王小川	男	计算机基础	90
7	X004	刘小莉	女	计算机基础	78
8	X005	赵四维	女	计算机基础	67

图 4-56　自定义自动筛选及结果

（2）单击"下一步"按钮，打开"图表向导 – 4 步骤之 2 – 图表源数据"，单击"数据区域"选项卡，如图 4 – 57 右图所示。

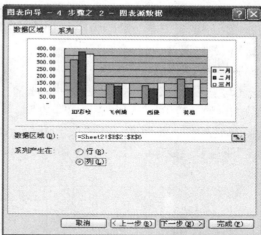

图 4 – 57　图表向导之图表类型及图表源数据对话框

（3）在"数据区域"编辑框中输入数据源区域 B2：E6，单击"系列产生在""列"单选按钮。单击"下一步按钮"，打开"图表向导 – 4 步骤之 3 – 图表选项"对话框，选择"标题"选项卡，如图 4 – 58 左图所示。

（4）在"图表标题"编辑框中输入图表标题"弘达公司销售图表"。单击"下一步"按钮，打开"图表向导 – 4 步骤之 3 – 图表位置"对话框，如图 4 – 58 右图所示。

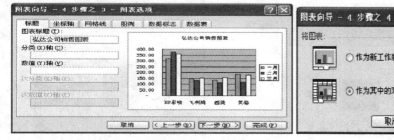

图 4 – 58　图表向导之图表选项及图表位置对话框

（5）单击选择图表所放的位置，若选择"作为新工作表插入"选项，表示将图表放在一个新的工作表中；若选择"作为其中的对象插入"选项，表示将图表放在当前的工作表中。本例选择后者。

（6）单击"完成"按钮，完成创建图表操作，结果如图 4 – 59 所示。

在图表上移动鼠标，可以看到鼠标所指向的图表各个区域的名称提示信息，如图表区域、绘图区、图例、分类轴、数值轴等。

例 4 – 17　创建某单位职工各种学历的人数所占总人数的比例的饼图，如图 4 – 60 所示。操作方法如下：

（1）选择学历状况数据区域，单击
"插入/图表"菜单项，打开"图表向导"
对话框，在"图表类型"列表中选择"饼
图"，在"子图表类型"选项板中选择"三
维饼图"，如图4－61左图所示。单击
"下一步"按钮。

（2）在"图表源数据"对话框中，选
择数据区域A2：B8，选择"系列产生在"
"列"单选按钮，如图4－61右图所示。
单击"下一步"按钮。

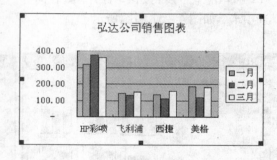

图4－59　柱形图表

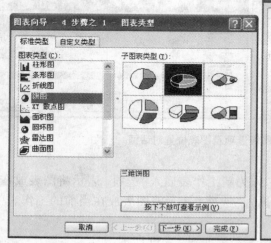

图4－60　饼图创建示例

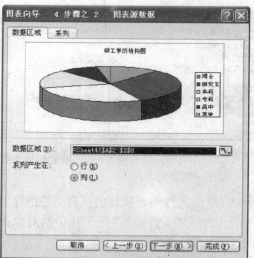

图4－61　图表向导步骤之1与之2

（3）在"图表选项"对话框的"标题"选项卡的输入框中输入"职工学历结构图"；在"数据"选项卡中，勾选"百分比"、"显示引导线"复选框，如图 4-62 所示。

图 4-62　图表向导步骤之 3-图表选项

（4）单击"确定"按钮完成创建饼图操作。

4.5.2　修改和删除图表

一张图表创建完成以后，可以使用快捷菜单中的命令对图表进行修改，修改的内容包括图表标题、数据源、图表类型等。不需要的图表可以删除。

1. 修改图表

例 4-18　在例 4-16 创建的图表（图 4-59）基础上，放大图表，设置图表标题为隶书、16 号，并给图表区加"新闻纸"图案。操作方法如下：

（1）单击图表区，图表的周围出现 8 个控制块，表示选中了图表。

（2）鼠标向右下方拖动图表右下角的小方块，放大图表。

（3）在图表标题"弘达公司销售图表"上右击鼠标弹出快捷菜单，单击"图表标题格式"菜单项，打开"图表标题格式"对话框，单击"字体"选项卡，如图 4-63 左图所示。在该选项卡中选择字体为"隶书"，字号为"16"，单击"确定"按钮，完成对图表标题的修改。

（4）在图表区右击鼠标，弹出快捷菜单，选择"图表区格式"命令，打开"图表区格式"对话框，单击"图案"选项卡，如图 4-63 右图所示。

（5）单击"填充效果"按钮，打开"填充效果"对话框，如图 4-64 左图所示，选择"纹理"选项卡中"纹理"选项板中的"新闻纸"选项，单击"确定"按钮，返回"图表区域格式"对话框，再单击"确定"完成操作，此时图表如图 4-64 右图所示。

例 4-19　在例 4-18 的基础上，修改图表的数据源，新的数据源为第一种商品和第三种商品的一月至三月的销售额，并给图表中三月份的数据加上数据标志。操作方法如下：

（1）在图表区右击鼠标，弹出快捷菜单，选择"数据源"菜单命令，打开"数据源"对话框，单击"数据区域"选项卡，如图 4-65 左图所示。

（2）在工作表中选择 B2：E3 区域，按住 Ctrl 键，同时鼠标再选择 B5：E5 区域，以选择第一、三种商品，如图 4-65 右图所示。

（3）单击"数据源"对话框中的"确定"按钮。

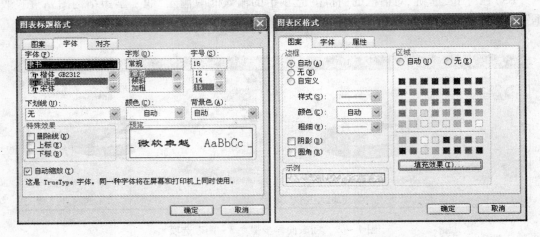

图 4-63 "图表标题格式"和"图表区格式"对话框

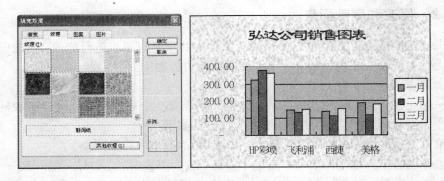

图 4-64 "填充纹理"对话框和修改后的图表

(4)右击图表区，在快捷菜单中选择"数据系列格式"命令，打开"数据系列格式"对话框，在"数据标志"选项卡中勾选"值"复选框，如图 4-66 左图所示，完成修改操作。图表如图 4-66 右图所示。

2.删除图表

删除图表的方法非常简单，只需在快捷菜单中单击"清除"命令，所选图表即被删除。

例 4-20 删除"弘达公司销售统计表"的图表。

操作方法如下：

(1)在图表区鼠标右击，弹出快捷菜单。

(2)单击快捷菜单中的"清除"菜单项，将删除弘达公司销售表中的图表。

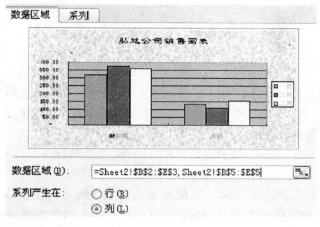

图 4-65　"数据源"对话框和选择的数据区域

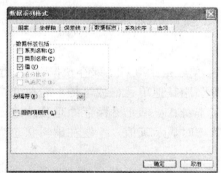

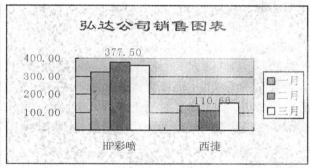

图 4-66　数据格式设置及图表操作结果

4.6　典型例题与解析

例 4-21　Excel 主界面窗口中编辑栏上的 ƒx 按钮用于向单元格插入(　　)。

A. 数字　　　　　　　B. 文字　　　　　　　C. 函数　　　　　　　D. 公式

正确答案为 C。

解析：本题考查 Excel 的窗口构成，属识记题。编辑栏上的 ƒx 按钮是专门用来输入函数的，当单击它后将打开一个插入函数对话框，用户可以从中查找所需要的函数，并设置函数的参数，以完成插入函数的操作。

例 4-22　Excel 工作簿文件默认扩展名为(　　)。

A. .txt　　　　　　　B. .doc　　　　　　　C. .ppt　　　　　　　D. .xls

正确答案为 D。

解析：本题考查 Excel 工作文件的相关概念，属识记题。任何软件工具，其建立的文件都有默认的扩展名，用来标识其与其他文件类型的区别。使用 Excel 软件工具建立工作簿文件的默认扩展名为 .xls。

例 4 – 23　不包含在 Excel 的"格式"工具栏中的按钮是(　　)。

A. 合并及居中　　　　B. 打印　　　　　C. 货币样式　　　　　D. 边框

正确答案为 B。

解析：本题考查对操作工具的认识，属识记题。"打印"按钮属于"常用"工具栏，而其余 3 个按钮属于"格式"工具栏。

例 4 – 24　假定一个单元格的地址为 B2，则此地址的类型是(　　)。

A. 相对地址　　　　B. 绝对地址　　　　C. 混合地址　　　　D. 三维地址

正确答案为 A。

解析：本题考查单元格地址的概念，属领会题。单元格的地址有相对、绝对、混合等形式，由单元格的列标和行号直接组成的地址称为相对地址，全带前导符号 $ 的称为绝对地址，否则称为混合地址。当把带有单元格地址的公式复制或填充到其他单元格时，相对地址将随之改变，而绝对地址不变。

例 4 – 25　在 Excel 中，假定一个单元格存入的公式为" $=2+5*7$ "，则当单元格处于编辑状态时，显示的内容是(　　)。

A. $2+5*7$　　　　B. $=2+5*7$　　　　C. 37　　　　　D. $=37$

正确答案为 B。

解析：本题考查对 Excel 公式的操作，属领会题。在单元格中既可以保存数据常量，也可以保存公式或函数，而在公式或函数中可以通过地址引用其他单元格或区域。若单元格保存的是常量，则不管是否处于编辑状态，都显示常量本身；若单元格保存的是公式或函数，则在编辑状态时显示其公式或函数，而在非编辑状态时显示其值。本题在编辑状态为" $=2+5*7$ "，在非编辑状态时为 37。

例 4 – 26　在 Excel 中，假定要对工作表的 C3、C4、C5、D2、D3 单元格求平均，则计算函数 AVERAGE 函数的参数为(　　)。

A. C3：C5，D2：D3　　　　　　　B. C3：D4

C. C3，C4，D2：D3　　　　　　　D. C3，C4，D2，D3

正确答案为 A。

解析：本题考查 Excel 单元格地址区域的表示格式和函数参数的设置，属领会题。Excel 的连续矩形区域地址通常用左上角和右下角的单元格地址以"："连接来表示。函数参数用"，"分隔多个参数项，对于函数 AVERAGE，连续区域地址作为一个参数。本题中，C3、C4、C5 为连续地址，表示为 C3：C5，D2、D3 为连续地址，表示为 D2：D3，它们分别作为 AVERAGE 的 2 个参数，故答案 A 正确。

例 4 – 27　对于单元格区域 A3：A30，A3、A4 单元格的内容分别为 10 和 11，拖动该两单元格的填充柄至 A30 后松开，则 A29 和 A30 两个单元格的内容为(　　)。

A. 29 和 30　　　　B. 3 和 30　　　　C. 36 和 37　　　　D. 10 和 11

正确答案为 C。

解析：本题考查 Excel 序列数据填充操作，属简单应用题。在 Excel 中，对于等差序列，通过将序列的第 1、2 单元格设置初值，可自动按其差值填充其后的单元格。本题的填充序列为 10，11，12，……，35，36，37，最后两个单元格的内容为 36 和 37。

例 4 – 28　在根据数据表创建 Excel 图表的过程中，操作的第 2 步是选择图表的（　　）。

A. 数据源　　　　　　B. 类型　　　　　　C. 选项　　　　　　D. 插入位置

正确答案为 A。

解析：本题考查创建图表的操作，属简单应用题。创建图表需要经过 4 个步骤，第 1 步是选择图表类型，第 2 步是选择图表源数据，第 3 步是设置图表中的各种选项，第 4 项是选择图表的插入位置。所以本题答案为 A。

例 4 – 29　假定学生成绩表中有姓名、性别、年龄、课程名称、成绩等数据列，要对该表男女学生的成绩求平均值，则在分类汇总时，必须事先（　　）。

A. 按性别对数据表进行排序　　　　　　B. 按课程名称对数据表进行排序

C. 对数据表进行筛选　　　　　　　　　D. 分别将男女生的数据放在不同的工作表中

正确答案为 A。

解析：本题考查对分类汇总的基本操作，属综合应用题。对数据表进行分类汇总时，必须事先对所依据的数据列排序，使得便利具有相同属性值的记录连续排列在一起，这样才能达到按同一属性值汇总的目的。

例 4 – 30　在 Excel 创建的一个新的工作簿中，若要在 Sheet3 工作表之前插入一个名为 Sheet4 工作表，则首先（　　）。

A. 鼠标单击 Sheet3 工作表，再在其快捷菜单中选择"插入"菜单项

B. 鼠标单击 Sheet2 工作表，再在其快捷菜单中选择"插入"菜单项

C. 鼠标单击 Sheet1 工作表，再在其快捷菜单中选择"插入"菜单项

D. 鼠标单击工作簿的任意位置，再在其快捷菜单中选择"插入"菜单项。

正确答案为 A。

解析：本题考查 Excel 工作表的操作，属综合应用题。在新建的工作簿中，有默认创建的 3 个工作表，按 Sheet1、Sheet2、Sheet3 的顺序排序，工作表的插入操作总是当前工作表之前插入，且插入的工作表默认名为 Sheet4。

习　题

1. Excel 的工作表具有（　　）结构。

A. 一维　　　　　　B. 二维　　　　　　C. 三维　　　　　　D. 树

2. 启动 Excel 应用程序后自动建立的工作簿文件的文件名为（　　）。

A. 工作簿　　　　　　B. 工作簿文件　　　　　　C. Book1　　　　　　D. BookFile1

3. 启动 Excel 后自动建立的工作簿文件中，默认带有工作表个数为（　　）。

A. 1　　　　　　B. 2　　　　　　C. 3　　　　　　D. 4

4. 用来给工作表的列标进行编号的是（　　）。

A. 数字　　　　　　　　　　　　　　　B. 字母

C. 数字与字母混合　　　　　　　　　　D. 第一个为字母其余为数字

5. 在 Excel 中，日期数据的数据类型属于（　　）。

A. 数字型　　　　　　B. 文字型　　　　　　C. 逻辑型　　　　　　D. 时间型

6. Excel 工作表中最小操作单元是(　　　)。

A. 单元格　　　　　　B. 一行　　　　　　　C. 一列　　　　　　　D. 一张表

7. 在具有常规格式的单元格中输入文本后,其显示方式是(　　　)。

A. 左对齐　　　　　　B. 右对齐　　　　　　C. 居中　　　　　　　D. 随机

8. 对于工作表中的选择区域不能进行操作的是(　　　)。

A. 行高尺寸调整　　　B. 列宽尺寸调整　　　C. 条件格式设置　　　D. 保存文档

9. 在 Excel 中一个单元格的行地址或列地址前,为表示成绝对地址引用,应加上的符号是(　　　)。

A. @　　　　　　　　B. #　　　　　　　　　C. $　　　　　　　　　D. %

10. 假定一个单元格的地址为 D25,则此地址的类型为(　　　)。

A. 相对地址　　　　　B. 绝对地址　　　　　C. 混合地址　　　　　D. 三维地址

11. 在向一个单元格输入公式或函数时,其前导字符必须是(　　　)。

A. =　　　　　　　　　B. >　　　　　　　　　C. <　　　　　　　　　D. %

11. 假定单元格 F5 中保存的公式为"$=C$3+E3",若把它复制到 G6 中,则 G6 中保存的公式为(　　　)。

A. $=C$3+E3　　　B. $=D$3+F3　　　C. $=B$4+F4　　　D. $=D$4+F4

12. 在 Excel 中,求一组数值中的最大值的函数为(　　　)。

A. AVERAGE　　　　B. MAX　　　　　　　C. MIN　　　　　　　　D. SUM

13. 在 Excel 中,求一组数值中的平均值的函数为(　　　)。

A. AVERAGE　　　　B. MAX　　　　　　　C. MIN　　　　　　　　D. SUM

14. 在 Excel 中,对数据表进行排序时,在"排序"对话框中最多能够指定的排序关键字个数为(　　　)。

A. 1　　　　　　　　　B. 2　　　　　　　　　C. 3　　　　　　　　　D. 4

15. 在 Excel 的自动筛选中,所选数据表的每个列标题都对应着一个(　　　)。

A. 下拉菜单　　　　　B. 对话框　　　　　　C. 窗口　　　　　　　D. 工具栏

16. 在 Excel 图表的标准类型中,包含的图表类型共有(　　　)。

A. 10　　　　　　　　B. 14　　　　　　　　C. 20　　　　　　　　D. 30

17. 在 Excel 的图表中,能反映出数据变化趋势的图表类型是(　　　)。

A. 柱形图　　　　　　B. 折线图　　　　　　C. 饼图　　　　　　　D. 气泡图

18. 在 Excel 图表中,水平 X 轴通常用来作为(　　　)。

A. 排序轴　　　　　　B. 分类轴　　　　　　C. 数值轴　　　　　　D. 时间轴

19. 在创建 Excel 图表的过程中,第 1 步是选择图表的(　　　)。

A. 源数据　　　　　　B. 类型　　　　　　　C. 选项　　　　　　　D. 插入位置

20. 在创建 Excel 图表的过程中,第 3 步是选择图表的(　　　)。

A. 源数据　　　　　　B. 类型　　　　　　　C. 选项　　　　　　　D. 插入位置

21. 在 Excel 中,能够选择和编辑图表中的任何对象的工具栏是(　　　)工具栏。

A. 常用　　　　　　　B. 格式　　　　　　　C. 图表　　　　　　　D. 绘图

22. 在 Excel 工作表中,选择一列后,若要把该列删除掉,则需要从打开的"编辑"下拉菜单中选择(　　　)菜单项。

A. 删除　　　　　　　　B. 清除　　　　　　　C. 剪切　　　　　　　　D. 复制

23. 在 Excel 工作表中，进行删除时，(　　　)。

A. 只能删除一个单元格　　　　　　　　　　B. 只能删除同行的若干个单元格

C. 只能删除同列的若干个单元格　　　　　　D. 可以删除任意单元格区域

24. 在 Excel 中，如果只需要删除当前单元格中的内容，不需要其他操作，则应执行的操作是(　　　)。

A. "编辑/复制"　　　　　　　　　　　　　B. "编辑/删除"

C. "编辑/清除/内容"　　　　　　　　　　D. "编辑/清除/格式"

25. 在 Excel 工作表中，选中单元格后按 Delete 键将执行的操作是(　　　)。

A. 清除单元格的内容　　　　　　　　　　　B. 清除单元格的批注

C. 清除单元格的格式　　　　　　　　　　　D. 清除单元格的所有信息

26. 在 Excel 工作表中，被选定的当前单元格区域带有(　　　)。

A. 黑色边框　　　　　　　B. 红色边框　　　　　　C. 蓝色边框　　　　　　D. 黄色边框

27. 在一个 Excel 的工作表中，第 5 列的列标为(　　　)。

A. C　　　　　　　　　　B. D　　　　　　　　　C. E　　　　　　　　　　D. F

28. 在 Excel 中，右键单击一个工作表的标签不能进行(　　　)。

A. 插入一个工作表　　　　　　　　　　　　B. 删除一个工作表

C. 重命名一个工作表　　　　　　　　　　　D. 打印一个工作表

29. 在 Excel 中，单元格 G12 的绝对地址表示为(　　　)。

A. G12　　　　　　　　　B. G $ 12　　　　　　　C. $ G12　　　　　　　D. $ G $ 12

30. 在 Excel 中，若一个单元格的地址表示为 $ M $ 20，则该单元格的行地址表示属于(　　　)。

A. 相对引用　　　　　　　B. 绝对引用　　　　　　C. 混合引用　　　　　　D. 二维地址引用

31. 在 Excel 中，若要表示"s1"上的 B2 到 G6 的整个单元格区域，则应书写为(　　　)。

A. s1#B2：G6　　　　　B. s1 $ B2：G6　　　　C. s1！B2：G6　　　　D. s1：B2：G6

32. 在 Excel 中，已知工作表中 C4：C6 区域内保存的数值分别为 5、9、4，若单元格 C7 中的函数公式为 = AVERAGE(C4：C6)，则 C7 单元格的值为(　　　)。

A. 6　　　　　　　　　　B. 5　　　　　　　　　C. 4　　　　　　　　　　D. 9

33. 在 Excel 中，已知 B2 单元格的内容为数值 78，则公式 = IF(B2 > 70，"好"，"差")的值为(　　　)。

A. 好　　　　　　　　　　B. 差　　　　　　　　　C. 70　　　　　　　　　D. 78

34. 在 Excel 中，假设单元格 B2 的内容为 2008/12/20，则函数 = MONTH(B2)的值为(　　　)。

A. 20　　　　　　　　　　B. 12　　　　　　　　　C. 2008　　　　　　　　D. 2009

35. 在 Excel 的一个工作表的某单元格中，若要输入计算公式 2008 - 4 - 5，则正确的输入为(　　　)。

A. 2008 - 4 - 5　　　　　B. = 2008 - 4 - 5　　　C. '2008 - 4 - 5　　　　D. "2008 - 4 - 5"

36. 在 Excel 中，若首先在单元格 C2 中输入一个计算公式为 = B $ 2，接着拖曳此单元格填充 C3：C8，则在 C8 单元格中得到的公式为(　　　)。

A. = B8 　　　　　　B. = B2 　　　　　　C. = B $ 2 　　　　　　D. = B $ 8

37. 在 Excel 中，若单元格 B2 和 B3 的值分别为 6 和 12，则公式 = 2 * (B2 + B3) 的值为(　　)。

A. 36 　　　　　　B. 24 　　　　　　C. 12 　　　　　　D. 6

38. 在 Excel 的"常用"工具栏中，不包含的按钮是(　　)。

A. 剪切 　　　　　　B. 粘贴 　　　　　　C. 货币格式 　　　　　　D. 复制

39. 在以下有关 Excel 的叙述正确的是(　　)。

A. 一个工作表就是一个 Excel 文件

B. 一个工作簿只能有 3 个工作表

C. 一个工作表有 256 列，用字母顺序 A，B，…，AA，…，ZZ 来表示

D. 单元格是组成工作表的最小单位

40. 在 Excel 中，当数字单元格太窄时，可能会出现下列哪种显示方式(　　)。

A. ###

B. 扩展到右边列

C. 自动截断

D. 按可显示的数字长度四舍五入

第 5 章　PowerPoint 电子演示文稿

学习目标：

✧ 了解 PowerPoint 的基本功能和编辑环境，理解幻灯片元素的概念，了解文件的存储格式。

✧ 熟练掌握 PowerPoint 文字、表格、图片、文件的放映与设置放映方式的操作。

✧ 掌握演示文稿的动作设置、超链接、自定义动画和效果的基本操作。

5.1　PowerPoint 基础

PowerPoint 是当前较流行的制作演示文稿的软件之一，是 Office 软件的一个重要套件。PowerPoint 常用于会议或其他公众场合的演讲、报告、介绍等活动，是信息社会中人们进行信息发布、学术探讨、产品介绍等制作可视化多媒体信息交流的有效工具。

5.1.1　PowerPoint 的启动和退出

PowerPoint 有 2 种启动方法：

（1）单击"开始"按钮，选择"所有程序/ Microsoft Office/ Microsoft Office PowerPoint 2003"菜单项，即启动 PowerPoint 2003，在屏幕上显示出 PowerPoint 主界面，其窗口结构与 Windows 的其他应用程序窗口完全一致。

（2）若在 Windows 操作系统桌面上存在 PowerPoint 快捷方式图标，则双击该快捷方式完成启动 PowerPoint 操作。

PowerPoint 有 4 种退出方法：

（1）单击"标题栏"最右端的"关闭"按钮 ⊠

（2）单击"标题栏"最左端的窗口控制按钮，打开对应的下拉菜单，再单击控制菜单中"关闭"菜单选项。

（3）选择 PowerPoint 的"文件"菜单中的"退出"菜单项。

（4）按快捷键 Alt + F4。

5.1.2　PowerPoint 的工作窗口及元素

PowerPoint 的工作窗口主要包括菜单栏、工具栏、浏览区、工作区（幻灯片）、任务窗格等，如图 5 –1 所示。

（1）工具栏

默认情况下，工具栏位于界面的顶部区域，与 Office 的其他组件工具栏的操作完全一致。

（2）浏览区

界面左侧是信息浏览区，有两个选项卡，分别为"幻灯片"选项卡（默认方式）和"大纲"选项卡，通过单击选项卡按钮可以在两种方式之间切换。

（3）工作区

工作区位于界面的中间区域，显示正在进行编辑、修改的幻灯片页面内容。

（4）任务窗格

任务窗格位于界面右侧区域，主要提供演示文稿设计的选项及相关操作的设置选项。

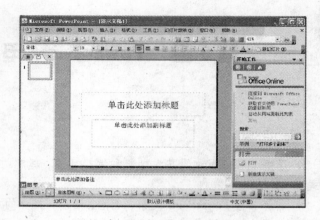

图 5－1　PowerPoint 2003 工作界面

5.1.3　PowerPoint 的视图种类

PowerPoint 有 3 种视图，分别为普通视图、幻灯片视图和幻灯片浏览视图。转换这 3 种视图的方法是单击 PowerPoint 窗口左下角相应的按钮。

（1）普通视图

如图 5－2 所示，是编辑演示文稿时常用的视图，在这种视图中，窗口被划分为三个窗格：幻灯片窗格、大纲（或幻灯片）选项卡和备注窗格，用户可以不必转换视图，在幻灯片窗格中编辑幻灯片；在大纲选项卡中修改幻灯片中的文字；在备注窗格中输入备注文字。幻灯片选项卡以缩略图形式在演示文稿中观看幻灯片，并在此区域中对幻灯片进行定位、移动、复制、插入或删除幻灯片等操作。拖动窗格边框可调整不同窗格的大小。

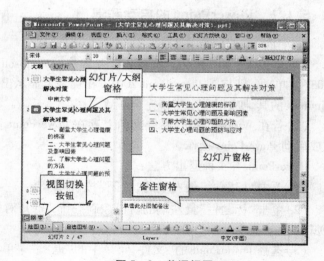

图 5－2　普通视图

（2）幻灯片浏览视图

幻灯片浏览视图是以幻灯片的缩略图形式按顺序排列显示在主窗口，使重新排列、添加或删除幻灯片以及预览幻灯片切换效果等许多操作都变得很容易而且直观，如图 5－3 所示。

（3）幻灯片放映视图

幻灯片放映视图占据整个计算机屏幕，如图 5－4 所示，在此视图中，显示的幻灯片元

图 5 - 3　幻灯片浏览视图

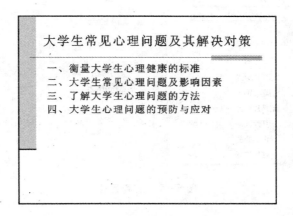

图 5 - 4　幻灯片放映视图

素与设置的各种动画效果和实际放映一致。在幻灯片放映时也有许多交互式操作,例如调用绘图笔(Ctrl + P),擦除绘图笔迹(E 或者 Ctrl + E),动作按钮调用、超链接控制等操作均在幻灯片放映屏幕中实现其过程和效果。

5.2　PowerPoint 基本操作

PowerPoint 可以实现创建演示文稿,编辑文字、表格、图片、声音、影片、动画等幻灯片元素,设置并放映幻灯片等基本操作。

5.2.1 建立演示文稿

PowerPoint 建立演示文稿的方法有 3 种：利用"内容提示向导"创建；利用"设计模板创建"；创建新空白演示文稿。

1. 利用"内容提示向导"创建演示文稿

"内容提示向导"是快速建立演示文稿的一种方法。PowerPoint 设计了若干套演示文稿的框架，类似于 Word 软件中的模板，用于不同的用途。用户跟随向导，选用某一类型演示文稿，自动生成由若干张幻灯片组成的演示文稿，再由用户用相应的文字替换幻灯片中的提示内容。

例 5 - 1 使用"内容提示向导"快速建立演示文稿"我的建议"。操作方法如下：

(1)单击"开始/程序/Microsoft PowerPoint"菜单命令，进入 PowerPoint。

(2)单击"任务窗格/开始工作"的下拉菜单，选择"新建演示文稿"选项，如图 5 - 5 所示。

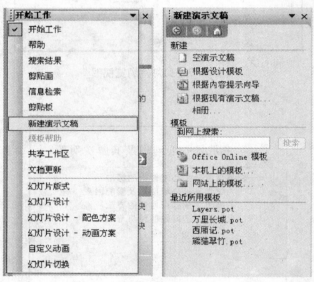

图 5 - 5　任务窗格

(3)再单击任务窗格中的"根据内容提示向导"命令，启动"内容提示向导"对话框，如图 5 - 6 所示。

(4)单击"下一步"按钮，出现如图 5 - 7 所示对话框，单击对话框中"常规"按钮，在"选择将使用的演示文稿类型"列表中选择"建议方案"项。

(5)单击"下一步"按钮，出现如图 5 - 8 所示对话框，保持默认选项。单击"下一步"按钮，在图 5 - 9 的对话框的演示文稿标题输入框中输入"我的建议"。

(6)单击"下一步"按钮，在图 5 - 10 所示对话框中单击"完成"，生成图 5 - 11 所示演示文稿。

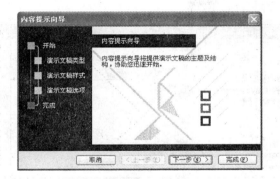

图 5 - 6　"内容提示向导"对话框图

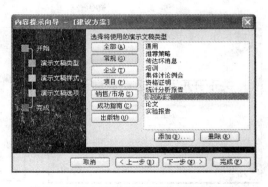

图 5 - 7　"内容提示向导"之类型对话框

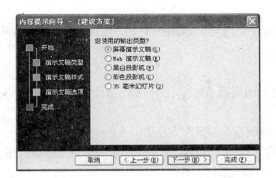

图 5 - 8　"内容提示向导"之输出类型对话框

图 5 - 9　"内容提示向导"之标题对话框

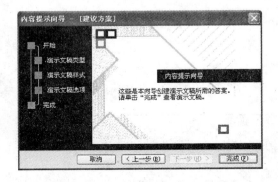

图 5 - 10　"内容提示向导"之完成对话框

图 5 - 11　"我的建议"演示文稿

（7）单击 PowerPoint 工具栏的"保存为"按钮，在"另存为"对话框中输入文件名"我的建议"，保存该文件。

例 5 - 2　在例 5 - 1 的基础上，修改幻灯片中的文字内容。操作方法如下：

（1）单击第一张幻灯片的标题"我的建议"。

（2）修改标题文本框中的文字，如图 5 - 12 所示，改为"关于开展足球运动的建议"；再单击副标题，修改文字，改为"校学生会体育部　王菁"。

（3）在普通视图的"大纲窗格"中，直接修改第 2 张幻灯片的内容，如图 5 - 13 所示。

图 5 – 12　修改标题

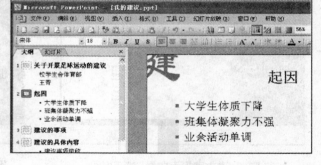

图 5 – 13　修改内容幻灯片

（4）其他幻灯片依建议的具体内容进行修改，完成后，单击工具栏的"保存"按钮保存文件。

2. 使用设计模板建立演示文稿

设计模板是系统已经预先设计好的一些背景图案及样式，用户可以选用其中的某种模板来建立自己的演示文稿。

例 5 – 3　使用设计模板建立演示文稿"古诗欣赏"。操作方法如下：

（1）在 PowerPoint 中，单击"任务窗格/开始工作"的下拉菜单的"新建演示文稿"项，在"新建演示文稿"菜单中选择"根据设计模板"项，参见图 5 – 5。

（2）在"任务窗格"打开"幻灯片设计"窗口，如图 5 – 14 所示。在"应用设计模板"区内选择所需的模板，如"麦田夕照. pot"，则幻灯片将使用该模板的背景图案、样式，如图 5 – 15所示。

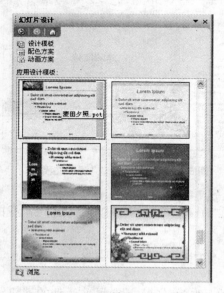

图 5 – 14　"幻灯片设计"窗口

图 5 – 15　设计模板

（3）在标题处和副标题处分别输入图 5 – 16 所示的内容。

（4）单击常用工具栏中的"新幻灯片"按钮，添加一张新幻灯片，在"任务窗格"的"应用幻灯片版式"中选择"标题文本"版式，如图 5 – 17 所示，分别在标题框和文本框中输入其中的内容。

（5）单击"保存"，完成幻灯片创建。

图 5 – 16　标题内容

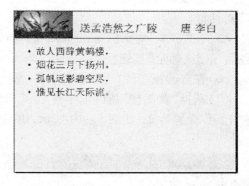

图 5 – 17　套用版式

3.从空白演示文稿开始创建

在 PowerPoint 中，选择"文件"菜单中的"新建"命令，然后单击"任务窗格"中的"空演示文稿"。这个操作将启动"幻灯片版式"窗口，用户可根据需要在"应用幻灯片版式"区内选择确定幻灯片版式，然后自行开始逐张创建新幻灯片文稿。

例 5 – 4　建立空演示文稿"选修课程"。操作方法如下：

（1）在 PowerPoint 中，单击"任务窗格/开始工作"的"新建演示文稿"项，在"新建演示文稿"菜单中选择"空演示文稿"项，参见图 5 – 5。或者单击常用工具栏中的"新建"按钮。

（2）选取"标题幻灯片"版式。在标题文本框中输入幻灯片标题为"大一年级选修课程一览表"；在副标题文本框中输入"信息学院"。

（3）添加两张幻灯片，选择"项目清单"版式，在一张幻灯片中输入几门文科课程的名称，另一张幻灯片中输入几门理科课程名称。

（4）保存文件，文件名为"选修课程"。

5.2.2　幻灯片元素操作

在幻灯片中除了可以输入文字之外，还可以插入表格、图像、声音等。系统设置了插入这些对象的版式，在幻灯片版式中，这些对象统称为占位符。

1.设置文本格式

在幻灯片中设置文本格式的方法与在 Word 中设置方法基本相同，即可以设置文字的各种格式，如字体、字号、字形等，也可以设置段落的各种格式，如对齐方式，各行文字间的距离等，还可以添加或改变项目符号或编号。

例 5 – 5　设置"古诗欣赏"演示文稿中标题幻灯片的字体和字号，和第 2 张幻灯片中

的段落格式,并去掉项目符号。操作方法如下:

(1)打开"古诗欣赏"演示文稿,在普通视图中,将第1张幻灯片变为活动幻灯片。

(2)选取幻灯片中的标题文字"古诗欣赏",单击格式工具栏的字体框右侧的箭头,打开字体列表框,选择"隶书"项。

(3)单击格式工具栏的字号框右侧的箭头,打开字号列表框,选择"72"项。

(4)选取副标题框"主讲人 王菁"这一行文字,选择"格式/字体"菜单命令,出现"字体"对话框。

(5)在"字体"对话框中,选择"楷体_GB2312"、字号60、字形"加粗倾斜",如图5-18所示,单击"确定"按钮。

(6)在普通视图的"大纲窗格"中,单击第2张幻灯片,使其成为活动幻灯片。

(7)选择"黄鹤楼"诗的前半首文字,选择"格式/行距"菜单命令,在"行距"对话框中将"行距"设置为2,如图5-19所示,单击"确定"按钮。

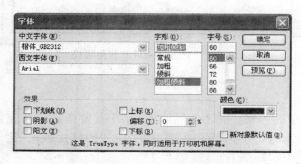 

图5-18　"字体"对话框　　　　　　　图5-19　"行距"对话框

(8)选择"格式/项目符号和编号"菜单命令,在弹出的"项目符号与编号"对话框中,选择"项目符号"选项卡,单击列表中的"无"项,去掉项目符号,单击"确定"按钮。

2.设置文本框格式

在幻灯片中,文本框是最常用的占位符。在默认版式中,文本框没有框线没有颜色。为了美化幻灯片的版面,可以加上框线、底纹和颜色。

例5-6　设置"古诗欣赏"演示文稿第2张幻灯片文本框的格式。操作方法如下:

(1)打开"古诗欣赏"演示文稿,在普通视图中使第2张幻灯片成为活动幻灯片,单击工具栏上的"新幻灯片"按钮,添加一张新幻灯片。

(2)在新幻灯片中,输入图5-20左图所示的标题文字和左侧文字。

(3)单击"插入/文本框/水平"菜单项,用鼠标画出如图5-20左图所示的文本框,并输入其中的内容。

(4)单击该文本框,使之出现虚线,选择"格式/文本框"菜单命令。

(5)在弹出的"设置文本框格式"对话框中,选择"颜色和线条"选项卡,单击"填充"项的"颜色"框右侧箭头,打开颜色下拉选项板,如图5-21左图所示。

(6)单击"填充效果"按钮,在弹出的"填充效果"对话框中,选择"纹理"选项卡,在"纹理"列表中选择"水滴"纹理,如图5-21右图所示。单击"确定"返回"设置文本框格

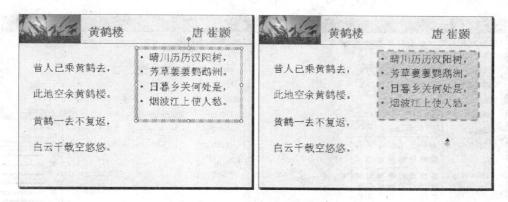

图 5 – 20　从下拉列表中输入数据

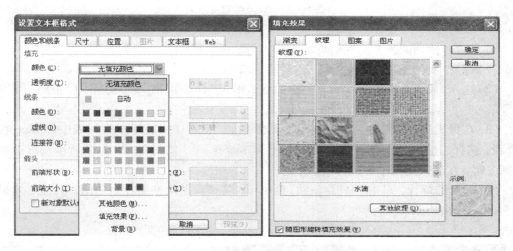

图 5 – 21　"设置文本框格式"对话框

式"对话框。

　　(7)单击"线条"项的"颜色"框右侧箭头,打开颜色下拉选项板,选择"梅红"项,如图 5 – 22 左图所示。

　　(8)单击"虚线"框右侧箭头,打开选项板,选择"短划线"项;单击"样式"框右侧的箭头,打开选项板,选择"4.5 磅双线"形式,如图 5 – 22 右图所示。

　　(9)单击"确定"按钮,在文本框外任意处单击鼠标,取消选取状态。设置效果如图 5 – 20 右图所示。

　　3．插入图片、艺术字

　　幻灯片中插入图片的来源有 3 种:剪贴画、图片文件、使用"绘图"工具制作的各种图形。幻灯片中插入剪贴画和艺术字,可以使用演示文稿更加丰富多彩。

　　插入剪贴画可以选用"标题、文本与剪贴画"幻灯片版式,也可以在其他版式中使用菜单命令打开"插入/图片/剪贴画"菜单命令实现。

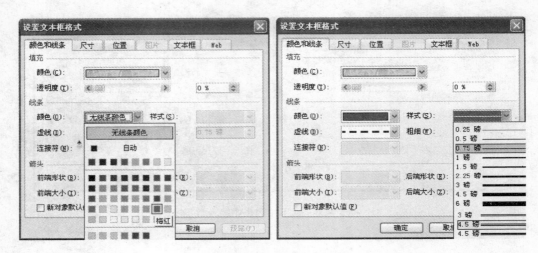

图 5 – 22　设置颜色与线型

例 5 – 7　使用两种方法在幻灯片中插入剪贴画。操作方法如下：

（1）打开"我的建议"演示文稿，在普通视图中，使第 1 张幻灯片成为活动幻灯片。

（2）选择"插入/图片/剪贴画"菜单命令，单击"任务窗格"的"剪贴画"中的"管理剪辑"项。

（3）在弹出的"收藏夹 – Microsoft 剪辑管理器"窗口中，展开左侧列表中"Office 收藏集"项，选择"运动"项，在右侧选项板中选择"soccer"项，如图 5 – 23 左图所示。单击该项右侧按钮，在其快捷菜单中选择"复制"项。

（4）返回幻灯片，单击"编辑/粘贴"菜单项，将该剪贴画粘贴在当前幻灯片上，效果如图 5 – 23 右图所示。

图 5 – 23　插入剪贴画

（5）选择最后一张幻灯片；单击常用工具栏中的"新幻灯片"按钮，选择"文本与剪贴画"版式。

（6）在标题文本框中输入"奖品设置"；在幻灯片左边的文本框中输入如图 5 – 24 左图

所示内容，在"双击此处添加剪贴画"提示文字处双击，弹出"选择图片"对话框，如图 5 -24 右图所示。

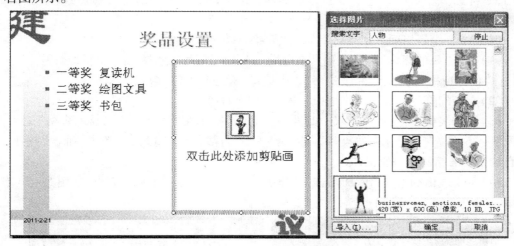

图 5 - 24　"文本与剪贴画"版式

（7）单击右侧滚动条，选择最后一项，单击"确定"按钮，完成该幻灯片制作。

插入艺术字或插入图片文件需要使用"插入/艺术字"或"插入/来自文件"菜单命令。插入艺术字和图形后，可以移动位置、改变大小，操作方法和在 Word 中的方法非常类似。

例 5 - 8　在例 5 - 7 的基础上，在幻灯片中插入艺术字。操作方法如下：

（1）在"我的建议"演示文稿的普通视图中，选择第 3 张幻灯片。

（2）单击"插入/图片/艺术字"菜单命令，弹出"艺术字库"对话框，选择 4 行 2 列艺术字型，如图 5 - 25 左图所示，单击"确定"按钮。

（3）在弹出的"编辑艺术字文字"对话框中，输入"锻炼身体"。

（4）调整艺术字的大小和位置，效果如图 5 - 25 右图所示。

图 5 - 25　插入艺术字

4. 插入表格

在演示文稿中，有些内容用表格显示比较简洁明了，PowerPoint 提供了多种方法在幻灯片中插入表格，可以使用含有表格占位符的版式，也可以使用"插入/表格"菜单命令或常用工具栏上的"插入表格"按钮 ▥▿。插入表格后，可以对表格的格式进行修改，如调整行高和列宽等。

例5－9 用表格版式插入表格、修改表格。操作方法如下：

（1）打开"我的建议"演示文稿，单击最后一张幻灯片，选择"插入/新幻灯片"菜单命令，在"任务窗格"的"幻灯片版式"列表中选择"标题和表格"版式。

（2）在新幻灯片的标题文本框中输入"参加人数统计"。

（3）双击表格占位符，即"双击此处添加表格"提示文字处，出现"插入表格"对话框，如图5－26 左图所示。在"列数"框内输入5，在"行数"框中输入3。单击"确定"按钮，屏幕自动出现表格和边框工具栏。

（4）单击表格的第3行。再单击"表格和边框"工具栏的"表格"按钮，如图5－26 右图所示。

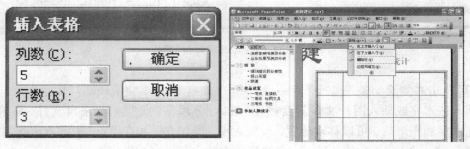

图5－26 插入"表格"

（5）单击"在上方插入行"菜单项，在表格中插入一行。按如图5－27 所示在表格中输入文字，并使用表格和边框工具栏中的按钮使数据居中对齐。

（6）选择表格的第1行第1列单元格，单击"表格和边框"工具栏上的"绘制表格"按钮▱，当鼠标变为铅笔形状，在该单元格中画斜线。然后在专业前加空格，直到文字如图5－27 所示为止。

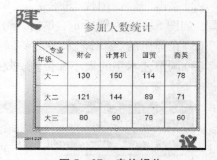

图5－27 表格操作

注意：在其他版式中，选择"插入/表格"菜单命令，也可以弹出"插入表格"对话框，在幻灯片中插入一个表格；如果屏幕上没有显示表格和边框工具栏，选择"视图/工具栏/表格和边框"菜单命令，可以使表格和边框工具栏显示在屏幕上。

5.添加图表

在 PowerPoint 中插入图表通常有两种方法：

（1）选择"插入/图表"菜单命令进行插入。

（2）在幻灯片版式中选择一种带有图表占位符的版式。

图表插入后，同时启动数据表窗口，在数据表中可修改数据。双击图表，也可以打开数据表窗口，进行编辑图表操作。

6. 添加多媒体对象

在演示文稿中可以添加多媒体对象,如声音、CD 乐曲、影片等。

例 5 - 10　给"古诗欣赏"演示文稿添加音乐和影片。操作方法如下:

(1)打开"古诗欣赏"演示文稿,在普通视图中,选择第 1 张幻灯片。

(2)单击"插入/影片和声音/文件中的声音"菜单命令,在"插入声音"对话框中,选择要插入的声音文件。屏幕弹出提示框如图 5 - 28 所示。

图 5 - 28　插入声音

(3)单击"自动"按钮。

说明:插入声音文件时,首先应知道文件所在位置。

(4)单击"插入/影片和声音/剪辑管理器中的影片"菜单命令,单击"任务窗格/剪贴画"的列表中选择"beacons"项,则影片剪辑就添加在幻灯片中。

(5)按 F5 放映幻灯片,观察声音效果。

5.2.3　幻灯片管理

演示文稿由若干张幻灯片组成的。演示文稿建好后,经常需要对幻灯片的位置进行改动。幻灯片的管理包括复制、移动、删除等操作。

1. 插入幻灯片

要在演示文稿中插入幻灯片,先确定插入的位置,再插入某种版式的新幻灯片。

例 5 - 11　在"古诗欣赏"演示文稿的标题幻灯片后加一张新幻灯片。操作方法如下:

(1)打开"古诗欣赏"演示文稿,单击窗口左侧的"幻灯片"选项卡第 1 张幻灯片后的空白处,出现闪烁的光标。

(2)单击"格式"工具栏中的"新幻灯片"按钮,在"幻灯片版式"任务窗格中选择"标题和两栏文本"版式。

(3)在幻灯片标题框中输入"目录",在标题下面的文本框中分别输入如图 5 -29所示的文字。

图 5 - 29　插入幻灯片

2. 删除幻灯片

删除幻灯片的方法比较简单,可以在任意视图下,选取要删除的幻灯片,按 Delete 键。按 Ctrl + Z 可以恢复被删除的幻灯片。

3. 复制、移动幻灯片

复制、移动幻灯片的操作方法和复制、移动数据的方法非常相似,可以使用拖动鼠标的方法,也可以使用菜单命令或相应的按钮。复制、移动幻灯片可以在任意视图下进行,但在浏览视图中操作比较方便。

例 5 – 12 把"古诗欣赏"演示文稿中的第 3 张幻灯片和第 4 张幻灯片互换位置。把第 5 张幻灯片移到最后。操作方法如下：

(1)打开"古诗欣赏"演示文稿，单击屏幕左下角的"幻灯片浏览"视图按钮，转换为幻灯片浏览视图。

(2)单击第 3 张幻灯片，使其周围出现蓝色框线。

(3)把鼠标指针移到第 3 张幻灯片中，按鼠标左键拖动鼠标，使鼠标指针停留在第 4 张幻灯片的位置，同时第 4 张幻灯片的右边出现一道竖线时，放开鼠标左键。

(4)单击第 5 张幻灯片，使其周围出现蓝色框。单击常用工具栏的"剪切"按钮，再单击最后一张幻灯片的右侧，使其出现一道竖线。最后单击常用工具栏中的"粘贴"按钮。

4.使用幻灯片副本

在 PowerPoint 中，复制幻灯片还有另一种方法是使用幻灯片副本。在修改幻灯片之前，可先产生该幻灯片的副本，以做备份之用。

例 5 – 13 在"我的建议"演示文稿中建立第 3、4 张幻灯片的副本。操作方法如下：

(1)打开"我的建议"演示文稿文件。

(2)单击窗口左侧的"幻灯片"选项卡的第 3 张幻灯片，按住 Shift 键的同时单击第 4 张幻灯片，将第 3、4 张幻灯片同时都选择。

(3)单击"插入/幻灯片副本"菜单命令，则在该两张幻灯片之后插入其副本。

注意：制作幻灯片副本也可以使用快捷键 Ctrl + Shift + D。

5.幻灯片备注

幻灯片备注在放映幻灯片时，不会显示出来，它的作用是给幻灯片加一些注解或补充信息，以备演讲人参考。在普通视图或大纲视图中，右击下窗格是备注窗格。在备注窗格内有一行提示文字"单击此处添加备注"。当备注内容比较多时，还可以使用备注视图。

例 5 – 14 给"选修课程"演示文稿的第 2 张幻灯片加备注。操作方法如下：

(1)打开"选修课程"演示文稿，在第 2 张幻灯片中单击普通视图右下方的备注窗格。

(2)插入：课程名　　主讲教师　　所属教研室。

(3)选择"视图/备注页"菜单命令，转换为备注页视图。

(4)单击常用工具栏中显示比例框的下拉箭头，选择显示比较为 100%。

(5)在备注框内继续输入：

古诗欣赏	张美学	文学教研室
现代文学史	梁亮	文学教研室
古典音乐	何力	音乐教研室

(6)按 Shift + F5 放映当前幻灯片，在放映视图中单击鼠标右键，选择"屏幕/演讲者备注"菜单项，打开如图 5 – 30 所示备注窗口。

6.隐藏幻灯片和取消隐藏幻灯片

在"幻灯片浏览"视图中，选择要隐藏的幻灯片，单击"幻灯片浏览"工具栏上的"隐藏幻灯片"按钮，或"幻灯片放映/隐藏幻灯片"菜单命令，隐藏的幻灯片编号被划去，在幻灯片放映时被隐藏的幻灯片不显示。

在幻灯片放映时，如果要显示被隐藏的幻灯片，可以在任意一张幻灯片上单击鼠标右

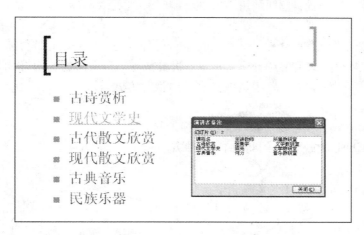

图 5 - 30　幻灯片备注

键，选择"定位至幻灯片"命令，然后从快捷菜单中选择隐藏的幻灯片。

取消幻灯片隐藏可以选择已经设置了隐藏属性的幻灯片，单击"隐藏幻灯片"按钮。

5.2.4　幻灯片放映设置与放映操作

放映幻灯片可以有很多种方法，可以单击屏幕左下角的"从当前幻灯片开始放映"按钮
，可以选择"幻灯片放映/观看放映"菜单命令，可以选择"视图/幻灯片放映"菜单命令，
还可以按"F5"键从头开始放映，或按"Shift + F5"从当前幻灯片开始放映。

1. 放映方式设置

选择"幻灯片放映/设置放映方式"菜单命令，打开"设置放映方式"对话框，如
图 5 - 31 所示，包含放映类型、放映选项、放映幻灯片、换片方式等设置。

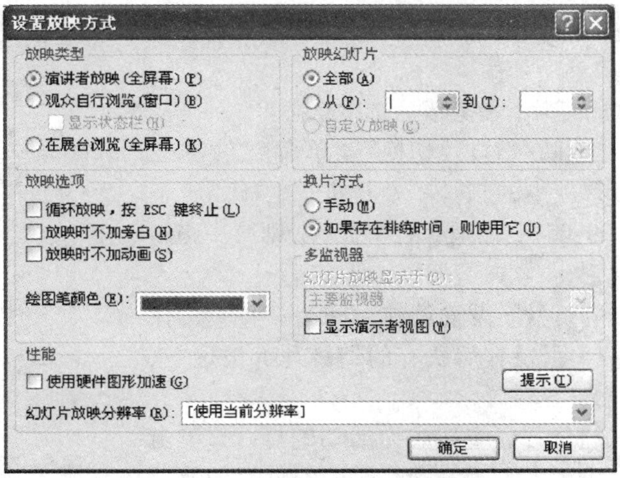

图 5 - 31　"设置放映方式"对话框

（1）"放映类型"设置：包括演讲者放映（全屏幕）、观众自行浏览（窗口）和在展台浏览（全屏幕）3种方式。

（2）"放映选项"设置：设置幻灯片放映是否循环、是否加旁白、是否加动画。

（3）"放映幻灯片"设置：选择全部放映、部分放映、自定义放映幻灯片数目。

（4）"换片方式"设置：设置手动或排练计时换片方式。

2．人工放映和自定义放映

在人工放映方式下，需要一张一张地切换幻灯片。

例5-15　人工放映切换幻灯片的各种方法。操作方法如下：

（1）打开"古诗欣赏"演示文稿，单击屏幕左下角的"幻灯片放映"按钮，放映幻灯片。单击鼠标左键，放映下一张幻灯片。

（2）单击屏幕左下角的菜单图标，弹出菜单如图5-32所示，单击菜单中的"下一张"命令，放映下一张幻灯片；或按PageDown键、向下或向右光标键、空格键放映一张幻灯片。

（3）按回车键放映下一张幻灯片，直到放映结束。

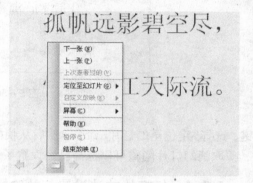

图5-32　人工放映方式

自动放映是指切换每张幻灯片时，不需要人工干预，而是放映一张幻灯片后，经过一段时间，如几秒，自动放映下一张幻灯片。每张幻灯片之间的间隔时间可以预先设定。

设置幻灯片放映的时间间隔有两种方法：一是使用"幻灯片切换"对话框设置；二是使用排练时间。

例5-16　用"幻灯片切换"对话框放映"古诗欣赏"幻灯片间隔时间。操作方法如下：

（1）单击屏幕左下角的"幻灯片浏览视图"按钮，转换成幻灯片浏览视图。

（2）单击第一张幻灯片，使其成为选中状态。

（3）选择"幻灯片放映/幻灯片切换"菜单命令，在"任务窗格"的"换片方式"项中的"每隔"复选框，在"每隔"下面的时间框内输入"00:05"，如图5-33所示，则第一张幻灯片的放映时间为5秒。

（4）单击第2张幻灯片，设置放映时间为7秒。按住Shift键的同时单击第3张及其后所有的幻灯片都被选中，设置放映时间为10秒。

（5）单击第1张幻灯片，使其成为活动幻灯片，单击"幻灯片放映"按钮，放映幻灯片，观察每张幻灯片的放映时间。

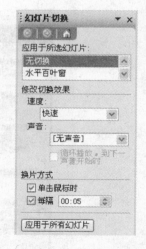

图5-33　设置换片方式

注意：如果在设置时间以后，单击"任务窗格"上的"应用于所有幻灯片"按钮，则设置的放映时间对所有幻灯片有效。

例 5 - 17　使用排练时间放映"古诗欣赏"演示文稿。操作方法如下：

（1）选择"幻灯片放映/排练计时"菜单命令，放映第一张幻灯片，并出现"预演"对话框，如图 5 - 34 所示。

（2）单击"预演"对话框中的"暂停"按钮，观察幻灯片放映时间框的数值。再次单击"暂停"按钮，恢复计时。

（3）单击"预演"对话框的"下一项"按钮，排练第 2 张幻灯片的放映时间。单击"重复"按钮，则重新计时。

图 5 - 34　排练计时

（4）继续排练其后的幻灯片的放映时间，直到排练结束。单击"幻灯片放映"按钮，放映幻灯片，观察每张幻灯片的放映时间。

3. 将演示文稿存为放映方式

打开演示文稿，选择"文件/另存为"菜单命令，在"保存类型"列表中选择"PowerPoint 放映"，单击"确定"按钮，演示文稿将保存成扩展名为 .pps 的放映文件。

当鼠标双击这类文件时，它们会自动放映，放映结束时自动关闭。如果在 PowerPoint 中启动，该演示文稿仍然会保持打开状态，并可编辑。

5.2.5　文件的存储、打印、打包操作

在日常工作中，经常需要将演示文稿进行打印、移机等操作，PowerPoint 提供了多种功能，以适应用户的需求。

1. PowerPoint 文件存储

PowerPoint 文件的存储通常有 4 种方法："文件/保存"菜单命令；"文件/另存为"菜单命令；"常用"工具栏中的"保存"按钮；快捷键 Ctrl + S。

注意：演示文稿默认的文件存储格式为 .ppt；演示文稿另存为直接播放的文件格式为 .pps；演示文稿还可以"另存为网页"的单个文件网页格式 .mht 等。

2. PowerPoint 打印操作

演示文稿打印时，经常使用菜单命令，打印内容可以分为打印幻灯片、讲义、备注、大纲 4 项内容。使用常用工具栏的"打印"按钮，则按默认方式打印，即根据以前的打印内容而定。

例 5 - 18　打印"古诗欣赏"演示文稿讲义。操作方法如下：

（1）打开"古诗欣赏"演示文稿，选择"文件/打印"菜单命令。

（2）在"打印"对话框中，单击"打印内容"框右侧的箭头，在列表框中选择"讲义"项，在"每页幻灯片数"框内选择 3，如图 5 - 35 所示。

（3）单击"打印范围"选择"全部"单选按钮，打印出所有幻灯片。

（4）单击"预览"按钮，或选择"文件/打印预览"菜单命令，可以进入打印预览模式。其中"打印内容"的下拉列表提供了幻灯片、讲义、备注、大纲 4 种预览方式。单击"关闭"按钮返回"打印"对话框。

（5）单击"确定"按钮进行打印。

3. PowerPoint 打包操作

常常需要在未安装 PowerPoint 软件的环境中使用演示文稿，为此 PowerPoint 提供"打

包"功能,将演示文稿打包成 CD 或文件夹,以便在任一台 Windows 计算机中正常放映。

选择"文件/打包成 CD"菜单命令,出现"打包成 CD"对话框,如图 5－36 左图所示。在"将 CD 命名为"框中输入名称。若要添加其他演示文稿,单击"添加文件"按钮,选择文件,然后单击"添加",返回"打包成 CD"对话框,如图 5－36 右图所示。

如果有 CD 刻录硬件设备,单击"复制到 CD"按钮,否则可以选择"复制到文件夹"按钮,PowerPoint 播放器会与演示文稿自动打包在一起,鼠标双击 Play.bat 文件进行播放;鼠标双击 pptview.exe 文件,在打开的窗口中选择扩展名为.ppt 的文件进行播放。

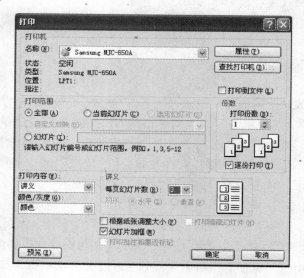

图 5－35　打印设置

若打包后修改演示文稿,则应再次运行打包向导以便更新程序包。

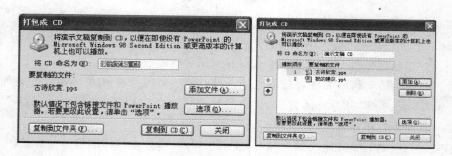

图 5－36　打包操作

5.3　PowerPoint 外观操作

使演示文稿的所有幻灯片具有统一的外观是 PowerPoint 的一大特色,可以使幻灯片看起来更协调、美观。控制幻灯片外观的方法有:背景、设计模板、母版、配色方案、幻灯片版式。

5.3.1　幻灯片背景设置

幻灯片背景设置可以使用"背景"对话框进行操作。

例 5－19　为"古诗欣赏"设置背景。操作方法如下:

(1)打开"古诗欣赏"演示文稿,选择第 3 张幻灯片。选择"格式/背景"菜单命令,打开"背景"对话框,如图 5 - 37 所示。

(2)单击"背景填充"下拉列表,选择一种颜色(如白色),单击"应用"按钮,则第 3 张幻灯片的背景变为白色。

图 5 - 37　背景设置

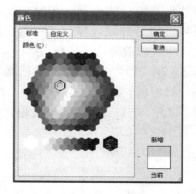

图 5 - 38　填充颜色

(3)单击第 2 张幻灯片,选择"背景填充"下拉列表中的"其他颜色"项,打开"颜色"选项板,选择"标准"选项卡中如图 5 - 38 所示的颜色,单击"确定"返回"背景对话框",进行"应用"于第 2 张幻灯片的操作。

(4)单击第 1 张幻灯片,选择"背景填充"下拉列表中的"填充效果"项,在"填充效果"对话框的"渐变"选项卡中,选择"颜色"项"单色"单选按钮、"底纹样式"的"水平"单击按钮、"变形"项中第 1 行第 2 列图样。单击"确定"按钮返回"背景"对话框,"应用"于第 1 张幻灯片。如图 5 - 39 所示。

(5)选择"幻灯片浏览"视图,观察各幻灯片背景设置效果,如图 5 - 40 所示。

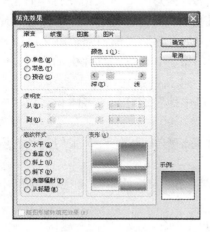

图 5 - 39　填充效果

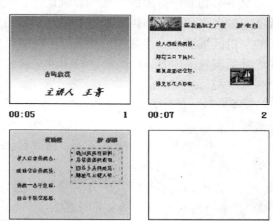

图 5 - 40　背景设置效果

注意:选择"背景"对话框中的"全部应用"按钮,则将所设置背景应用于所有幻灯片;如果想要替换已经设置模板的幻灯片,则在"背景"对话框中选择"忽略母版的背景图形"复选框。

5.3.2　改变幻灯片设计模板

设计模板控制整个演示文稿，使其所有幻灯片具有统一的外观。在建立演示文稿时可以选用一种设计模板，在建立演示文稿之后也可以改变设计模板。

例 5 – 20　给"选修课程"演示文稿添加一种设计模板。操作方法如下：

（1）打开"选修课程"演示文稿，在幻灯片上右击鼠标，选择弹出的快捷菜单中"幻灯片设计"项，使"任务窗格/幻灯片设计"中显示"应用设计模板"列表。

图 5 – 41　应用设计模板

（2）移动"应用设计模板"列表滚动条，选择"Profile. pot"，如图 5 – 41 所示。

注意：可以使用"格式/应用设计模板"菜单命令，打开"任务窗格/幻灯片设计"项。

5.3.3　使用母版

母版是 PowerPoint 中一类特殊的幻灯片。母版控制了某些文本特征，例如字体、字号、颜色等，还控制背景色和一些特殊效果。

母版分为标题母版、幻灯片母版、讲义母版、备注母版等。标题母版只影响使用了标题版式的幻灯片；幻灯片母版影响除标题幻灯片以外的所有幻灯片。如果要在每张幻灯片的同一位置插入一幅图形，则只需要在幻灯片母版上插入即可，而不必在每张幻灯片上一一插入。

对讲义和备注母版的设置则分别影响讲义和备注的外观形式。讲义指在打印时，一页纸上安排多张幻灯片。讲义母版和备注母版可以设置页眉、页脚等内容，可以在幻灯片之外的空白区域添加文字或图形，使打印出的讲义或备注每页的形式都相同。讲义母版和备注母版所设置的内容，只能通过打印讲义或备注显示出来，不影响幻灯片中的内容，也不会在放映幻灯片时显示出来。

例 5 – 21　使用标题母版改变"古诗欣赏"演示文稿中标题幻灯片的字体和字号。操作方法如下：

（1）打开"古诗欣赏"演示文稿，在最后添加 2 张新幻灯片为第 4、5 张幻灯片，均选"标题版式"。

（2）在第 4、5 张幻灯片中分别输入标题"唐诗欣赏"和"宋诗欣赏"；在副标题框中分别输入"李白与杜甫"和"苏轼和陆游"。

（3）选择"视图/母版/标题母版"菜单命令，此时显示标题母版，单击标题区。

（4）打开格式工具栏的字体列表框，单击"方正舒体"项（或者"华文彩云"）；打开字号列表框，单击"54"一项。

（5）单击标题母版的副标题区，在字体列表框中选择"华文彩云"，字号列表框中选择"32"。

（6）单击"幻灯片视图"按钮，转换为幻灯片视图，观察标题幻灯片中字体、字号的变化。效果如图 5 −42 所示，两张幻灯片以相同格式显示。

图 5 −42　使用母版

　　注意：单击屏幕上出现的母版工具栏的"关闭母版视图"按钮，也可以返回幻灯片视图。

　　可以看出，第 1 张幻灯片，即演示文稿的标题幻灯片的字体仍保持例 5 −3 所设置的字体、字号，这是因为通过修改个别幻灯片的方法创建了独特的幻灯片，更改母版不会影响这些幻灯片。

　　例 5 −22　使用幻灯片母版在"古诗欣赏"演示文稿中的每张幻灯片中加入一幅图形、日期、页脚。操作方法如下：

　　(1)选择"视图/母版/幻灯片母版"菜单命令，如图 5 −43 所示。

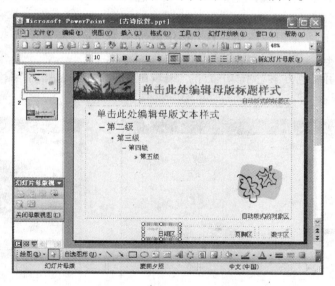

图 5 −43　修改幻灯片母版

　　(2)单击绘图工具栏的"插入剪贴画"按钮，使"任务窗格"显示"剪贴画"按钮。

　　(3)单击"管理剪辑"按钮，展开"收藏集"窗口的"Office 收藏集"下的"季节/秋季"项，在幻灯片母版上添加"autumn"剪贴画，用鼠标将剪贴画按例图移动调整，参见图 5 −43 右下角。

（5）单击母版幻灯片左下角日期区的"日期和时间"，选择"插入/日期和时间"菜单命令，如图5-44所示，单击"全部应用"按钮。

（6）单击母版幻灯片下面的"页脚区"，选择"视图/页眉和页脚"菜单命令，在"页眉和页脚"对话框的"页脚"框中输入"中南大学"。

（7）单击母版工具栏中的"关闭母版视图"按钮。观察除标题版式外的其他幻灯片，在与母版相同的位置上都有相同的剪贴画。

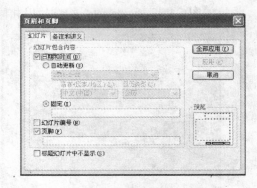

图5-44　设置页眉和页脚

5.3.4　改变配色方案

每个设计模板都有一套配色方案，每种配色方案均由8种比较协调的颜色组成。用户可以任选一种配色方案，也可以改变配色方案中的某些颜色，并把它作为一种新的配色方案加到该设计模板中。

例5-23　改变"我的建议"演示文稿的配色方案。操作方法如下：

（1）打开"我的建议"演示文稿，选择"格式/幻灯片设计"菜单命令，在"幻灯片设计"任务窗格中，选择"配色方案"项。

（2）单击任务窗格的"应用配色方案"列表中选择第2种方案图标，则该配色方案就应用于所有幻灯片了。

说明：单击配色方案图标右侧按钮，在弹出的菜单中有"应用于所有幻灯片"和"应用于所选幻灯片"两种选项，可依需要进行操作。

（3）单击"应用配色方案"列表下方的"编辑配色方案"项，弹出"编辑配色方案"对话框，如图5-45所示。

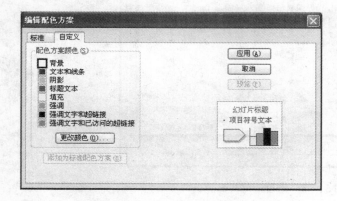

图5-45　编辑配色方案

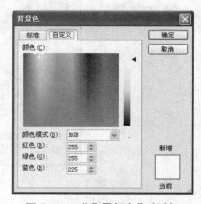

图5-46　"背景颜色"对话框

（4）在"自定义"选项卡中，选择"背景"框，单击"更改颜色"按钮，弹出"背景颜色"对话框，如图5-46所示，单击"自定义"选项卡中的浅蓝色。

（5）单击"确定"按钮返回"编辑配色方案"对话框。单击"配色方案"对话框中的"添加为标准配色方案"按钮，单击"应用"按钮。完成修改配色方案操作。

5.4　PowerPoint 动画操作

为增加幻灯片放映时的生动性，可以在每张幻灯片中设置各种动画效果。所谓"动画"就是为幻灯片中的文字、图形、图片、表格、图表等对象在出现的时间、顺序、形式上进行控制，使得重点突出、增加趣味性。PowerPoint 提供了幻灯片内部和幻灯片之间两种动画设计。

5.4.1　自定义动画

自定义动画可以使用"幻灯片放映/自定义动画"菜单命令进行设置；也可以使用幻灯片的"幻灯片放映/动画方案"菜单命令进行设置。

例 5 – 24　设置"古诗欣赏"演示文稿中幻灯片的动画效果。操作方法如下：

（1）在"古诗欣赏"演示文稿的幻灯片浏览视图中，单击第 1 张幻灯片。

（2）选择"幻灯片放映/自定义动画"菜单命令，出现"自定义动画"任务窗格。

（3）选择第 1 张幻灯片的标题文本框，单击任务窗格的"添加效果"按钮，选择"进入/3.飞入"项，在"方向"框中选择"自左下部"项，如图 5 – 47 所示，实现标题文本对象的动画效果。

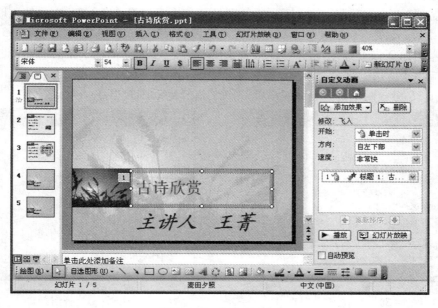

图 5 – 47　自定义动画

（4）单击第 1 张幻灯片的副标题文本框，选择任务窗格的"添加效果/进入/其他效果"项，打开"添加进入效果"对话框，选择"棋盘"项，如图 5 – 48 所示。

（5）在任务窗格的动画列表中选择第 2 项，单击鼠标右键，弹出如图 5-49 所示的快捷菜单。

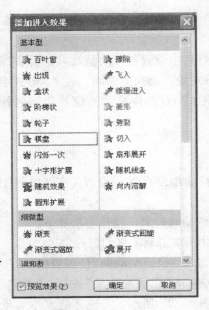

图 5-48　"添加进入效果"对话框

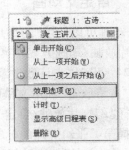

图 5-49　效果选项

（6）选择"效果选项"或"计时"项，分别打开如图 5-50 和 5-51 所示的"棋盘"对话框，按图设置"重复"框为"3"，则副标题将以棋盘效果显示，且重复此动画效果 3 次。

（7）单击第 2 张幻灯片，选择"幻灯片放映/动画方案"菜单项，在"幻灯片设计"任务窗格的"应用于所选幻灯片"列表中选择"典雅"项。

（8）按 F5 键放映幻灯片，观察第 1、2 张幻灯片的动画效果。

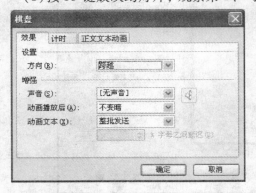

图 5-50　"棋盘"对话框

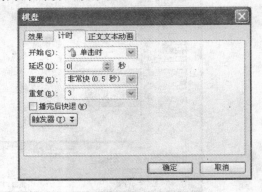

图 5-51　计时设置

5.4.2　幻灯片动作及动作按钮设置

动作设置或动作按钮设置是为了实现幻灯片播放时允许用户实时来控制演示内容的进

度或效果，以及实现超链接点的设置。该操作可以使用"幻灯片放映/动作设置"菜单命令进行设置。

例 5 – 25　设置"我的建议"演示文稿中幻灯片的动作。操作方法如下：

（1）选择"我的建议"演示文稿的第 1 张幻灯片中标题文本框，单击"幻灯片放映/动作设置"菜单命令，打开"动作设置"对话框，如图 5 – 52 所示。

（2）选择"播放声音"复选框，在其下拉列表框中选择"抽气"项，则第 1 张幻灯片标题文本框出现设置后的下划线，如图 5 – 53 所示。

图 5 – 52　动作设置

图 5 – 53　标题文本框动作设置

（3）单击第 3 张幻灯片，选择"幻灯片放映/动作按钮/动作按钮：第一张"菜单项，如图 5 – 54 所示，鼠标变为" + "字形，在幻灯片上拖动鼠标绘制按钮，如图 5 – 55 所示，释放鼠标时，弹出"动作设置"对话框，如图 5 – 56 所示，选择"单击鼠标时的动作"项中的"超链接到"列表中的"第一张幻灯片"，单击"确定"按钮。

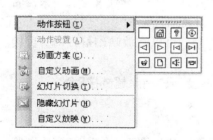

图 5 – 54　动作菜单

图 5 – 55　绘制按钮

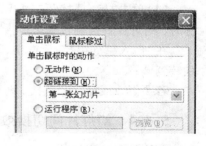

图 5 – 56　动作超链接

（3）按 F5 放映幻灯片，鼠标单击第 1 张幻灯片的标题时，发出抽气声；单击第 3 张的幻灯片的动作按钮，返回第 1 张幻灯片。

5.4.3　幻灯片元素的超级链接

幻灯片的超级链接可以控制幻灯片在演示文稿内的任意跳转，以及跳转到其他演示文稿、Word 文档、Excel 表格、Internet 地址、邮件地址等，在 PowerPoint 中可以使用"插入/超链接"和"幻灯片放映/动作设置"菜单命令实现操作。

例 5 −26　在"选修课程"演示文稿中创建指向"课程介绍"幻灯片的超链接。操作方法如下：

（1）打开"选修课程"演示文稿，在演示文稿的最后添加第 4 张新幻灯片，标题为"现代文学史课程介绍"。

（2）单击第 2 张幻灯片，选择"现代文学史"课程名称，单击"插入/超链接"菜单命令，弹出"插入超链接"对话框，如图 5 −57 所示。

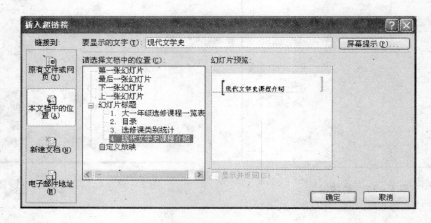

图 5 −57　插入超链接

（3）在对话框中，选择"链接到"列表中的"本文档中的位置"，在"请选择文档中的位置"列表中展开"幻灯片标题"，选择"4. 现代文学史课程介绍"项。

（4）单击"确定"按钮。按 F5 放映幻灯片，单击第 2 张幻灯片的"现代文学史"课程名称时，幻灯片直接跳转到第 4 张"现代文学史课程介绍"幻灯片。

在"插入超链接"对话框中，输入某个网站或网页的地址，可以在放映幻灯片时，直接跳转到该网页。

若要修改或删除超链接，在快捷菜单中选择"编辑超链接"或"删除超链接"命令。

5.4.4　幻灯片间切换效果设置

切换效果是指放映时幻灯片出现的方式、速度等。在幻灯片视图下，使用幻灯片浏览工具栏的"切换"按钮或者"幻灯片放映/幻灯片切换"菜单命令，在"幻灯片切换"任务窗格中可以设置幻灯片的各种切换方式。

例 5 −27　使用幻灯片浏览工具栏设置"古诗欣赏"演示文稿中幻灯片的切换效果。操作方法如下：

（1）单击（左下方）"幻灯片浏览视图"按钮，转换成幻灯片浏览视图。

（2）按住 Shift 键单击第 3 张幻灯片，选择前 3 张幻灯片。

（3）单击幻灯片浏览工具栏的"切换"按钮，在"幻灯片切换"任务窗格中选择"应用于所选幻灯片"列表中的"垂直百叶窗"选项，单击"速度"的"中速"项。

（4）选择第 4、5 张幻灯片，选择"应用于所选幻灯片"列表中的"向下插入"项。

（5）单击第 1 张幻灯片，按 F5 键放映幻灯片，观察幻灯片间的切换效果。

5.5　典型例题与解析

例 5－28　PowerPoint 演示文稿文件的默认扩展名为（　　）。

A．.pps　　　　　　　B．.mht　　　　　　　C．.ppt　　　　　　　D．.xls

正确答案为 C。

解析：本题考查 PowerPoint 工作文件的相关概念，属识记题。PowerPoint 用于区别其他软件工具所建文件的默认扩展名为 .ppt。演示文稿的直接播放的文件格式为 .pps，单个文件网页格式为 .mht。

例 5－29　在 PowerPoint 中，插入一张新幻灯片的快捷键是（　　）。

A．Ctrl＋M　　　　　B．Ctrl＋N　　　　　C．Alt＋N　　　　　D．Alt＋M

正确答案为 A。

解析：本题考查 PowerPoint 菜单项目的认识，属识记题。在 PowerPoint 中，需要注意插入新幻灯片与新建演示文稿两种操作之间的区别，新建演示文稿使用的快捷键是 Ctrl＋N，而插入一张新幻灯片的使用包括：快捷键 Ctrl＋M；菜单命令"插入/新幻灯片"；常用工具栏的"新幻灯片"按钮。

例 5－30　PowerPoint 中主要的编辑视图是（　　）。

A．幻灯片浏览视图　　B．普通视图　　　　C．幻灯片放映视图　　D．幻灯片发布视图

正确答案为 B。

解析：本题考查对 PowerPoint 窗口的认识，属识记题。PowerPoint 有 3 种视图：普通视图、幻灯片浏览视图和幻灯片放映视图。其中普通视图中包含幻灯片窗格、大纲窗格和备注窗格，而且普通视图是主要编辑视图。

例 5－31　PowerPoint 中幻灯片能够按照预设时间自动连续播放，应设置（　　）。

A．自定义放映　　　　B．排练计时　　　　C．动作设置　　　　D．观看方式

正确答案为 B。

解析：本题考查对放映方式的设置方法，属领会题。通过对幻灯片进行排练计时操作后，每张幻灯片都设置了播放时间，在放映过程中，每张幻灯片将按照设置的时间自动进行播放。

例 5－32　在 PowerPoint 中，插入幻灯片编号的方法是（　　）。

A．选择"格式/幻灯片编号"菜单命令

B．选择"视图/幻灯片编号"菜单命令

C．选择"插入/幻灯片编号"菜单命令

D．选择"幻灯片放映/幻灯片编号"菜单命令

正确答案为 C。

解析：本题考查 PowerPoint 元素的添加操作，属领会题。PowerPoint 可以通过"插入"菜单实现该操作，也可以通过"视图/页眉和页脚"菜单命令实现。

例 5 –33　修改 PowerPoint 中超级链接的文字颜色，可以使用（　　）。

A. 格式　　　　　　　　B. 样式　　　　　　　C. 幻灯片版式　　　　D. 配色方案

正确答案为 D。

解析：本题考查对 PowerPoint 元素格式的设置操作，属简单应用题。配色方案对话框中可以设置"背景"、"文本"、"强调文字和超链接"等颜色。

例 5 –34　将 PowerPoint 幻灯片设置为"循环放映"的方法是（　　）。

A. 选择"工具/设置放映方式"菜单命令

B. 选择"幻灯片放映/动画方案"菜单命令

C. 选择"幻灯片放映/设置放映方式"菜单命令

D. 选择"工具/幻灯片版式"菜单命令

正确答案为 C。

解析：本题考查 PowerPoint 的放映方式和相关动画设置操作，属简单应用题。通过"幻灯片放映/设置放映方式"菜单命令，可以设置的项目包括放映类型、放映幻灯片的范围、放映选项、换片方式。

例 5 –35　在第 2 张幻灯片后插入一张指定文件夹中的图片 T. jpg 作为背景，应在该演示文稿中选择第 2 张幻灯片，单击"格式/背景"菜单项，在背景对话框中的（　　　）对话框中选择"图片"选项卡，在指定文件夹中选择 T. jpg 文件，按"插入"按钮。

A. "填充效果"　　　　B. "颜色"　　　　　　C. "幻灯片版式"　　　D. "幻灯片设计"

正确答案为 A。

解析：本题考查幻灯片的背景设置操作，属简单应用题。插入图片、设置渐变效果、填充纹理和图案，都通过"填充效果"对话框完成。

例 5 –36　若要设置幻灯片的"设计模板"为 Axis，应进行的一组操作是（　　）。

A. "幻灯片放映"菜单→"自定义动画"菜单项→选择 Axis 模板

B. "格式"菜单→"幻灯片设计"菜单项→选择 Axis 模板

C. "插入"菜单→"图片"菜单项→选择 Axis 模板

D. "格式"菜单→"幻灯片背景"菜单项→选择 Axis 模板

正确答案为 B。

解析：本题考查对幻灯片模板的设置操作，属综合应用题。对幻灯片模板的设置可以通过"设计模板"任务窗格来完成，打开"设计模板"任务窗格的方法可以使用"格式/幻灯片设计"菜单项，也可以使用快捷菜单，还可使用任务窗格"开始工作"的下拉列表"幻灯片设计"选项。

例 5 –37　将编辑好的幻灯片制作成网页，需要进行的操作是（　　）。

A. 另存为网页　　　　　　　　　　B. 直接保存幻灯片文件

C. 超级链接幻灯片文件　　　　　　D. 需要在制作网页的软件中重新制作。

正确答案为 A。

解析：本题考查 PowerPoint 的文件存储操作，属综合应用题。在幻灯片编辑好以后，又要以网页形式存储，使用"文件/另存为网页"菜单命令，选择文件的存储类型为"单个网页文件"或"网页"。不需要在制作网页的软件中重新制作。在网页超级链接幻灯片文件可以将演示文稿以网页形式浏览，但其文件格式类型依然是 ppt。

习　题

1. PowerPoint 直接播放文件的扩展名是(　　)。

A.．psd　　　　　　　　B.．ppt　　　　　　　　C.．pot　　　　　　　　D.．pps

2. 在 PowerPoint 浏览视图下，按住 Shift 键并单击某些幻灯片时，完成的操作是(　　)。

A. 移动幻灯片　　　　B. 复制幻灯片　　　　C. 删除幻灯片　　　　D. 选定幻灯片

3. 演示文稿中，超链接中所链接的目标可以是(　　)。

A. 计算机硬盘中的可执行文件　　　　　　B. 其他幻灯片文件

C. 同一演示文稿的某一张幻灯片　　　　　D. 以上都可以

4. 在 PowerPoint 中，停止幻灯片播放的快捷键是(　　)。

A. Enter　　　　　　　B. Shift　　　　　　　C. Esc　　　　　　　D. Ctrl

5. 在 PowerPoint 中，要设置幻灯片循环放映，应使用的菜单是(　　)。

A. 格式　　　　　　　B. 幻灯片放映　　　　C. 编辑　　　　　　　D. 视图

6. 如果要从第 2 张幻灯片跳转到第 8 张幻灯片，应使用"幻灯片放映"菜单中的(　　)。

A. 动作设置　　　　　B. 预设动画　　　　　C. 幻灯片切换　　　　D. 自定义动画

7. 在 PowerPoint 的页面设置中，能够设置(　　)。

A. 幻灯片页面的对齐方式　　　　　　　　B. 幻灯片的页脚

C. 幻灯片的页眉　　　　　　　　　　　　D. 幻灯片编号的起始值

8 在 PowerPoint 中，要隐藏某张幻灯片，应使用(　　)。

A."幻灯片放映/隐藏幻灯片"菜单命令

B."视图/隐藏幻灯片"菜单命令

C. 左键单击该幻灯片，选择"隐藏幻灯片"项

D. 右键单击该幻灯片，选择"隐藏幻灯片"项

9. 在 PowerPoint 中，"文件/新建"菜单命令的功能是建立(　　)。

A. 一个新演示文稿　　B. 一张新幻灯片　　C. 一个新模板　　　　D. 一个新备注

10. 在 PowerPoint 中，当在一张幻灯片中将某文本行降级时(　　)。

A. 降低了该行的重要性　　　　　　　　　B. 使该行缩进一个幻灯片层

C. 使该行缩进一个大纲层　　　　　　　　D. 增加了该行的重要性

11. 在幻灯片视图窗格中，在状态栏中出现幻灯片"3/9"的文字，则表示(　　)。

A. 共有 9 张幻灯片，目前显示的是第 3 张

B. 共有 9 张幻灯片，目前编辑了 3 张

C. 共编辑了 1/9 张幻灯片

D. 共有 12 张幻灯片，目前显示的是第 3 张

12. 在 PowerPoint 的数据表中，数字默认对齐方式是(　　)。

A. 左对齐　　　　　　B. 居中　　　　　　　C. 两端对齐　　　　　D. 右对齐

13. 幻灯片母版设置，可以起到的作用是(　　)。

A.统一整套幻灯片的风格　　　　　B.统一幻灯片标题、文本的版式

C.统一插入图片或多媒体元素　　　D.以上作用都有

14. 在编辑幻灯片母版时，在标题区或文本区添加各幻灯片都共有的文本的方法是（　　）。

A.选择带有文本占位符的幻灯片版式　　　B.单击直接输入

C.使用文本框输入　　　　　　　　　　　D.使用模板

15. 在幻灯片中插入的声音元素，幻灯片播放时（　　）。

A.可以按需要灵活设置声音元素的播放

B.只能连续播放声音，中途不能停止

C.只能在有声音图标的幻灯片中播放，不能连续播放

D.用鼠标声音图标，才能开始播放

16. 在幻灯片播放时，从"盒状展开"效果到下一张幻灯片，需要设置（　　）。

A.自定义动画　　　B.放映方式　　　　C.幻灯片切换　　　D.自定义放映

17. 在 PowerPoint 中，当在幻灯片中移动多个对象时（　　）。

A.只能以英寸为单位移动这些对象

B.可以将这些对象编组，把它们视为一个整体

C.一次只能移动一个对象

D.修改演示文稿中各个幻灯片的布局

18. 在幻灯片切换中，可以设置幻灯片切换的（　　）。

A.方向　　　　　　B.换片方式　　　　C.退出效果　　　　D.强调效果

19. 从头播放幻灯片文稿时，需要跳过第 3～6 张幻灯片接续播放，可以设置（　　）。

A.隐藏幻灯片　　　　　　　　　　　B.放映方式

C.幻灯片切换方式　　　　　　　　　D.删除 3～6 张幻灯片

20. 如果将演示文稿放在另外一台没有安装 PowerPoint 软件的电脑上播放需要进行（　　）。

A.复制/粘贴操作　　　　　　　　　B.重新安装软件和文件

C.打包操作　　　　　　　　　　　　D.新建幻灯片文件

21. 为 PowerPoint 中已选定的文字设置"玩具风车"动画效果的操作方法是（　　）。

A.选择"幻灯片放映/动画方案"菜单项

B.选择"幻灯片放映/自定义动画"菜单项

C.选择"格式/自定义动画"菜单项

D.选择"格式/样式和格式"菜单项

22. 若要使幻灯片按规定的时间，实现连续自动播放，应进行（　　）。

A.设置放映方式　　　　　　　　　　B.打包操作

C.排练计时　　　　　　　　　　　　D.幻灯片切换

23. 在幻灯片中插入 Flash 动画，需要在"控件工具箱"中选择（　　）。

A.组合框按钮　　　B.选项按钮　　　　C.命令按钮　　　　D.其他控件按钮

24. 幻灯片中插入 Flash 动画，应选择"其他控件"中的选项是（　　）。

A. Adobe PDF Reader　　　　　　　　B. List View

C. Shockwave Flash Object　　　　　　　　D. Thunder DapPlayer

25. 设置背景时，若使所选择的背景仅适用于当前所选择的幻灯片，应该按(　　)。

A."全部应用"按钮　　B."应用"按钮　　　C."取消"按钮　　　　D."确认"按钮

26. 对幻灯片进行"排练计时"的设置，其主要的作用是(　　)。

A. 预置幻灯片播放时的动画效果　　　　　　B. 预置幻灯片播放时的放映效果

C. 预置幻灯片的播放次序　　　　　　　　　D. 预置幻灯片播放时的时间控制

27. 在幻灯片上设置的超级链接，可以使幻灯片播放时自由跳转到(　　)。

A. 某一张幻灯片　　　　　　　　　　　　　B. 某一个网页

C. 某一个可执行文件　　　　　　　　　　　D. 以上都可以

28. 打开/关闭幻灯片右侧"任务窗格"的快捷键是(　　)。

A. Ctrl + F5　　　　B. Ctrl + F1　　　　C. Shift + F5　　　　D. Shift + F1

29. 设置幻灯片放映时绘图笔的颜色，应该进行的操作是(　　)。

A. 执行"幻灯片放映/设置放映方式"菜单命令

B. 执行"幻灯片放映/动作设置"菜单命令

C. 执行"幻灯片放映/自定义动画"菜单命令

D. 执行"幻灯片放映/自定义放映"菜单命令

30. 在 PowerPoint 中，字号框中的"48"号字比"18"号字(　　)。

A. 大　　　　　　　　　　　　　　　　　　B. 根据字体有时大，有时小

C. 小　　　　　　　　　　　　　　　　　　D. 一样

31. (　　)不是演示文稿的放映类型。

A. 排练计时　　　　　B. 观众自行浏览　　　C. 在展台浏览　　　D. 演讲者放映

32. 在幻灯片放映时，可直接按(　　)键下翻一张。

A. Esc　　　　　　　B. End　　　　　　　C. PgDn　　　　　　D. PgUp

33. 在 PowerPoint 环境中，从当前幻灯片开始播放的快捷键是(　　)。

A. F5　　　　　　　　B. Shift + F5　　　　C. Ctrl + F5　　　　D. Alt + F5

34. 在 PowerPoint 中，要设置行距应选择(　　)菜单。

A. 窗口　　　　　　　B. 工具　　　　　　　C. 编辑　　　　　　D. 格式

35. 在 PowerPoint 中，要在幻灯片放映过程中设置幻灯片移入和移出的效果，可以选择(　　)。

A. 自定义动画　　　　B.幻灯片切换　　　　C.编辑　　　　　　D.幻灯片设计

36. 在"自定义动画"中，设置完成后，其作用是(　　)。

A. 全部幻灯片　　　　B. 选择的幻灯片　　　C. 当前幻灯片　　　D. 标题幻灯片

37. 打印演示文稿时，如"打印内容"栏中选择"讲义"，则一般每页打印纸上最多能输出(　　)张幻灯片。

A. 2　　　　　　　　　B. 4　　　　　　　　C. 6　　　　　　　　D. 9

38. 在 PowerPoint 中，(　　)模式主要显示主要的文本信息。

A. 大纲视图　　　　　B. 普通视图　　　　　C. 幻灯片视图　　　D. 编辑

39. 在 PowerPoint 中，可以(　　)超级链接。

A. 创建、编辑和删除　　　　　　　　　　　B. 创建和编辑

C. 创建和删除　　　　　　　　　　　　　D. 编辑和删除

40. 如果要关闭某个演示文稿，但不想退出 PowerPoint，可以(　　)。

A. 单击"文件/关闭"菜单项　　　　　　　　B. 单击 PowerPoint 标题栏的"关闭"按钮

C. 单击"文件/退出"菜单项　　　　　　　　D. 双击窗口左上角的"控制菜单"按钮

第 6 章　计算机网络及 Internet 应用

学习目标：

✦ 了解计算机网络的发展和基本功能；理解网络协议的基本概念和局域网的基本组成；掌握局域网和拨号网络的使用。

✦ 了解 IP 地址、网关、子网掩码的基本概念，Internet 提供的常规服务及相关概念。理解网络协议、TCP/IP 网络协议、域名系统的基本概念。掌握 Internet 的常用接入方式；文本、超文本、URL、浏览器的概念；IE 浏览器的基本操作、信息检索与信息交流。

✦ 了解电子邮件的基本概念，熟练掌握 Outlook Express 的基本操作和邮件管理。

6.1　计算机网络的基本知识

随着信息社会的蓬勃发展和计算机网络技术的不断更新，计算机网络的应用已经渗透到了各行各业乃至于家庭，并且不断改变人们的思想观念、工作模式和生活方式。一个国家的信息基础设施和网络化程度已成为衡量其现代化水平的重要标志。

6.1.1　计算机网络的基本概念

计算机网络是计算机科学技术与通信技术逐步发展、紧密结合的产物，是信息社会的基础设施，是信息交换、资源共享和分布式应用的重要手段。

1. 计算机网络的定义

计算机网络就是利用通信设备和线路将地理位置不同的、功能独立的多个计算机系统互连起来，以功能完善的网络软件(即网络通信协议、信息交换方式、网络操作系统等)实现网络中资源共享和信息传递的系统。

2. 计算机网络的组成

根据网络的定义，一个典型的计算机网络主要由计算机系统、数据通信系统、网络软件及协议三大部分组成。计算机系统是网络的基本模块，为网络内的其他计算机提供共享资源；数据通信系统是连接网络基本模块的桥梁，它提供各种连接技术和信息交换技术；网络软件是网络的组织者和管理者，在网络协议的支持下，为网络用户提供各种服务。

为了便于分析，按照数据通信和数据处理的功能，一般从逻辑上将网络分为通信子网和资源子网两个部分。图 6-1 给出了典型的计算机网络结构。

(1)通信子网(也称为数据通信网)。通信子网由通信设备(主要是交换机、集线器、路由器)、通信线路(双绞线、同轴电缆、光纤等)与其他通信设备组成，负责完成网络数据传输、存储转发、差错控制、流量控制、路由选择、网络安全、流量计费等通信处理任务。

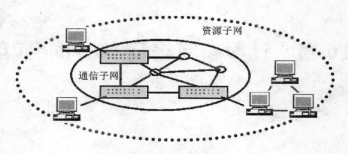

图 6 - 1 计算机网络的基本结构

（2）资源子网。资源子网由主机系统、终端、终端控制器、连网外设、各种软件资源与信息资源组成。资源子网实现全网的面向应用的数据处理和网络资源共享，它由各种硬件和软件组成。

3. 计算机网络的发展

计算机网络经历了一个从简单到复杂，从面向终端到计算机之间的通信，计算机到计算机之间的直接通信，开放式标准化网络及计算机网络飞速发展的演变过程，其发展经历了 4 个阶段。

（1）面向终端的计算机网络阶段

计算机网络大约产生于 1954 年，是一种以单个主机连接大量的地理上处于分散位置的终端（用户端不具备数据的存储和处理能力）的计算机网络。1954 年，随着一种叫做收发器（Transceiver）的终端研制成功，人们实现了将穿孔卡片上的数据通过电话线路发送到远地的计算机上的梦想以后，电传打字机也作为远程终端和计算机实现了相连。从此，计算机网络开始逐步形成、发展。

这个阶段的主要特征是：为了增加系统的计算能力和资源共享，把小型计算机连成实验性的网络。

（2）计算机到计算机网络阶段

20 世纪 60 年代中期，出现了多台计算机互连的系统，开创了"计算机到计算机"通信时代，并存多处理中心，实现资源共享。美国的 ARPA（Advanced Research Project Agency Network）网，IBM 的系统网络结构（System Network Architecture，简称 SNA）网，DEC 的数字网络体系结构（Digital Network Architeture，简称 DNA）网都是成功的范例。这个时期的网络产品是相对独立的，没有统一标准。

这个阶段的主要特征是：局域网络作为一种新型的计算机体系结构开始进入产业部门。

（3）计算机网络阶段

20 世纪 80 年代，随着微机的广泛使用，局域网获得了迅速发展。美国电气与电子工程协会（IEEE）为了适应微机、个人计算机（PC）以及局域网发展的需要，于 1980 年 2 月在旧金山成立了 IEEE802 局域网络标准委员会，并制定了一系列局域网标准。其中的绝大部分内容已被国际标准化组织（ISO）正式认可。作为局域网络的国际标准，它标志着局域网协议及其标准化的确定，为局域网的进一步发展奠定了基础。

这个阶段的主要特征是：局域网络完全从硬件上实现了 ISO 的开放系统互连通信模式协议的能力。

（4）计算机网络飞速发展的阶段

进入 20 世纪 90 年代，随着计算机网络技术的迅速发展，特别是 1993 年美国宣布建立国家信息设施 NII 后，世界许多国家纷纷制定了本国的 NII，从而极大地推动了计算机网络技术的发展，使计算机网络进入一个崭新的发展阶段，即进入了计算机网络互连与高速网络阶段。

这个阶段的主要特征是：计算机网络化，协同计算能力发展以及全球互连网络（Internet）的盛行。

6.1.2　计算机网络的分类

计算机网络根据不同的分类标准有不同的分类，通常，按网络结点分布（覆盖）范围的大小，可将计算机网络分为：

1. 局域网

局域网（Local Area Network，简称 LAN）是一种在小范围内实现的计算机网络，一般在一个建筑物内，或一个工厂、一个单位内部。局域网覆盖范围可在十几公里以内，结构简单，布线容易。局域网又称局部网，研究有限范围内的计算机网络。我国应用较多的局域网有：总线网、令牌环网和令牌总线网。

2. 广域网

广域网（Wide Area Network，简称 WAN）又称远程网，是一种用来实现不同地区的局域网或城域网的互连，可提供不同地区、城市和国家之间的计算机通信的远程计算机网。广域网涉及的区域大，如城市、国家、洲之间的网络都是广域网。广域网一般由多个部门或多个国家联合组建，能实现大范围内的资源共享。如我国的电话交换网（PSDN）、公用数字数据网（China DDN）、公用分组交换数据网（China PAC）等都是广域网。

3. 城域网

城域网（Metropolitan Area Network，简称 MAN）地理范畴可从几十公里到上百公里，可覆盖一个城市或地区，是一种中等方式的网络。目前，我国许多城市正在建设城域网。

6.1.3　计算机网络的拓扑结构

计算机网络的拓扑结构是指连接各结点（计算机）的形式和方法。主要有如下几种：

1. 总线型拓扑结构

总线型拓扑结构是一种比较简单的计算机网络结构，它采用一条称为公共总线的传输介质，将各计算机直接与总线连接，信息沿总线介质逐个结点广播传送，其结构如图 6 - 2 所示。

总线型结构的特点：成本较低，稳定性较好，用户增加时造成线路竞争，通信速率下降。

2. 星型拓扑结构

星型拓扑结构由中心结点和其他从结点组成，中心结点可直接与从结点通信，而从结点间必须通过中心结点才能通信。在星型网络中，中心结点通常由一种称为集线器的设备充当，因此网络上的计算机之间是通过集线器来相互通信的（如图 6 - 3 所示）。星型拓扑结构主要用于分级的主从式网络，采用集中控制，中心结点就是控制中心。

星型结构的特点：结构简单，建网容易，便于管理。中央结点出现故障将造成全网瘫痪。

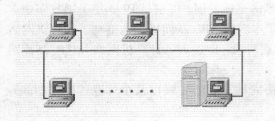
图 6-2　总线型拓扑结构

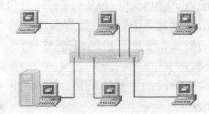
图 6-3　星型拓扑结构

3. 环型拓扑结构

环型拓扑中各结点首尾相连形成一个闭合的环，环中的数据沿着一个方向绕环逐站传输（如图 6-4 所示）。在环型网络中，各主计算机地位相等，网络中通信设备和线路比较节省。各结点形成一个封闭环路，各站点都可请求发送信息。信息串行流经环路中的每个结点，只有当信息流中的目的地址与站点地址相同时，信息才能被该结点接收，否则信息将穿过该结点，流向下一个结点。

环型结构的特点：结构简单，控制容易，传输延时确定，任意一个结点出现故障，网络就不能正常传送信息。

4. 树型拓扑结构

由多个星型网络构成的网络称为多级星型网络，多级星型网络按层次方式排列即形成树型网络，其拓扑结构如图 6-5 所示。

树型结构的特点：通信线路比较简单，网络管理软件也不复杂，维护方便。但资源共享能力差，可靠性低，如主机出故障，则和该主机连接的终端均不能工作。

5. 网状型拓扑结构

网状型拓扑结构又称作无规则结构，结点之间的联结是任意的，没有规律，如图 6-6 所示。

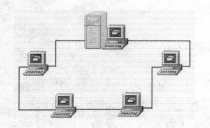
图 6-4　环型拓扑结构

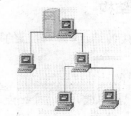
图 6-5　树型拓扑结构

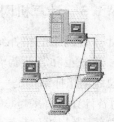
图 6-6　网状型拓扑结构

网状型结构的特点：系统可靠性高，比较容易扩展，但是结构复杂，每一结点都与多点进行连结，因此必须采用路由算法和流量控制方法。目前广域网基本上采用网状拓扑结构。

6.1.4　计算机网络的协议

网络协议(Protocol)即通信协议,是为计算机网络中的数据交换而建立的规则、标准或约定的集合。协议对网络设备之间的通信制定了标准,没有协议设备不能解释由其他设备发送来的信号,数据不能传输到任何地方。协议总是指某一层协议,即是对同等实体之间的通信制定的有关通信规则约定的集合。

1. 网络协议的三要素

(1)语义(Semantics)。规定通信双方彼此"讲什么",即确定协议元素的类型,如规定通信双方要发出什么控制信息,执行的动作和返回的应答。

(2)语法(Syntax)。规定通信双方彼此"如何讲",即确定协议元素的格式,如数据和控制信息的格式。

(3)交换规则(Trade Rule)。规定了信息交流的次序。

2. 常用的网络协议

在局域网络中一般使用的通信协议有:

(1)NetBEUI 协议

NetBEUI(NetBios Enhanced User Interface,用户扩展接口)网络通信协议,是由 IBM 公司开发的一种体积小、效率高、速度快的通信协议。在 Microsoft 公司推出的操作系统中,NetBEUI 网络通信协议已成为其默认的缺省协议。NetBEUI 协议专门为不超过 100 台 PC机所组成单网段部门级小型 LAN 而设计的。

(2)IPX/SPX 协议

IPX/SPX(Internetwork Packet Exchange/Sequences Packet Exchange,分组交换/顺序分组交换)网络通信协议,是由 Novell 公司开发的一组通信协议集,该网络通信协议具有非常强大的路由功能,是为多网段大型网络而设计的。

(3)TCP/IP 协议

TCP/IP(Transmission Control Protocol/Internet protocol,传输控制协议/网际协议)网络通信协议,是一组协议集的统称,其中 TCP/IP 协议是其中最基本、最重要的两个协议。TCP/IP 协议是目前网络中最常用的一种网络通信协议,它不仅应用于局域网,同时也是Internet 的基础协议。

6.1.5　局域网的基本组成及功能

局域网由网络硬件和网络软件两大系统组成。网络硬件用于实现局域网的物理连接,为连在网上的计算机之间的通信提供一条物理通道。网络软件主要用于控制并具体实现信息传送和网络资源的分配与共享。这两大组成部分相互依赖、缺一不可,由它们共同完成局域网的通信功能。

1. 网络硬件

局域网是一种小范围地域内的计算机组网,硬件一般由 3 个部分组成:服务器、用户工作站、网络通信设备,如图 6-7 所示。

(1)服务器

服务器是整个网络系统的核心,它为网络用户提供服务并管理整个网络,在其上面运行着网络操作系统。服务器分为文件服务器、打印服务器、应用服务器、邮件服务器、通信服务器和目录服务器等。一般在局域网中最常用的是文件服务器。在整个网络中，服务器的工作量通常是普通工作站的几倍甚至几十倍。

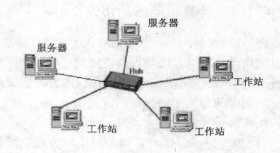

图 6－7　星型局域网

（2）用户工作站

用户工作站又称为客户机。当一台计算机连接到局域网上时，这台计算机就成为局域网的一个工作站。工作站为操作它的用户提供服务，是用户和网络的接口设备，用户通过它可以与网络交换信息，共享网络资源。

（3）网络通信设备

网络通信设备是指连接服务器与工作站的连接设备和物理线路，连接设备包括有传输介质、网络适配器，以及集线器或交换机。

①传输介质。是通信网络中发送方和接收方之间的物理通路，它将网络中的各种设备互连在一起。目前常用的传输介质有双绞线、同轴电缆和光纤。

②网络适配器（Network Interface Card，简称 NIC）。是连接计算机与网络的硬件设备，通过物理线路（如双绞线、光纤等）与网络交换数据、共享资源，是构成局域网的最基本、最重要的连接设备。

③集线器（俗称 HUB）。是把来自不同的计算机网络设备的物理线路集中配置于一体，它是多个网络电缆的中间转接设备，是各分支的汇集点，是对网络进行集中管理的主要设备。集线器有利于故障的检测和提高网络的可靠性，能自动指示有故障的工作站，并切除其与网络的通信。

注意："Hub"是"中心"的意思，集线器的主要功能是对接收到的信号进行再生整形放大，以扩大网络的传输距离，同时把所有结点集中在以它为中心的结点上。

2. 网络软件

网络软件包括网络协议软件、通信软件和网络操作系统等。网络软件功能的强弱直接影响到网络的性能。局域网的协议软件主要用于实现物理层和数据链路层的某些功能，通信软件用于管理各个工作站之间的信息传输。网络操作系统是在网络环境上的基于单机操作系统的资源管理程序，主要包括文件服务程序和网络接口程序。文件服务程序管理共享资源，网络接口程序管理工作站。

3. 局域网的基本功能

局域网的基本功能主要体现在 4 个方面：

（1）资源共享

资源共享是指在网络中各计算机资源可以被其他计算机使用，这里资源共享包含硬件和软件资源的共享。

（2）相互通信

相互通信是指为分布在不同位置的计算机用户提供信息交换和快速传送的手段，在不同的计算机之间交换不同的信息。它包括数据传送与电子邮件，如文字、声音、视频等。

（3）提高计算机系统可靠性

在计算机中每台计算机都可以依赖计算机网络相互为后备机，一旦某台计算机出现故障，其他的计算机可以马上承担起原先由该故障机所担负的任务，避免了系统的瘫痪，使得计算机的可靠性得到了大大的提高。

（4）分布式计算和高性能计算环境

在网络中，每个用户可根据情况合理选择计算机网内的资源，以就近的原则快速地处理。对于较大型的综合问题，通过一定的算法将任务分交给不同的计算机，从而达到均衡网络资源，实现分布处理的目的。

6.2　Internet 的基本知识

Internet（因特网）是一个计算机交互网络，又称网间网。它是一个全球性的巨大的计算机网络体系，它把全球数万个计算机网络，数千万台主机连接起来，包含了难以计数的信息资源，向全世界提供信息服务，它的出现，是世界由工业化走向信息化的必然和象征。

6.2.1　Internet 的发展历史

自 20 世纪 40 年代第一台计算机问世以来，计算机技术的发展已走过了半个多世纪的历程，而 Internet 的建立和发展使计算机技术这项 20 世纪最为卓越的科技成就，在 21 世纪又一次达到高潮，下一代 Internet 技术正在飞速发展。

1．Internet 的起源和发展

Internet 最初来源于美国国防部的一个军事网络 ARPANET（“阿帕网”）。20 世纪 70 年代，美国国防部进行 ARPA 计划，开始架设高速且灵活的网络，它由 4 个结点组成，采用分组交换技术，当 4 个结点之间的某一条通信线路因某种原因（如核打击）被切断，信息仍能通过其他线路在各主机之间传递，这项计划的成果就是 ARPANET。

20 世纪 70 年代以后，ARPANET 的网络结点由 4 个扩充到 40 多个，并研制了至今仍然普遍使用的电子邮件（E－mail）、文件传输协议（File Transmission Protocal，简称 FTP）和远程登录（TELecommunications NETwork，简称 Telnet）这 3 个基本服务工具。

为了实现各种不同网络之间的互联通信，1972 年美国开始对异种网络通信和互联网进行研究，导致了 TCP/IP 协议（传输控制协议和网际协议）的产生。1983 年初，美国军方正式将其所有军事基地的各子网都连到 ARPANET 上，全部采用 TCP/IP 协议。这标志着 Internet 的正式诞生。

1986 年美国国家科学基金会（National Science Foundation，简称 NSF）加入了 NSFNET 主干网络，速率为 56Kb/s，专门负责全球性民间网络交流，由此推动了 Internet 的发展。

目前，世界上存在着各种不同的网络，并不仅限于 Internet。例如各银行间有自己的财政系统网络；航空业也有自己互通信息的网络；军事单位有战管的网络；先进的欧美国家一直都在开发采用先进网络技术的网络。Internet 仅是其中规模最大、最热门、最开放的网络。

2. Internet 在中国的发展

互联网在中国的发展可分为 3 个阶段。

(1)研究试验阶段

1987 年至 1994 年，中科院高能物理所建成了第一条与因特网联网的专线，实现了与欧洲及北美地区的电子邮件通信。这阶段的网络应用，仅限于小范围内的电子邮件服务(E－mail Only)，而且仅为少数高等院校、研究机构提供电子邮件服务，如中国公用分组交换网(ChinaPac)。

(2)起步阶段

1994 年至 1995 年，为教育科研网发展阶段。中国国家计算机网络设施(The National Computing and Network Facility of China，简称 NCFC)，也称为中关村教育与科研示范网络，实现和 Internet 的 TCP/IP 连接，开通了 Internet 全功能服务，它标志着中国正式加入互联网。

(3)快速增长阶段

1997 年至今，中国互联网用户数基本保持每半年翻一番的增长速度。据中国教育科研计算机网公布的统计数据，截止到 2004 年 6 月 30 日，我国的上网计算机总数已达 3630 万台，其中专线上网计算机数为 652 万台，使用其他设备(如移动终端、信息家电等)上网的用户人数为 881 万。CN 下注册的域名 12 万个，WWW 站点 24 万个，国际出口带宽 3257Mb/s(带宽是衡量互联网络发展的重要指标)。

Internet 骨干网数据传输通道从 1997 年的 2M ~ 115M 通道，发展到 2000 年 2.5G，从 2002 年开始，逐步进入 10G 时代。

3. 下一代互联网技术

当前网络的迅速发展主要受两个技术的影响：光纤技术和无线通信技术。光纤技术使得通信的带宽大大增强，无线通信技术降低了基础设施的成本，使入网用户迅速增长。

下一代互联网技术主要涉及 4 个方面：基础设施、IPv6(Internet Protocol Version 6，简称 IP 协议)、QoS(Quality of Service，服务质量)、网络管理和测量。

全球下一代互联网(NGI)实验网络(Internet2)主干网 Abilene、DoD、NLR(美国光纤铁路)、GEANT 进展迅速，正在全面向 10Gb/s 和 IPv6 过渡。

中国已启动了下一代互联网(CNGI)工程，2004 年 12 月 25 日，CNGI 的核心网 CerNet2 宣布正式开通，以 2.5G 的速度连接北京、上海和广州三个 CerNet2 核心结点，并与国际下一代互联网相连接。根据中国互联网络信息中心的调查报告资料获知，截至 2010 年 12 月，中国网民规模达到 4.57 亿，较 2009 年底增加 7330 万人；互联网普及率攀升至 34.3%，较 2009 年提高 5.4 个百分点。宽带网民规模达到 4.5 亿，年增长 30%，网民中的宽带普及率达到 98.3%。

6.2.2　Internet 的特点

Internet 是由许许多多属于不同国家、部门和机构的网络互连起来的网络，任何运行因特网协议(TCP/IP 协议)，且愿意接入因特网的网络都可以成为因特网的一部分，其用户可以共享因特网的资源，用户自身的资源也可向因特网开放。主要特点有：

1. 灵活多样的入网方式

灵活多样的入网方式是 Internet 获得高速发展的重要因素。TCP/IP 协议成功解决了不同硬件平台、网络产品、操作系统的兼容性问题，成为计算机通信方面实际上的国际标准。

2. 网络信息服务的灵活性

Internet 采用分布式网络中最为流行的客户机/服务器模式，用户通过自己的计算机上的客户程序发出请求，就可与装有相应服务程序的主机进行通信，大大提高了网络信息服务的灵活性。

3. 集成了多种信息技术

将网络技术、多媒体技术以及超文本技术融为一体，体现了现代多种信息技术互相融合的发展趋势。为教学科研、商业广告、远程医疗和气象预报提供了新的技术手段，真正发挥了网络应有的作用。

4. 入网方便，收费合理

Internet 服务收费是很低的，低收费策略可以吸引更多的用户使用 Internet，从而形成良性循环。另外，Internet 入网方便。任何地方，只要通过电话线就可将普通计算机接入 Internet。

5. 信息资源丰富

Internet 具有极为丰富的、免费信息资源，已成为全球各地通用的信息网络，绝大多数 Gopher 服务器、WAIS 服务器、Archie 服务器和 WWW 服务器都是免费的，向用户提供了大量信息资源。另外，还有许多免费的 FTP 服务器和 Telent 服务器。

6. 服务功能完善，简便易用

Internet 具有丰富的信息搜索功能和友好的用户界面，操作简便，无需用户掌握更多的计算机专业知识就可方便地使用 Internet 的各项服务功能。

6.2.3　TCP/IP 网络协议

TCP/IP 协议又叫网络通讯协议，这个协议是 Internet 国际互联网络的基础。

1. TCP/IP 协议集

Internet 的协议集称为 TCP/IP 协议集，协议集的取名表示了 TCP 和 IP 协议在整个协议集中的重要性。TCP/IP 协议集主要包括：TCP、IP、UDP、ICMP、RIP、Telnet、FTP、SMTP、ARP、TFTP 等许多协议，如图 6-8 所示。

（1）TCP 协议。传输控制协议 TCP 位于传输层，作用是向应用层提供面向连接的服务。TCP 接收从 IP 层传送来的已经封好的 TCP 数据包，将包排序并进行错误检查，同时实现虚电路间的连接，将它们送到更高层的应用程序。

注意：TCP 是一种可靠的面向连接的协议，对 TCP 数据包的检查中包括了序号和顺序的确认，所以未按照顺序收到的包可以被排序，丢失或损坏的包将重传，从而确保了数据的可靠传输。

（2）IP 协议。它位于网络层，主要作用是负责将信息从一处传输到另一处，即 IP 层接收由更低层（网络接口层，例如以太网设备驱动程序）发来的数据包，并把该数据包发送到更高层 TCP 或 UDP 层；相反，IP 层也把从 TCP 或 UDP 层接收来的数据包传送到更低层。

注意：IP 数据包是不可靠的，因为 IP 并没有做任何事情来确认数据包是按顺序发送

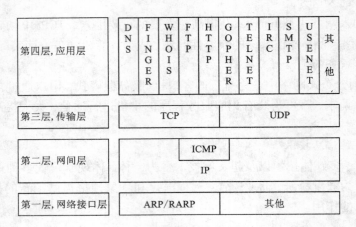

图 6-8　TCP/IP 协议集

的或者没有被破坏。IP 数据包中含有发送它的主机的地址(源地址)和接收它的主机的地址(目的地址)。

(3)UDP 协议。用户数据包协议 UDP 与 TCP 位于同一层,是一种不可靠的无连接协议。UDP 主要用于那些面向查询/应答的服务,它不进行分组顺序的检查和差错控制,而把这些工作交给上一级应用层。使用 UDP 的服务包括 NTP(网络时间协议)和 DNS(DNS 也使用 TCP)。

注意:UDP 没有建立初始化连接(也可以称为握手)(因为在两个系统间没有虚电路),所以与 UDP 相关的服务面临着更大的危险。

(4)ICMP 协议。控制报文协议 ICMP(Internet Control Message Protocol,简称 ICMP)与 IP 位于同一层,用于在 IP 主机、路由器之间传递 IP 的控制消息。ICMP 主要是用来提供有关通向目的地址的路径信息。

注意:控制消息是指网络通不通、主机是否可达、路由是否可用等网络本身的消息。这些控制消息虽然并不传输用户数据,但是对于用户数据的传递起着重要的作用。PING 是最常用的基于 ICMP 的服务。

2.TCP/IP 协议的结构

TCP/IP 与国际标准化组织(ISO)制定的开放系统互连参考模型 OSI 相类似,TCP/IP 也采用层次化结构,共分 4 层:应用层、传输层、网络层和网络接口层,如图 6-9 所示。

(1)应用层。应用程序间沟通的层,如简单电子邮件传输(SMTP)、文件传输协议(FTP)、网络远程访问协议(Telnet)等。

(2)传输层。在此层中,它提供了结点间的数据传送服务,如传输控制协议(TCP)、用户数据包协议(UDP)等,TCP 和 UDP 给数据包加入传输数据并把它传输到下一层中,这一层负责传送数据,并且确定数据已被送达并接收。

(3)网络层。负责提供基本的数据封包传送功能,让每一块数据包都能够到达目的主机(但不检查是否被正确接收),如网际协议(IP)。

(4)网络接口层。它负责对实际的网络媒体的管理,定义如何使用实际网络(如 Ether-

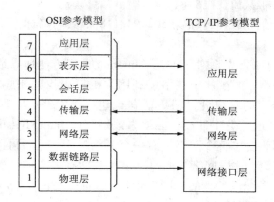

图 6 – 9　**TCP/IP 参考模型和 OSI 参考模型的对比示意图**

net、Serial Line 等)来传送数据。实际上 TCP/IP 参考模型没有真正描述这一层的实现,只是要求能够提供给其上层网络互连层一个访问接口,以便在其上传递 IP 分组。由于这一层次未被定义,所以其具体的实现方法将随着网络类型的不同而不同。

3. TCP/IP 协议的特点

TCP/IP 协议是开放的协议标准,独立于具体的计算机硬件、网络硬件和操作系统。采用统一的网络地址分配方案,网络中每台主机在网络中具有唯一的地址。TCP/IP 具有若干个标准化的高层协议,并对应多个具体的应用,从而可为用户提供多种可靠的服务。

4. 下一代的网际协议 IPv6

IPv6 是 1992 年提出的,主要起因是由于 Web 的出现导致了 IP 网络的爆炸性发展,IP 网络用户迅速增加,IP 地址空前紧张。由于 IPv4 只能用 32 位二进制数表示地址,地址空间很少,IP 网络将会因地址耗尽而无法继续发展,因而 IPv6 首先解决的问题是扩大地址空间。

IPv6 主要在以下几个方面进行扩充和改进:

①IPv6 把原来 IPv4 地址增大到了 128bit;②下一代的 IP 协议并不是完全抛弃了原来的 IPv4,且允许与 IPv4 在若干年内共存;③IPv6 对 IP 数据报协议单元的头部与原来的 IPv4 相比进行了相应的简化;④IPv6 另一个主要的改善方面是在它的安全方面。

6.2.4　IP 地址和域名系统

IP 地址和域名系统是互联网的基本概念和技术。

1. IP 地址

为了将信息从一个地方传输到另一个地方,需要明确发送的目的地。因此网络中通信的每个主机必须有一个唯一的地址,以便于其他主机识别。该地址是通过 IP 协议实现的,故称为 IP 地址(也称为网址)。IP 地址是全球唯一的并有着统一的格式。

IP 地址使用 32 位二进制数来标识。由于 32 位长的二进制数不好记忆,故将它按 8 位为一组,用小数点"."将它们隔开,以十进制数形式表示出来,称之为点分十进制形式。如服务器在 Internet 上的地址表示为 202.94.1.86。

IP 地址包括：网络标识和主机标识。

例如，中国广告商情网的 IP 地址为 202.94.1.86，其网络标识部分为 202.94.1，本地主机标识为 86。

按照 IP 地址的结构和分配原则，可以在 Internet 上很方便地寻址：先按 IP 地址中的网络标识号找到相应的网络，再在这个网络上利用主机标识找到相应的主机。由此可看出，IP 地址指出了某个网络上的某个计算机。倘若组建一个网络，应避免该网络所分配的 IP 地址与其他网络上的 IP 地址发生冲突，必须为该网络向 InterNIC（Internet 网络信息中心）组织申请一个网络标识，使得整个网络拥有一个网络标识，然后再给该网络上的每个主机设置一个唯一的主机号码，这样网络上的每个主机都拥有一个唯一的 IP 地址。

根据网络标识和主机标识长度的不同，可将 Internet 地址分成 5 种类型：A 类、B 类、C 类、D 类、E 类，如图 6-10 所示。

	0	1	2	3	4	5	6	7	8	15	16	23	24	31
A类	0		网络号						主机号					
B类	1	0		网络号							主机号			
C类	1	1	0			网络号							主机号	
D类	1	1	1	0				组播地址						
E类	1	1	1	1	0			保留用						

图 6-10　IP 地址分类

其中 A 类、B 类、C 类是 3 种基本类型，最为常用，由 InterNIC（Internet 网络信息中心）在全球范围内统一分配；D、E 类为特殊地址，其中 D 类为组播地址，E 类为保留地址。

A 类地址的网络号为最高位 0 和随后 7 位二进制码，其余 24 位表示网内主机号；B 类地址的网络号为最高 2 位 10 和后面的 14 位，网内主机号为其余 16 位；C 类地址的最高 3 位 110 和后面的 21 位为网络号部分，剩下的 8 位为网内主机号。A、B、C 类 IP 地址的使用范围可见表 6-1。

表 6-1　IP 地址的使用范围

网络类别	最大网络数	第一个可用网络号	最后一个可用网络号	每个网中最大主机数
A	126	1	126	16777214
B	16382	128.1	191.254	65534
C	2097150	192.0.1	223.225.254	254

2. 域名系统

域名（Domain Name），是由一串用点分隔的名字组成的 Internet 上某一台计算机或计算机组的名称，用于在数据传输时标识计算机的电子方位（有时也指地理位置）。

例如 220.169.30.195 是中南大学的 IP 地址，www.csu.edu.cn 则为域名。

域名系统（Domain Name System，简称 DNS）是一个分布式的数据库系统，是因特网的一项核心服务，它作为可以将域名和 IP 地址相互映射的一个分布式数据库，能够使人更方便地访问互联网，而不用去记住能够被机器直接读取的 IP 数串。DNS 具有两大功能：一是定义了一套为主机命名的规则；二是可将域名高效率地转换成 IP 地址。DNS 由域名空间（Domain Space）、域名服务器（Domain Server）和解析器（Resolver）三部分组成。

（1）域名空间（Domain Space）

DNS 并没有一张保存着所有的主机信息的主机表，相反，这些信息是存放在许多分布式的域名服务器（或 DNS 服务器）中，不同的域名服务器管理不同的域，这些域名服务器组成一个层次结构的系统，所有这些域的集合构成了域名空间。

域名空间是一个树状结构，它的顶层是一个根域（root domain）用符号"."来表示，每一个下级域都是上级域的子域。每个域都有自己的域名服务器，这些服务器保存着当前域的主机信息和下级子域的域名服务器信息。在 DNS 域名空间的任何一台计算机都可以用从叶结点到根结点中间用"."相连接的字符串来标识：

叶结点名. 三级域名. 二级域名. 顶级域名

例如，图 6－11 中域名"mail. cs. pku. edu. cn"，"mail"是最基本的信息，表示主机名称，"cs"表示主机"mail"在这个子域中注册和使用它的主机名称，"pku"是"cs"的相对根域，"edu"是用于表示教育机构的二级域，"cn"表示域名空间的顶级域，即国家域。

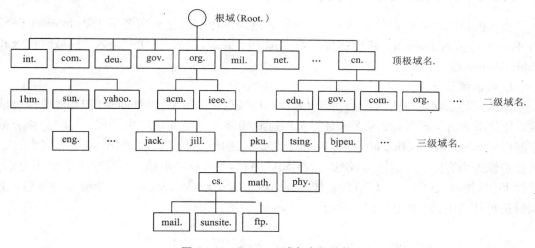

图 6－11　Internet 域名空间结构

一个完整的 DNS 域名可包含多级域名，域名的级数通常不多于 5 个。Internet 对某些通用性的域名做了规定，如表 6－2 所示。

（2）域名服务器（Resolver）

它是指保存有该网络中所有主机的域名和对应 IP 地址，并具有将域名转换为 IP 地址功能的服务器。

（3）解析器（Resolver）

Resolver 也叫地址转换请求程序，是一个根据主机名解析 IP 地址的库。解析器一般是用户应用程序可以直接调用的系统进程，不需要附加任何网络协议。

表6-2　常见通用域名

机构域名		国家或地区域名	
域名	组织类型	域名	国家或地区名称
com	商业组织或企业	cn	中国
edu	教育机构	uk	英国
gov	政府部门(除开军队)	us	美国
org	其他非商业组织(如非营利机构)	tw	中国台湾
net	网络服务提供商	hk	中国香港
int	国际协同组织	jp	日本
mil	军队组织	au	澳大利亚
pro	专业人士	ca	加拿大

6.2.5　Internet 的接入方式

接入因特网的方式多种多样,一般都是通过提供因特网接入服务的 ISP(Internet Service Provider)接入 Internet。主要的接入方式有:电话拨号接入、ADSL 接入、局域网接入和 Cable Modem 接入共 4 种。

1. 电话拨号接入

电话拨号入网可分为两种:一是个人计算机经过调制解调器(Modem)和普通模拟电话线,与公用电话网连接;二是个人计算机经过专用终端设备和数字电话线,与综合业务数字网(Integrated ServiceDigital Network,简称 ISDN)连接。通过普通模拟电话拨号入网方式,数据传输能力有限,传输速率较低(最高 56kb/s),传输质量不稳,上网时不能使用电话。通过 ISDN 拨号入网方式,信息传输能力强,传输速率较高(128kb/s),传输质量可靠,上网时还可使用电话(如图 6-12 所示)。

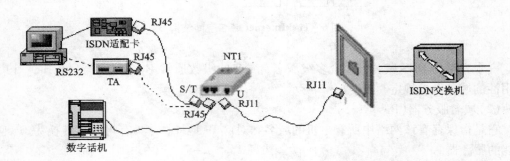

图6-12　ISDN 接入方式

注意:调制解调器,是一种计算机硬件。所谓调制,就是把数字信号转换成电话线上传输的模拟信号;解调,即把模拟信号转换成数字信号。

2. ADSL 接入

非对称数字用户线路(Asymmetrical Digital Subscriber Loop，简称 ADSL)是一种新兴的高速通信技术。上行(指从用户电脑端向网络传送信息)速率最高可达 1Mb/s，下行(指浏览 WWW 网页、下载文件)速率最高可达 8Mb/s。上网同时可以打电话，互不影响，而且上网时不需要另交电话费。安装 ADSL 也极其方便快捷，只需在现有电话线上安装 ADSL MODEM，而用户现有线路不需改动(改动只在交换机房内进行)即可使用(如图 6 – 13 所示)。

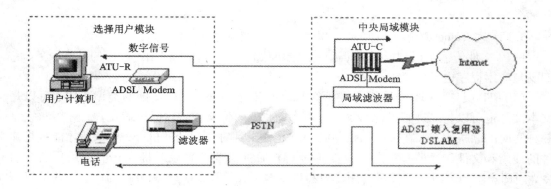

图 6 – 13　ADSL 接入方式

3. 局域网接入

一般单位的局域网都已接入 Internet，局域网用户即可通过局域网接入 Internet。局域网接入传输容量较大，可提供高速、高效、安全、稳定的网络连接。现在许多住宅小区也可以利用局域网提供宽带接入。

4. Cable Modem 接入

基于有线电视的线缆调制解调器(Cable Modem)接入方式可以达到下行 8Mb/s、上行 2Mb/s 的高速率接入。要实现基于有线电视网络的高速互联网接入业务还要对现有的 CATV 网络进行相应改造。基于有线电视网络的高速互联网接入系统有两种信号传送方式，一种是通过 CATV 网络本身采用上下行信号分频技术来实现，另一种通过 CATV 网传送下行信号，通过普通电话线路传送上行信号。

6.2.6　Internet 服务

目前 Internet 上提供的服务功能已达到上万种，随着 Internet 的不断发展，它所提供的服务将会进一步增加。由于 ISP 不同，向用户提供的服务种类也不完全相同，主要服务有：

1. WWW 浏览

WWW(World Wide Web)译为万维网，简称 3W 或 Web，它是目前 Internet 上最广泛的服务类型。

WWW 是一个基于超文本(Hypertext)方式的信息检索服务工具，其服务采用客户/服务器工作模式，为用户提供一种友好的信息查询接口，即用户仅需提出查询要求，而到哪里查询及如何查询则由 WWW 自动完成。它采用超文本和多媒体技术,将不同文件通过关键字建立链接,提供一种交叉式查询方式。在一个超文本的文件中,一个关键字链接着与另一个关键字有关的文件,该文件可以在同一台主机上,也可以在 Internet 的另一台主机上,同样该文件也可以是另一个超文本文件。

2. 电子邮件

电子邮件(E-mail)是 Internet 应用中最基本最广泛的服务。只要知道双方的电子邮件地址,通信双方就可利用网络的电子邮件系统收发邮件,这些电子邮件可以是文字、图像、声音等各种方式。其特点是:用户的电子邮箱不受地理位置的限制,高速、方便、经济。

3. FTP 与 Telnet 服务

FTP(文件传输协议)与 Telnet(远程登录协议)是 Internet 上使用最广泛的基本服务,它们既是应用程序也是协议。

(1)FTP 服务。FTP 允许用户在计算机之间传送文件,并且文件的类型不限,可以是文本文件也可以是二进制可执行文件、声音文件、图像文件、数据压缩文件,等等。它是一种实时的联机服务,在进行工作前必须首先登录到对方的计算机上,登录后才能进行文件的搜索和文件传送的有关操作。普通的 FTP 服务需要在登录时提供相应的用户名和口令,当用户不知道对方计算机的用户名和口令时就无法使用 FTP 服务。为此,一些信息服务机构为了方便 Internet 的用户通过网络使用他们公开发布的信息,提供了一种"匿名 FTP 服务"。

(2)Telnet 服务。Telnet 是提供远程连接服务的终端仿真协议,采用客户/服务器工作模式,使用 Telnet 要求在客户端运行一个名为 Telnet 的程序与指定的远程机建立连接。

客户机和远程机一旦连接起来,用户输入的所有信息都会传输给远程机,远程机的响应信息全部在本地客户机上显示。

当本地用户决定登录到远程系统上时,激活用户计算机上驻留的 Telnet 程序后,需要输入连接的远程计算机的域名或 IP 地址以及账号和口令。

4. IP 电话

Internet 的一项增长很快的服务是 IP 电话(Internet Protocol Phone)。IP 电话是按 IP 协议规定的网络技术开通的电话业务,中文翻译为"网络电话"或"互联网电话"。它是利用 Internet 为语音传输媒介,从而实现语音通信的一种全新的通信技术,因此这种 Internet 电话技术有时也称为 IP 语音(Voice Over Internet Protocol,简称 VOIP)技术。

IP 电话有三种方式:计算机到计算机、计算机到电话和电话到电话。

5. 即时通信

即时通信(Instant Messenger,简称 IM)俗称网络寻呼机,是我国上网用户使用率最高的软件,目前有 ICQ、腾讯 OICQ(OpenICQ)、MSN Messenger、雅虎通(Yahoo! Messenger)、网易泡泡(NetEase Popo)等,它们能让用户迅速地在网上找到其朋友或工作伙伴、实时交谈和互传信息。甚至有不少 IM 软件还集成了数据交换、语音聊天、网络会议、电子邮件等功能。

6. 网络音影

网络音影是指通过网络平台传播并欣赏音乐、视频等。网络音影将音乐作品、电视剧、电影以及视频等通过互联网、移动通信网等各种有线和无线方式传播，其主要特点是形成了数字化的音、影产品制作、传播和消费模式。

7. 电子商务

电子商务(Electronic Commerce)是指利用网络，以简单、快捷、低成本的电子通信方式，买卖双方不需谋面就可进行的各种商业和贸易活动。它以电子及电子技术为手段，以商务为核心，把原来传统的销售、购物渠道移到互联网上来，打破国家与地区有形无形的壁垒，使生产企业实现全球化、网络化、无形化、个性化、一体化。

8. BBS

电子公告板 BBS(Bulletin Board System，简称 BBS)在国内称作网络论坛，是通过电脑来传播或获得消息。BBS 主要是为用户提供一个交流意见的场所，能提供信件讨论、软件下载、在线游戏、在线聊天等多种服务，多数基于图形方式，方便用户的使用。

6.3　IE 浏览器

浏览器(Browser)是用户浏览网页时客户端软件，目前流行的 WWW 浏览器有微软公司的 IE(Internet Explorer)、Netscape 公司的网景(Netscape)、谷歌浏览器和 360 浏览器等。其中 IE 浏览器是当今使用最广泛、最灵活的浏览器之一。

6.3.1　IE 浏览器中的相关概念

浏览器用于与 WWW 建立连接，并与之进行通信。它可以在 WWW 系统中根据链接确定信息资源的位置，并将用户感兴趣的信息资源取回来，对 HTML 文件进行解释，然后将文字图像或者将多媒体信息还原出来。

1. 文本、纯文本与多文本

文本是指字符(文字、数字、符号等)的有序集合，也称为"普通文本"。

纯文本是指没有任何文本修饰的，即没有任何粗体、下划线、斜体、图形、符号或特殊字符及特殊打印格式的文本。常见的纯文本格式文件的扩展名有 TXT、HTM、ASP、BAT、C、BAS、PRG、CMD 等。

多文本是指带有多种媒体信息的文本。多文本格式的文件用 RTF(Rich TextFormat)描述。RTF 是一种非常流行的文件结构，很多文字编辑器都支持它。

2. 超文本与超链接

(1)超文本(Hypertext)是指含有超级链接的文本。超文本是一种用户介面范式，用以显示文本及与文本之间相关的内容。

(2)超链接(Hyper Link)是指文本中的词、短语、符号、图像、声音剪辑或影视剪辑之间的链接，或者与他的文件、超文本文件之间的链接，也称为"热链接"。

3. 超文本标记语言 HTML

超文本标记语言(Hyper Text Markup Language，简称 HTML)是用来表示网上信息的符号标记语言，可以将它理解为一种规范(HTML 规范)。它是构成 Web 页面的主要工具。

4. 统一资源定位器 URL

标识 Internet 网上资源的位置有 3 种方式：IP 地址(如：202.206.64.33)、域名地址

（如：dns. hebust. edu. cn）、URL（Uniform Resource Locator，统一资源定位器）。

URL 是在 WWW 上进行资源定位的标准，使 WWW 的每一个文档在整个 Internet 范围内具有唯一的标识符。URL 的形式为：

资源类型：//存放资源的主机域名/路径/资源文件名

例如，中南大学首页的 URL 是 http：//www. csu. edu. cn/chinese/index. htm

其中：

（1）资源类型为 http，代表超文本传输协议，通知 csu. edu. cn 服务器显示 Web 页；

（2）www 代表一个 Web 服务器；

（3）csu. edu. cn 是存放网页的服务器的域名或站点服务器的名称；

（4）chinese 为该服务器上的子目录，就好像文件夹；

（5）index. htm 是文件夹 chinese 中的一个 HTML 文件。

URL 机制还定义了用于其他各种不同的常见协议的 URL，并且浏览器了解这些 URL，如表 6－3 所示。

注意：Windows 主机不区分 URL 大小写，但是，Unix/Linux 主机区分大小写。

表 6－3　常见协议的 URL

名　字	应　用	访　问	示　例
http	HTML	WEB 服务器上	http：//www. sohu. com/index. html
ftp	FTP	在自己的局部系统或匿名服务器上	ftp：//ftp. cetin. net. cn/
news	新闻级	FTP 服务器上	news：//msnews. microsoft. com
gopher	Gopher	gopher 服务器上	gopher：//gopher. tc. mnn. edu/ll/Libraries
mailto	发送电子邮件	wais 服务器上	mailto：kim@ acm. org
Telnet	远程登录	Usenet 服务器上	Telnet：//www. w3. org：80

6.3.2　IE 的启动、关闭和工具栏

IE 浏览器是微软公司发行的一套网络软件。它具备电子邮件通信、新闻组管理、在线会议、网页编辑等功能。下面简单介绍 IE（6.0）浏览器的使用方法。

1. 启动和关闭浏览器

启动 IE 浏览器的操作方法有 3 种：

（1）双击系统桌面图标 。

（2）单击任务栏左边的“ 启动 Internet Explorer 浏览器”图标。

（3）在桌面上，单击“开始/所有程序/Internet Explorer”菜单项。

启动 IE 浏览器，弹出 IE 浏览器窗口。

关闭 IE 浏览器的方法也有 3 种：

（1）单击 IE 浏览器窗口右上角的关闭按钮 ，可关闭 IE 浏览器。

（2）右击任务栏中的 IE 按钮或 IE 浏览器的标题栏，在弹出的快捷菜单中，选择“关

闭",可退出正在浏览的 IE 网页。

(3)在 IE 浏览器的菜单项中,单击"文件/退出"命令,可关闭网页。

2. IE 浏览器工具栏

当正常启动 IE 浏览器之后,会出现 IE 的使用界面,并自动链接到用户或系统所决定的主页(如图6-14所示)。IE 浏览器界面的工具栏中有些常用的快捷图标按钮,其功能如下:

(1)"后退"  按钮 和"前进"

图 6-14　IE 浏览器界面

按钮 ,使用"后退"与"前进"按钮可以按原路返回或前进。

(2)"停止"按钮 和"刷新" 按钮 ,Internet 服务器允许多人在同一时间访问同一个页面。倘若服务器处理不及时,则下载一个页面要花费很多时间,此时可按"停止"按钮暂停对它的访问。等过一段时间后,想继续访问这个页面,只需单击"刷新"按钮就可继续下载该页面。

(3)"主页" 按钮,这里的"主页"是指打开浏览器后直接打开的那个页面。比如设置 IE 浏览器默认的主页为中南大学,那么,只要单击"主页"按钮,IE 浏览器就会自动连接到中南大学的主页。为了使用方便,一般将最常使用的站点设为主页。

(4)"收藏夹" 按钮,单击"收藏夹"按钮后,在浏览器左侧出现一个新的分栏。该分栏中列出了收藏夹中收藏的所有站点,要访问其中某个站点,只需单击这个站点的链接。

6.3.3　浏览网页的基本操作

在使用 IE 浏览网页之前,必须确认相关的软硬件已安装完毕。

1. 打开网页

如果用户知道某个网页的网址,在打开网页时,可以直接在 IE 地址栏中输入相应的网址,按 Enter 键即可。

(1)单击工具栏中的"停止"图标,在地址栏中输入想进入的网页(网站)地址,输入完成后,按压回车键即开始与该网站建立链接。

(2)单击地址栏右边的小三角符号,则下拉出以前输入的网址,可以从中选择想要进入的网站。

(3)执行"文件"菜单下的"打开"命令,在打开的对话框的文本输入区输入网址(如图6-15所示),然后单击"确定"按钮,打开指定的网页。

(4)如果在输入了部分地址后按下

图 6-15　"打开"对话框

Ctrl + Enter，IE 会根据情况补充协议名（如 http：）和扩展名，并尝试转到所键入的 URL 地址处。

通过地址栏打开网页，首先要知道网页的地址，但网络上的网页不计其数，用户不可能也没有必要记住所有的网址。可以借助"中文上网"功能，在地址栏中直接输入所要打开的网页的关键字，按 Enter 键，在浏览器窗口就可打开相应的网页。

注意：使用"中文上网"功能前，必须开启"中文上网"功能。

2. 浏览网页

打开网页后，用户就可以直接浏览网页中的相关内容。浏览网页常用的有以下 2 种方法。

（1）使用超链接浏览网页

超链接实质上是属于网页的一部分，是一种允许用户与其他网页或站点之间进行链接的元素。各个网页链接在一起，才真正构成一个网站。在网页中，一般文字上的超链接，在文字下都有一条下划线，光标移到超链接处时，光标就会变成手的形状，此时单击鼠标左键，就可直接跳转到与这个链接相对应的网页或 WWW 网站中。

（2）全屏浏览网页

如果要浏览整个网页的内容，可进入全屏浏览窗口。全屏幕显示可以隐藏掉所有的工具栏、桌面图标以及滚动条和状态栏，以增大页面内容的显示区域。

①在"显示"菜单下选择"全屏"或单击工具栏上的"全屏"按钮（或按功能键 F11），即可切换到全屏幕页面显示状态 。

②再次按工具栏上的"全屏"切换按钮（或按功能键 F11），关闭全屏幕显示，切换到原来的浏览器窗口。

3. 前进和后退

（1）前进和后退操作能在同一个 IE 窗口以前浏览过的网页中任意跳转。

（2）单击工具栏中的"后退"按钮，可以退到上一个浏览过的网页，如果单击"后退"右侧的小三角按钮，会弹出一个下拉列表，罗列出所有以前的网页，可以从列表中直接选择一个，转到该网页。

（3）如果前面通过"后退"按钮回退过，工具栏的"前进"按钮就可以使用了，否则是灰色的。单击工具栏的"前进"按钮可以前进一个网页。同样地，如果单击"前进"右侧的小三角按钮，会弹出一个下拉列表，罗列出所有以前访问当前网页后又访问过的网页，可以从列表中直接选择一个，转到该网页。

4. 中断链接和刷新当前网页

（1）单击工具栏中的"停止"按钮，可以中止当前正在进行的操作，停止和网站服务器的联系。

（2）单击工具栏的"刷新"按钮，浏览器会和服务器重新取得联系，并显示当前网页的内容。

5. 自定义 IE 窗口

（1）打开 IE，在工具菜单中选择工具栏子菜单，可以设置工具栏中显示的工具，包括标准按钮、地址栏、链接、电台和自定义。

（2）执行"自定义"命令，将弹出 "自定义工具栏"对话框。在该对话框中可以根据需要编辑在工具栏中显示的工具，可以将右边窗口（其中为当前窗口中显示的工具）中的工具从工具栏中删除，或将左边窗口（其中为可供选择的工具）中的工具添加到工具栏中显示。

（3）选择浏览栏子菜单，设置在浏览栏内的内容，浏览栏内可显示"搜索"、"收藏夹"、"历史记录"、"文件夹"和"每日提示"中的一项，如果浏览栏内没有内容，浏览栏将不显示。

6. 打开多个浏览窗口

为了提高上网效率，一般应多打开几个浏览窗口，同时浏览不同的网页，可以在等待一个网页的同时浏览其他网页，来回切换浏览窗口，充分利用网络带宽。

（1）选择"文件"菜单中的"新建"项，在弹出的子菜单中选择"窗口"，就会打开一个新的浏览器窗口。

（2）在超链接的文字上单击鼠标的右键，在弹出菜单中选择"在新窗口中打开链接"项，IE 就会打开一个新的浏览窗口。

注意：IE7.0 以上版本，可以在同一个浏览窗口打开多个选项卡，浏览不同网页。

7. 保存网页内容和网址

（1）保存浏览器中的当前页

①在"文件"菜单上，单击"另存为"，在弹出的保存文件对话框中，选择准备用于保存网页的文件夹。在"文件名"框中，键入该页的名称。

②在"保存类型"下拉列表，选择一种保存类型，单击"保存"按钮。

（2）保存超链接指向的网页或图片

如果想直接保存网页中超链接指向的网页或图像，暂不打开并显示，可进行如下操作：

①用鼠标右键单击所需项目的链接，在弹出菜单中选择"目标另存为"项，弹出 Windows 保存文件标准对话框。

②在"保存文件"对话框中选择准备保存网页的文件夹和文件名，单击"保存"按钮。

（3）保存网页中的图像和动画

①用鼠标右键单击网页中的图像或动画，在弹出菜单中选择"图片另存为"项，弹出 Windows 保存图片标准对话框。

②在"保存图片"对话框中选择合适的文件夹和图片名称，单击"保存"按钮。

6.3.4　IE 浏览器基本参数的设置

在浏览网页的过程中，掌握 IE 基本参数的设置，不仅可以方便使用 IE 浏览器，也可以提高浏览效率。浏览器基本参数的设置操作：

单击 IE 浏览器主菜单中"工具/Internet 选项"命令，打开"Internet 选项"对话框，如图 6-16 所示。它包括了常规、安全、隐私、内容、连接、程序、高级 7 个选项卡。

1. 常规选项卡

常规选项卡的功能用于设置或更改默认的主页、设置历史纪录的存储时间、删除历史纪录等。

（1）设置或更改默认的主页

在启动 IE 浏览器的同时，IE 浏览器会自动打开其默认主页，通常为 Microsoft 公司的主页。用户也可以自己设定在启动 IE 浏览器时打开其他的 Web 网页，具体设置可参考以下步骤：

①启动 IE 浏览器。

②打开要设置为默认主页的 Web 网页。

③选择"工具"菜单中"Internet 选项"命令，打开"Internet 属性"对话框，选择"常规"选项卡。

④在"主页"选项组中的单击"使用当前页"按钮，可将启动 IE 浏览器时打开默认主页设置为当前打开的 Web 网页；若单击"使用默认页"按钮，可在启动 IE 浏览器时打开默认主页；若单击"使用空白页"按钮，则可在启动 IE 浏览器时不打开任何网页。

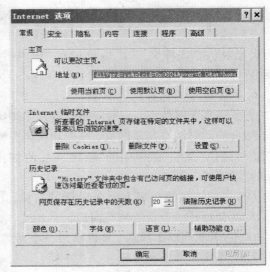

图 6 – 16　"Internet 选项"对话框

注意：用户也可以在"常规"选项卡的"地址"文本框中直接输入某 Web 网站的地址，将其设置为默认的主页。

（2）设置历史记录的保存时间

在 IE 浏览器中，用户只要单击工具栏上的"历史"按钮就可查看所有浏览过的网站的记录，长期下来历史记录会越来越多。这时用户可以在"Internet 属性"对话框中设定历史记录的保存时间，这样一段时间后，系统会自动清除这一段时间的历史记录。

设置历史记录的保存时间，可执行下列步骤：

①启动 IE 浏览器。

②选择"工具"菜单中"Internet 选项"命令，打开"Internet 属性"对话框，选择"常规"选项卡。

③在"历史记录"选项组的"网页保存在历史记录中的天数"文本框中输入历史记录的保存天数即可。

④单击"清除历史记录"按钮，可清除已有的历史记录。

⑤设置完毕后，单击"应用"和"确定"按钮即可。

2. 安全选项卡

安全选项卡提供了对 Internet 进行安全设置的功能，用户使用它就可以对 Internet 进行一些基础的安全设置，操作方法为：

（1）启动 IE 浏览器。

（2）选择"工具"菜单中"Internet 选项"命令，打开"Internet 属性"对话框，选择"安全"选项卡。

（3）在该选项卡中用户可为 Internet 区域、本地 Intranet（企业内部互联网）、受信任的站点及受限制的站点设定安全级别。

（4）若用户要对 Internet 区域及本地 Intranet（企业内部互联网）设置安全级别，可选中

"请为不同区域的 Web 内容指定安全级别"列表框中相应的图标。

（5）在"该区域的安全级别"选项组中单击"默认级别"按钮，拖动滑块既可调整默认的安全级别。

（6）若用户要自定义安全级别，可在"该区域的安全级别"选项组中单击"自定义级别"按钮，将弹出"安全设置"对话框。

（7）在该对话框中的"设置"列表框中用户可对各选项进行设置。在"重置自定义设置"选项组中的"设置为"下拉列表中选择安全级别，单击"重置"按钮，即可更改为重新设置的安全级别。这时将弹出"警告"对话框，若用户确定要更改该区域的安全设置，单击"是"按钮即可。

注意：若用户调整的安全级别小于其默认级别，则弹出"警告"对话框，若用户确实要降低安全级别，可单击"是"按钮。

3. 隐私选项卡

IE 提供多种功能保护隐私，可以使计算机和个人的可识别信息更为安全。在"隐私"选项卡的设置栏，移动滑块可为 Internet 区域选择一个浏览的隐私设置，从低到高，设置浏览网页由允许到限制 Cookie。在"弹出窗口阻止程序"选项组中，可设置"要允许的网站地址"，允许来自该网站的弹出窗口。

4. 内容选项卡

Internet 为人们提供了丰富的信息资源的同时，一些不健康的内容也充斥于 Internet 之中，可通过"内容"选项卡的内容审查程序的功能，有效地控制在计算机上看到的内容。"内容"选项卡可进行 4 方面设置，分别是内容审查程序、证书、自动完成、源和网页快讯。

5. 连接选项卡

"连接"选项卡可以设置一个 Internet 连接、添加 Internet 连接、设置连接的代理服务器，以及局域网的相关参数。

6. 程序选项卡

"程序"选项卡中的"Internet 程序"，可以制定 Windows 自动用于每个 Internet 服务程序，包括 Html 编辑器、电子邮件、新闻组、Internet 电话、日历、联系人列表；"默认的 Web 浏览器"，该项设置 Internet Explorer 浏览器为默认的浏览器，当其他浏览器为默认浏览器时可给与提示；"管理加载项"可以启用和禁用安装在系统中的浏览器加载项。

7. 高级选项卡

网页设计为了追求效果，加入了各种特效、影音文件、flash、图片等，这样用户需要更大的带宽下载文件，当网络拥堵时，可以通过"高级"选项卡的相关设置，使用户在浏览网页时，不需下载多媒体信息，可有效提高浏览速度。

操作方法为：

（1）启动 IE 浏览器。

（2）选择"工具"菜单中"Internet 选项"命令，打开"Internet 属性"对话框，选择"高级"选项卡。

（3）在"设置"列表框中，取消选中"播放网页中的动画"、"播放网页中的声音"、"显示图片"等多媒体选项，如图 6－17 所示。

（4）单击"确定"按钮，完成设置。

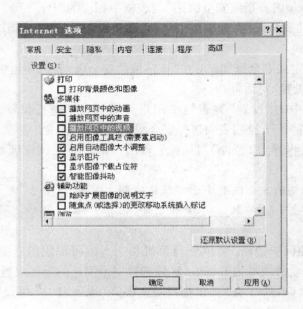

图 6 – 17　"高级"选项卡

6.3.5　浏览器收藏夹

在 IE 中,可以把经常浏览的网址储存起来,称为"收藏夹"。使用收藏夹,不仅可以保存网页信息,还可以方便地在脱机状态下浏览该网页。

1. 收藏网页

(1)进入到要收藏的网页/网站,单击菜单栏中的"收藏",执行"添加到收藏夹"命令,打开"添加到收藏夹"对话框。

(2)在文本框中填入要保存的名称,单击确定即可将当前网页保存到收藏夹中,如果要将网页保存到本地硬盘中便于离线后再阅读,只须选中"允许脱机使用"复选框即可。

2. 设置起始网页

对于几乎每次上网都要浏览的网页,可以直接将它设置为启动 IE 后自动连接的主页。

(1)打开 IE"工具"菜单,执行"Internet 选项"命令,打开"Internet 选项"对话框。

(2)选择或填入 IE 启动时的起始位置,例如空白页或某个主页;还可以恢复为默认主页。

3. 管理收藏夹

收藏夹和 Windows 的文件夹的组织方式是一致的,也是树形结构。定期地整理收藏夹的内容,保持比较好的树形结构,有利于快速访问。

(1)选择"收藏"菜单下的"整理收藏夹",打开整理收藏夹窗口。

(2)单击整理收藏夹窗口左边的"创建文件夹"按钮,可以新建一个文件夹。选中一个文件夹或网址标签后,可以用整理收藏夹窗口中的"重命名"、"移至文件夹"、"删除"按钮完成相应的功能。

4．导入和导出收藏夹

如果在多台计算机上安装了 IE，那么可以通过收藏夹的导入和导出功能，在这些计算机上共享收藏夹的内容。

单击 IE 菜单的"文件"下的"导入和导出"，打开导入和导出向导对话框，按提示操作即可。

5．浏览收藏夹中的网址

选择浏览器的"收藏"菜单，在菜单条下面显示的是收藏夹中的内容，显示的层次方式很像是 Windows 的"开始"菜单。选择其中的网址，就会直接转到此网址。

6．添加链接栏

链接栏中的按钮相当于快捷方式，按下后可以直接转到它指向的网页。可以向链接栏中添加一些网址，快速浏览网页。有以下几种方式将链接加入链接栏。

（1）将网页图标从地址栏拖曳到（按下鼠标不放）链接栏，可以将当前网页的地址加入链接栏。

（2）将 Web 页中的链接拖到链接栏，可以将网页中的超链接加入链接栏。

（3）按下工具栏的"收藏"按钮，显示收藏窗口，将收藏窗口中的链接拖到其中的"链接"文件夹中。

7．脱机浏览

（1）进入脱机工作方式

在"文件"菜单上，单击"脱机工作"，选中其复选标识，进入脱机工作方式。再次选择此菜单选项，就除去了"脱机工作"前的复选标识，结束脱机方式。

（2）预订和同步

可以使用预订和同步功能让 IE 按照安排检查收藏夹中的站点是否有新的内容，并可选择在有可用的新内容时通知你，或者自动将更新内容下载到本地硬盘上（例如计算机空闲时）以便以后浏览。

（3）利用历史记录脱机浏览

除了脱机浏览预订的 Web 站点或页面外，还可以查看存储在"历史记录"文件夹或 c：\Windows\Local Settings\Temporary Internet Files 文件夹中的任何 Web 页面。

（4）脱机查看和管理临时文件

IE 在浏览过程中会将下载的网页内容暂时保存在一个文件夹中，默认为 c：\Windows\Local Settings \Temporary Internet Files 下，可直接对该目录下的文件进行相关的操作。

6.3.6　网络信息搜索

搜索引擎（Search Engine）是专门查询信息的站点。由于这些站点提供全面的信息查询和良好的速度，就像发动机一样强劲有力，所以被称为"搜索引擎"。

1．搜索引擎的组成

搜索引擎由信息采集系统、信息提取系统、信息管理系统、信息检索系统和用户检索界面组成。

（1）信息采集系统。它的主要任务是将非结构化的信息从大量的网页中抽取出来保存到结构化的数据库中的过程。

（2）信息提取系统。它的主要任务是在 Internet 上主动搜索 WWW 服务器或新闻服务器上的信息，自动为这些信息制作索引，并将索引内容甚至信息本身存放在搜索引擎的大型数据库中。

（3）信息管理系统。它的任务是对信息进行分类整理，有些搜索引擎还使用专业人员对信息进行人工分类和审查，以保证信息没有质量问题。正是由于在分类整理方面所使用的技术和花费的功夫不一样，使得不同的搜索引擎在搜索结果的数量上以及质量上大不相同。

（4）信息检索系统。它的任务是将用户输入的检索词与存放在大型数据库系统中的信息进行匹配，并根据内容相关度对检索结果进行排序。不同的搜索引擎采用的排序方法有所不同，但大多要考虑关键词在网页中出现的位置，例如是否出现在标题、正文中，以及出现的次数。

（5）用户检索界面。它的任务是通过网页接收用户的查询请求，让用户输入查询内容，然后显示查询到的结果。因此，多数搜索引擎的检索界面都相差无几。

2. 搜索引擎的分类

搜索引擎按其工作方式主要分为 3 类：全文搜索引擎（Full Text Search Engine）、目录索引类搜索引擎（Search Index/Directory）和元搜索引擎（Meta Search Engine）。

（1）全文搜索引擎。它是通过从互联网上提取各个网站的信息（以网页文字为主）而建立的数据库中，检索与用户查询条件匹配的相关记录，然后按一定的排列顺序将结果返回给用户。

（2）目录索引搜索引擎。它是按目录分类的网站链接列表，用户完全可以不用进行关键词（Keywords）查询，仅靠分类目录也可查找到需要的信息。

（3）元搜索引擎。它没有自己的数据，而是将用户的查询请求同时向多个搜索引擎递交，将返回的结果进行重复排除、重新排序等处理后，作为自己的结果返回给用户。

3. 常用的中文搜索引擎

中文搜索引擎有很多种，常见的有中文 Yahoo、Google、百度搜索 3 种引擎。

（1）中文 Yahoo

Yahoo 是最早的目录索引之一，也是目前最重要的搜索服务网站，在全部互联网搜索应用中所占份额高达 36% 左右，设有多个分站。Yahoo 界面简洁，功能强大，其数据库中的注册网站无论是在形式上还是内容上质量都非常高，其网址为：http：//cn. search. ya-hoo. com/，如图 6 - 18 所示。

Yahoo 可以通过两种方式查找信息，一是通常的关键词搜索，二是按分类目录逐层查找。

（2）Google 搜索引擎

Google 成立于 1997 年，几年间迅速发展成为目前规模最大的搜索引擎，并向 AOL（美国在线）、Compuserve（美国电脑服务网络）、Netscape 等其他门户和搜索引擎提供后台网页查询服务。Google 数据库存有 42.8 亿个 Web 文件，属于全文搜索引擎，其网址为：http：//www. google. com. hk/，如图 6 - 19 所示。

图 6 – 18　Yahoo 搜索引擎

图 6 – 19　Google 搜索引擎

Google 提供常规及高级搜索功能。在高级搜索中，用户可限制某一搜索必须包含或排除特定的关键词或短语。该引擎允许用户定制搜索结果页面所含信息条目数量，可从 10 到 100 条任选，并提供网站内部查询和横向相关查询。

（3）百度搜索引擎

百度搜索引擎是国内最大的商业化全文搜索引擎，占国内 80% 的市场份额。网址为：http：//www. baidu. com/，主界面如图 6 – 20 所示。

图 6 – 20　百度搜索引擎

百度主要提供中文（简/繁体）网页搜索服务。在搜索结果页面，百度还设置了关联搜索功能，方便访问者查询与输入关键词有关的其他方面的信息，并且提供"百度快照"查询。其他搜索功能包括新闻搜索、MP3 搜索、图片搜索、Flash 搜索等。

6.3.7　IE 地址栏访问 FTP 站点

FTP 使用客户机/服务器模式，提供交互式的访问，采用 FTP 协议可使 Internet 用户高效地从网上的 FTP 服务器下载大信息量的数据文件，将远程主机上的文件拷贝到自己的计算机上。同时还可以上传大量的信息资源供他人使用，以达到资源共享和传递信息的目的。

1. FTP 地址格式

FTP 的地址格式如下：

ftp：//账号：密码@ 主机：端口/路径/文件

注意：用户名和用户密码之间用冒号隔开；用户密码和服务器地址之间用@ 号隔开；服务类型是 ftp：//，而不是 fttp：//；用户名和密码可以省略，但随后系统会弹出一个对话框，要求用户输入省略的用户名和密码。

登录 FTP 后和操作本地文件差不多的方式来操作。

举例：在 IE 地址栏中输入 ftp：//guest：guest@ 172.16.0.230，就会连接到中南大学计算中心的 FTP。要下载只需右键单击文件或者文件夹，选择复制到文件夹。要上传只需复制本地文件，然后在 FTP 窗口上单击右键，选择粘贴。

2. 访问 FTP 站点

登录有密码保护的 FTP 站点的方法是：打开 IE 浏览器，在 IE 地址栏内输入该站的网址，在随即出现的提示对话框内输入用户名和密码，然后正式进入站点。

3. FTP 站点的操作

根据 FTP 给每个用户设置的权限不同，不同的用户具有不同的操作。

(1)浏览和下载

当 FTP 站点仅授予"读取"权限时，则用户只能浏览和下载该站点中的文件夹和文件。双击即可打开相应的文件夹或文件进行浏览。下载则只需选定文件夹或文件后按鼠标右键，弹开快捷菜单，选则"复制"，然后，将文件夹或文件粘贴到要保存的位置。

(2)文件上传

当 FTP 站点授予"读取"和"写入"权限时，则用户不仅可以浏览、下载站点中的文件夹和文件，而且可以上传自己的文件夹和文件到 FTP 站点。

(3)重命名、删除、新建文件夹

当 FTP 站点授予"读取"、"写入"和"修改"权限时，除浏览、下载、上传操作外，用户可在 Web 浏览器中实现新文件的建立以及对文件夹和文件的重命名、删除等操作。

在 Web 测览器中重命名和删除 FTP 站点中的文件夹和文件的方式，与在 Windows 资源管理器的使用是相同。只需在要进行操作的文件夹或文件上右击鼠标，并在快捷菜单中选择"重命名"或"删除"命令即可。通过 Web 浏览器向 Web 站点中上传文件夹和文件也不复杂。先打开 Windows 资源管理器，选中并复制要上传的文件夹和文件，然后，在 Web 浏览器中浏览并找到目的文件夹，而后在浏览器的空白处右击鼠标，在快捷菜单中选择"粘贴"即可。

6.3.8 BBS

BBS 向用户提供了一块公共电子白板，每个用户都可以在上面发布信息或提出看法，早期的 BBS 由教育机构或研究机构管理，现在多数网站上都建立了自己的 BBS 系统，供网民通过网络来结交更多的朋友，表达更多的想法。BBS 是完全免费的，而且有很强的地域性。目前 BBS 大多数存在于高等院校中，所以用户以学生居多，话题选择也多与校园生活、教学科研有关。

1. BBS 站点的分类

目前国内的 BBS 站点已经十分普遍，不计其数，大致可以分为 5 类：

（1）校园 BBS 站点。目前很多大学都有了 BBS 站点，几乎遍及全国上下。如清华大学、北京大学等都建立了自己的 BBS 站点系统，清华大学的水木清华很受学生和网民们的喜爱。

（2）商业 BBS 站点。主要是进行商业宣传、产品推荐等，目前手机的商业站、电脑的商业站、房地产的商业站比比皆是。

（3）专业 BBS 站点。是指部委和公司的 BBS，它主要用于建立地域性的文件传输和信息发布系统。

（4）情感 BBS 站点。主要用于交流情感，是许多娱乐网站的首选。

（5）个人 BBS 站点。有些个人主页的制作者们在自己的个人主页上建设了 BBS 站点，用于接收别人的想法，更有利于与好友进行沟通。

2. BBS 站点的访问方式

BBS 站点的访问方式有远程登录访问与 Web 浏览器访问两种。

（1）远程登录访问方式。它是指通过远程登录软件 Telnet，直接远程登录到 BBS 服务器去浏览、发表文章，还可以进入聊天室和网友聊天，或者发信息给站上的在线用户。由于这种方式的 BBS 传输的信息是纯文本，数据量小，因此信息交互的速度较快。

（2）Web 浏览器访问方式。它是指通过浏览器直接登录 BBS 站点，在浏览器里使用 BBS 参与讨论。这种方式的优点是使用简单方便，但不能自动刷新，而且有些 BBS 功能难以在 WWW 下实现。

3. BBS 站点的登录方法

采用 Web 浏览器访问方式的 BBS 站点一般有一个网址，只要使用 IE 或其他浏览器在地址栏键入网址登录即可。

例如，输入 http：// bbs. csu. edu. cn，就可以登录中南大学云麓园的 BBS 页面。

4. BBS 站点的使用

若曾经访问过某个 BBS 站点并注册过，则拥有一个用户代号。这样，只要先输入这个代号，然后按 Enter 键，即可进入系统主选单。倘若是第一次访问这个站点，没有注册，暂时也不想注册，只是想了解一下这个 BBS 站点都讨论哪些话题，可以以来宾身份输入"guest"，按 Enter 键，也可进入系统主选单。

若想注册某个 BBS，可以按照网站提示填写自己的登录信息，确定自己的登录名称和密码，以及个人资料，注册完成后便可以使用该用户名和密码登录 BBS 使用了。

6.4　电子邮件的使用

随着互联网的发展，电子邮件成为当今越来越常用的工具之一，发送电子邮件方便、便宜。

6.4.1　电子邮件的基本知识

电子邮件（electronic mail，简称 E – mail）昵称为"伊妹儿"，又称电子信箱、电子邮政，它是一种利用网络交换信息的非交互式的服务。电子邮件是 Internet 应用最广的服务：通过网络的电子邮件系统，用户可以用非常低廉的价格，以非常快速的方式，与世界上网络用户联系，同时，用户可以得到大量免费的新闻、专题邮件，并实现轻松的信息搜索。

1. 电子邮件地址的构成

电子邮件地址的格式为：用户名@电子邮件服务器名。其中"用户名"代表用户信箱的账号，对于同一个邮件接收服务器来说，这个账号必须是唯一的；"@（读音为 at）"是分隔符；"电子邮件服务器名"是用户信箱邮件接收服务器的主机域名，用以标志其所在的位置。如某单位计算中心的电子邮件地址为：

jszx@163. com

则表示用户 jszx 在网易公司的网站申请的一个 163 免费邮箱，其域名为"163. com"，即电子邮件的主机域名。

2. 电子邮件的协议

电子邮件传递可通过多种协议实现。目前，在 Internet 上最流行的 3 种电子邮件协议是 SMTP、POP3 和 IMAP。

（1）SMTP（Simple Mail Transfer Protocol，简单邮件传输协议）：是一个运行在 TCP/IP 之上的协议。它是一组用于由源地址到目的地址传送邮件的规则，由它来控制信件的中转方式。

（2）POP3（Post Office Protocol 3，邮局协议的第 3 个版本）：是规定个人计算机如何连接到互联网上的邮件服务器进行收发邮件的协议。

（3）IMAP（Internet Mail Access Protocol，交互式邮件存取协议）：是一种邮件获取协议。它的主要作用是邮件客户端可以通过这种协议从邮件服务器上获取邮件的信息，下载邮件等。

3. 电子邮件的组成

一封电子邮件通常由以下几个部分组成。

（1）发件人。发件人信息包括发件人电子邮件地址、姓名和回复地址。

（2）收件人。收件人信息包括收件人电子邮件地址。有的系统支持姓名和用户组。

（3）抄送和密件抄送。用户可以将邮件抄送给其他人，只需在抄送栏中写上该人的电子邮件地址。

（4）主题。主题是对整封电子邮件内容的概括和提炼。

（5）正文。正文是信件的主要内容。

（6）附件。附件是附加在电子邮件上的文件。

（7）其他属性。其他属性包括优先级、发送时间、接收时间、邮件长度等。

4. 电子邮件的发送和接收

电子邮件系统是安装在计算机上能够为用户提供电子邮件服务的软件系统，发送电子邮件的时候，用户将邮件发送到邮件服务器保存，并送到收信地址指定的邮件服务器接收，用户访问接收邮件服务器收取邮件。

在 Internet 上，将电子邮件从一台计算机传送到另一台计算机上，可以通过 SMTP 和 POP3 来完成。

电子邮件系统由两部分组成：用户代理（User Agent，简称 UA）和邮件传输代理（Message Transfer Agent，简称 MTA），如图 6 – 21 所示。安装了 MTA 的主机称为电子邮件服务器。

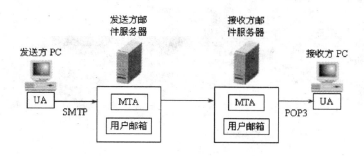

图 6 – 21　电子邮件系统示意图

UA 面向用户操作。用户直接与它交互，编辑待发送的邮件，阅读所接收的邮件，管理（删除、排序）邮件。MTA 负责从 UA 接收邮件并发送到邮件服务器，以及从邮件服务器接收邮件并存入用户信箱的整个传输工作。UA 和 MTA 是两个相对独立的系统，它们可以存在于同一台主机上，也可以分别处在不同的主机上。例如，用 PC 机收发邮件时 UA 在 PC 机上，这时，UA 与 MTA 的交互通过网络进行。

5. 电子邮箱的申请

进行电子邮件的收发之前，必须先申请一个电子邮箱地址。

(1)通过申请域名空间可获得电子邮箱。用户登录相关网站，申请一个域名空间，即主页空间，在申请过程中会给用户提供一定大小和数量的电子邮箱，以便他人能更好地访问该主页。这种电子邮箱的申请需要支付一定的费用，适用于集体或单位。

(2)可通过网站申请收费或免费邮箱。提供邮箱的网站很多，用户只需要登录到相应的网站，单击提供邮箱的超级链接，填写相关信息，即可注册申请一个邮箱。其中免费邮箱是目前较为广泛使用的一种网上通信手段。

邮箱申请成功后，登录到邮箱所在的网站，单击"邮箱中心"或"邮件"的超链接，填写"用户名"和"密码"文本框内信息，单击"登录"按钮即可进入邮箱。

6.4.2　Outlook Express 的基本操作

Outlook Express 简称为 OE。OE 的功能包括：①方便的信函编辑功能，在信函中可随意加入图片、文件和超级链接，如同在 Word 中编辑一样；②多种发信方式，可立即发信，延时发信，信件暂存为草稿等方式；③同时管理多个 E – mail 账号，如果有多个邮件账号，可以方便管理；④可通过通讯簿存储和检索电子邮件地址；⑤信件过滤功能。

1. 启动 Outlook Express

单击"开始/所有程序/ Outlook Express"命令，可以打开 Outlook Express，其主窗口如图 6 –22 所示。

2. 定制 Outlook Express 窗口

(1)单击"查看/布局"菜单命令，打开 Outlook Express "窗口布局属性"对话框，如图 6 –23所示。

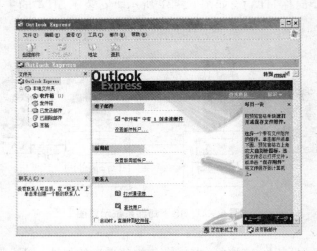

图 6 – 22　**Outlook Express 窗口**

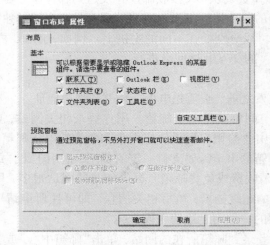

图 6 – 23　**Outlook Express"窗口布局属性"对话框**

（2）设置 Outlook Express 的布局，其中前面复选框中打勾的为在 Outlook Express 窗口中显示的内容。根据需要进行调整，做出有自己工作风格的界面来。

6.4.3　Outlook Express 基本设置

如果没有邮件账户，就无法使用 Outlook Express 发送和接收邮件，如果没有新闻账户，就不能使用 Outlook Express 的新闻组功能。因此，在使用这两项功能前就需要配置邮件与新闻账户。

1. 设置邮件与新闻账户

配置邮件账号包括用户名、密码、电子邮件地址、POP3 邮件服务器（邮件接收服务器）地址、SMTP 服务器（邮件发送服务器）地址。

（1）添加邮件账户

如果在 Outlook Express 还没有自己的邮件账户，就需要添加一个属于自己的邮件账户。

操作方法：

①打开 Outlook Express，单击"工具"菜单下的"账户"，在弹出的"Internet 账户对话框"中选择"邮件"选项卡。

②在打开的"邮件"选项卡中，单击"添加"按钮，在弹出菜单中选择"邮件"。

③在"显示姓名"后面的文本框中填入姓名，然后单击"下一步"。

④在打开的"Internet 电子邮件地址"对话框中的"电子邮件地址"的文本框内输入 Internet 服务商为用户分配的电子邮件地址。如：rose@sina.com。单击"下一步"。

⑤在打开的"电子邮件服务器名"对话框中，从"我的邮件接收服务器"下拉列表框中选择邮件接收服务器的类型；在"接受邮件（POP3、IMAP 或 HTTP）服务器"和"发送邮件服务器（SMTP）"文本框中，分别填好邮件接收、发送服务器的名称，单击"下一步"。

⑥填入账户、密码，单击"下一步"，在弹出的对话框中如果显示成功设置了账户，单击"完成"。

注意：对于邮件账户，需要知道所使用的邮件服务器的类型（POP3、IMAP 或 HTTP）、账户名、密码，接收邮件服务器名、POP3、IMAP 所用的传出邮件服务器名称。对话框中输入的内容，用户可从 ISP 处获得。

（2）修改邮件账户

操作方法：

①在 Internet"账户"对话框中选定需要修改的邮件账户，然后单击"属性"按钮，进入更改账户属性对话框。

②在更改账户"属性"对话框中可以更改在添加邮件账户时所填入的所有信息。

③在"高级"选项卡中设置服务器端口号、服务器超时时限、当邮件超过多少 KB 时拆分邮件进行发送、邮件副本在服务器中保留的时间等信息。

注意：参考添加、修改邮件账户的操作，可以完成新闻账号的添加与修改。

2. 邮件与新闻阅读的切换

在文件夹列表中，单击"收件箱"可以访问自己的电子邮件，若单击新闻服务器名或特定的新闻组则可访问新闻组。或者，单击文件夹列表顶部的 Outlook Express 来打开 Outlook Express 窗格，在这里单击一个需要的任务链接。

3. 设置多个标识

当有多人共用一台计算机收发电子邮件，则每个人都可以在 Outlook Express 中拥有独立的邮箱。这意味着每人都可以有独立的邮件、联系人和个人设置。通过创建多个标识即可实现这一目的。标识创建后，还可以在各标识之间进行切换，而不需要关机或断开 Internet 连接。

（1）添加新标识

操作方法：

①在"文件"菜单中，指向"标识"，然后单击"添加新标识"。

②输入新用户名。

③如果希望为这个标识设置密码，请选中"需要密码"选项，然后输入一个密码。

注意：当添加一个新标识后，Outlook Express 会询问是否要以新用户身份登录。如果回答是，则会提示输入 Internet 连接的信息。如果回答否，则继续保持当前用户的登录状态。

（2）删除标识

操作方法：

①在"文件"菜单中，指向"标识"，然后单击"管理标识"。

②选定一个用户，然后单击"删除"。

注意：不能删除当前标识；若删除标识，则相应的设置都会被删除，但数据会保留下来。

（3）切换标识

操作方法：

①在"文件"菜单上，单击"切换标识"命令。

②选择想切换到的用户。

（4）更改当前标识的设置

操作方法：

①在"文件"菜单中，指向"标识"，然后单击"管理标识"。

②更改所需的设置。

如果要更改所有程序（不管它们是否需要辨识标识）在执行自动过程时所使用的标识，可从底部的下拉列表中选择一个标识。

6.4.4　Outlook Express 电子邮件管理

Outlook Express 为用户提供了一个集成的电子邮件管理系统，用户可在 Outlook Express 环境下方便地发送电子邮件。发送给用户的电子邮件实际上首先发送到用户自己所连接的邮件服务器上，并且保存在邮件服务器分配的邮箱里，从而实现邮件的同步功能。

1. 撰写新邮件

（1）打开 Outlook Express，在工具栏上，单击"新邮件"按钮就会弹出新邮件窗口。

（2）在"收件人"和"抄送"（可省略）栏中，键入收件人的电子邮件地址。然后在"主题"框中，键入邮件的标题。

（3）撰写邮件的内容：在主窗口中键入邮件正文，并可通过工具栏上的撤消、剪切、复制、粘贴等按钮，实现对邮件的编辑工作。

（4）加入附件：单击"插入/文件附件"菜单命令可以将邮件作为附件发送出去。

（5）美化邮件：如果想让邮件更加美观，可以使用 Outlook Express 信纸。信纸包括背景图像、特有的文本字体、想要作为签名添加的各种文本或文件以及名片。创建信纸时，字体设置或信纸图片将被自动添加到所有待发的邮件中，可以选择是将名片或签名添加到所有邮件还是单个邮件中。使用信纸的方法如下：在"工具"菜单上，单击"信纸"，然后在"邮件"选项卡上，选择希望包含在邮件中的信纸元素。如果要将信纸添加到新闻邮件中，就单击"新闻"选项卡。

2．电子邮件的发送

新邮件写好后，单击工具栏上的"发送"按钮将它立即发送出去，如果正在脱机撰写邮件，则可以单击"文件"菜单中的"以后发送"，将邮件保存在"发件箱"中。

3．电子邮件的接收和阅读

(1)打开 Outlook Express，在工具栏上单击"发送和接收"，Outlook Express 就开始检查新的电子邮件并将它下载下来。

(2)下载完后，就可以在单独的窗口或预览窗口中阅读邮件。

(3)如果邮件有附件，可以双击文件附件的图标或者在预览窗中单击邮件标题中的文件附件图标，然后单击文件名，打开一个对话框。如果要保存，可单击"文件"菜单，指向"保存附件"，然后单击文件名。

4．邮件的分拣

在接收大量邮件时，可以使用 Outlook Express 查找邮件、自动将邮件分拣到不同的文件夹、在邮件服务器上保存邮件或者全部删除。

(1)建立分拣文件夹。用鼠标右键单击 Outlook Express 中的"本地文件夹"，在快捷菜单中选"新文件夹"。在"新文件夹"对话框中填入分拣文件夹名称(如"wxl 邮件")，单击"确定"，一个分拣文件夹就出现在"本地文件夹"下。

(2)建立分拣规则。单击"工具/邮件规则"下的"邮件"菜单命令，在"邮件规则"对话框中单击"邮件"按钮，打开"新建邮件规则"对话框(其中的"选择规则条件"用来建立分拣条件，如按信箱分拣，可选"若邮件来自指定的账户"；也可以复选多个项目，建立比较复杂的分拣条件)。接着"选择规则操作"，对分拣来说一般选"移动到指定的文件夹"或"将它复制到指定的文件夹"。

6.4.5　Outlook Express 通讯簿

Outlook Express 通讯簿提供了存储联系人信息的场所。有效地管理通讯簿，可以方便用户对联系人的管理。

1．将联系人添加到通讯簿

(1)在 Outlook Express 中，单击"工具/通讯簿"菜单命令，弹出"通讯簿"窗口。

(2)在通讯簿中选择准备添加联系人的文件夹。

(3)在通讯簿工具栏上，单击"新建"，然后单击"新建联系人"。

(4)在"姓名"选项卡上，至少键入联系人的名字和姓氏。这是显示名称。

(5)每个联系人都需要一个显示名。若输入名字或姓氏，它将自动出现在"显示"框中。可以更改显示名，方法是键入不同的姓名，或者从下拉列表中选择一个。下拉列表里含有姓名的变化，以及在"昵称"框或"职务"选项卡上的"公司"框中键入的任何内容。

(6)在其他各个选项卡上，添加想要包括的任何信息。

2．从其他程序导入通讯簿

可以从其他 Windows 通讯簿文件(.wab)，以及 Netscape Communicator、Microsoft Exchange 个人通讯簿，或者任何文本(CSV)文件导入通讯簿联系人。

(1)对于 Windows 通讯簿。单击"文件/导入/通讯簿"菜单命令，选定要导入的通讯簿或文件类型，然后单击"打开"。

（2）对于所有其他通讯簿格式。单击"文件/导入/其他通讯簿"菜单命令。选定要导入的通讯簿或文件类型，然后单击"打开"。

如果未列出通讯簿，可以先将它导出到文本（CSV）文件或 LDIF（LDAP 目录交换格式）文件，然后使用该文件类型将其导入。

3.创建分发用户组

用户组能够在邮件的"收件人"栏里只输入一个名字就能够把同一封邮件发给许多人。下面是组的创建方法：

（1）在 Outlook Express 中，打开"通讯簿"。

（2）单击"新建/新建组"按钮。

（3）在打开的"属性"对话框中，输入一个简短的说明性名称，如 Rose。这是发邮件给组内人员时要在"收件人"栏里输入的内容。

（4）添加已在通讯簿中的成员，单击"选择成员"并从列表中选出他们的名字。若添加不在通讯簿中的成员，单击"新联系人"并按上面的要求输入此人的信息。单击"属性"对话框中的"确定"将他添加到组中。

（5）添加完所有成员后，单击"确定"结束。

4.用目录服务查找用户

Outlook Express 提供了一个强大的信息查询系统，只需执行"编辑"菜单的"查找个人"命令，打开"查找个人"对话框，就可以通过地址、姓名、电话、电子邮件等项目快速对所需联系人进行查找。

6.5　典型例题与解析

例6－1　HTML 是指（　　）。

A.超文本标识语言　　B.超文本文件　　　　C.超媒体文件　　　　　D.超文本传输协议

正确答案为 A。

解析：本题考查 Internet 网页的几个基本术语，属识记题。HTML 是 Hyper Text Markup Language 的缩写，中文含义为超文本标识语言。

例6－2　POP3 服务器用来（　　）邮件。

A.接收　　　　　　B.发送　　　　　　C.接收和发送　　　　D.以上均错

正确答案为 A。

解析：本题考查电子邮件的基本工作原理，属识记题。在 Internet 上最流行的 3 种电子邮件协议是 SMTP、POP3 和 IMAP。SMTP 是一组用于由源地址到目的地址传送邮件的规则，由它来控制信件的中转方式；POP3 是规定个人计算机如何连接到互联网上的邮件服务器进行收发邮件的协议；IMAP 是一种邮件获取协议。

例6－3　下面是某单位的主页的 Web 地址 URL，其中符合 URL 格式的是（　　）。

A. http: www. csu. edu. cn　　　　　　　　B. http//www. csu. edu. cn

C. http: /www. csu. edu. cn　　　　　　　　D. http: //www. csu. edu. cn

正确答案为 D。

解析：本题考查 Internet Explorer 浏览器的基本操作中统一资源定位器 URL 的基本格

式，属识记题。URL 是在 WWW 上进行资源定位的标准，使 WWW 的每一个文档在整个 Internet 范围内具有唯一的标识符。URL 的形式为：

资源类型：//存放资源的主机域名/路径/资源文件名

例 6 − 4　搜索引擎其实也是一个（　　）。

A. 网页　　　　　　　B. 工作站　　　　　　C. 网站　　　　　　D. 服务器

正确答案为 C。

解析：本题考查搜索引擎的使用，属识记题。搜索引擎是专门查询信息的站点。这些站点提供全面的信息查询和良好的速度，并采用特殊的程序将 Internet 上的所有信息归类，以便人们从众多的信息中找到自己所需的。

例 6 − 5　FTP 是实现文件在网上的（　　）。

A. 浏览　　　　　　　B. 查询　　　　　　　C. 移动　　　　　　D. 复制

正确答案为 D

解析：本题考查 FTP 的概念与构成，属简单应用题。FTP 使用客户机/服务器模式，提供交互式的访问，完成两台计算机之间的拷贝。采用 FTP 协议可使 Internet 用户高效地从网上的 FTP 服务器下载大信息量的数据文件，将远程主机上的文件拷贝到自己的计算机上。同时还可以上传大量的信息资源供他人使用，以达到资源共享和传递信息的目的。

例 6 − 6　在浏览网页时，下列可能泄漏隐私的是（　　）。

A. 文本文件　　　　　B. HTML 文件　　　　C. 应用程序　　　　D. Cookie

正确答案为 D。

解析：本题考查 Internet Explorer 浏览器的基本参数中"隐私"选项卡的设置，属简单应用题。在"隐私"选项卡的设置栏，移动滑块可为 Internet 区域选择一个浏览的隐私设置，即设置浏览网页是否允许使用 Cookie 的限制。

例 6 − 7　在 Internet 上搜索信息时，下列说法不正确的是（　　）。

A. Windows and client 表示检索结果必须同时满足 Windows 和 client 两个条件

B. Windows or client 表示检索结果只需满足 Windows 和 client 中一个条件即可

C. Windows not client 表示检索结果中不能含有 client

D. Windows client 表示检索结果中含有 Windows 或 client

正确答案为 D。

解析：本题考查搜索引擎使用基本方法，属简单应用题。在搜索语法中，利用"NOT"来限定关键字串一定不要出现在结果中；用 AND 连接的两个关键字必须出现在结果中；用 OR 连接的两个关键字至少有一个出现在结果中。

例 6 − 8　IE 收藏夹中保存的是（　　）。

A. 浏览网页的时间　　　　　　　　　　B. 浏览网页的历史纪录

C. 网页的内容　　　　　　　　　　　　D. 网页的地址

正确答案为 D。

解析：本题考查 Internet Explorer 浏览器收藏夹的基本使用，属简单应用题。在 IE 中，收藏夹可以把经常浏览的网址储存起来。使用收藏夹，不仅可以保存网页信息，还可以方便地在脱机状态下浏览该网页。

例 6 − 9　BBS 有两种访问方式：Telnet（远程登录）方式和 Web 方式，两种登录方式在相同的网络连接条件下的访问速度相比( )。

A. Telnet 的速度快

B. Web 方式快

C. 一样快

D. 不一定，有时 Telnet 快，有时 Web 方式快

正确答案为 A。

解析：本题考查 BBS 的访问方式，属应用题。Telnet 方式访问传输的是纯文本信息，传输量小；Web 方式，包含有图片等信息，传输量相对较大。

例 6-10 在 Outlook 中修改 E-mail 账号参数的方法是( )。

A. 在"Internet 账号"窗口中选择"添加"按钮

B. 在"Internet 账号"窗口中选择"删除"按钮

C. 在"Internet 账号"窗口中选择"属性"按钮

D. 以上途径均可

正确答案为 C。

解析：本题考查 Outlook 的基本设置"添加邮件账户或新闻组账户"，属应用题。在"Internet 账号"窗口中选择"添加"按钮，是添加一个新的 E-mail 账号；选择"删除"按钮，是删除已有的 E-mail 账号；选择"属性"按钮，是对已有的 E-mail 账号的参数进行修订。

习 题

1. 在下列网络拓扑结构中，中心结点的故障可能造成全网瘫痪的是( )。

A. 总线型拓扑 　　　 B. 环型拓扑 　　　 C. 星形拓扑 　　　 D. 树型拓扑

2. 关于网络协议，下列( )选项是正确的。

A. 是计算机之间的相互需要共同遵守的规则

B. 拨号网络对应的协议是 IPX/SPX

C. TCP/IP 协议只能用于 Internet，不能用于局域网

D. 是网民们签订的合同

3. 计算机网络按适用范围分为( )。

A. 广域网、局域网、城速网 　　　　　　 B. 专用网、公用网、部门网

C. 低速网、高速网、中速网 　　　　　　 D. 有线网、光纤网、无线网

4. 传输控制协议/网际协议即( )，属工业标准协议，是 Internet 采用的主要协议。

A. IPX/SPX 　　　 B. TCP/IP 　　　 C. Nex BEVI 　　　 D. pop3

5. 提供不可靠传输的传输层协议是( )。

A. TCP 　　　 B. SPX 　　　 C. UDP 　　　 D. IPX

6. IPv4 地址有( )位二进制组成。

A. 16 　　　 B. 32 　　　 C. 64 　　　 D. 128

7. 合法的 IP 地址书写格式是( )。

A. 122_196_112_50 　　　　　　 B. 122；196；112；50

C. 122.196.112.50 　　　　　　 D. 122，196，112，50

8. 在许多宾馆中，都有局域网方式上网的信息插座，一般都采用 DHCP 服务器分配给

客人笔记本电脑上网参数，这些参数不包括(　　)。

    A. 默认网关 　　　　　　B. MAC 地址 　　　　　C. IP 地址 　　　　　D. 子网掩码

9. 域名服务器 DNS 的主要功能是(　　)。

    A. 查询主机的 MAC 地址 　　　　　　　　　　B. 合理分配 IP 地址

    C. 为主机自动命名 　　　　　　　　　　　　D. 解析主机的 IP 地址

10. 网址 www.csu.edu.cn 中 csu 是在 Internet 中注册的(　　)。

    A. 域名 　　　　　　　　B. 软件编码 　　　　　C. 硬件编码 　　　　　D. 密码

11. 中国的顶级域名是(　　)。

    A. china 　　　　　　　　B. cn 　　　　　　　　C. sh 　　　　　　　　D. chn

12. WWW 的描述语言是(　　)。

    A. FTP 　　　　　　　　　B. Telnet 　　　　　　C. BBS 　　　　　　　D. HTML

13. HTTP 协议称为(　　)。

    A. 网络协议交换 　　　B. 超文本传输协议 　　C. 顺序包交换协议 　　D. 传输控制协议

14. HTTP 协议的功能是(　　)。

    A. 用于浏览 Web 时的路由选择 　　　　　　B. 用于标记互联网上的 Web 资源

    C. 用于传送 Web 数据 　　　　　　　　　　D. 以上均不正确

15. 将文件从客户机传输到 FTP 服务器的过程称为(　　)。

    A. 上传 　　　　　　　　B. 下载 　　　　　　　C. 浏览 　　　　　　　D. 计费

16. 发送电子邮件时，如果接收方没有开机，那么邮件将(　　)。

    A. 丢失 　　　　　　　　　　　　　　　　　B. 保存在邮件服务器上

    C. 个人网站 　　　　　　　　　　　　　　　D. 开机时重新发送

17. 搜索引擎可以查询海量的信息，下列网站哪个属于搜索引擎(　　)。

    A. www.msn.com.cn 　　　　　　　　　　　B. www.cnet.news.com.cn

    C. www.rednet.cn 　　　　　　　　　　　　D. www.google.com

18. 下列(　　)软件都属于聊天通信软件。

    A. QQ、MSN、Skype 　　　　　　　　　　B. MSN、Skype、PPLIVE

    C. Skype、PPLIVE、QQ 　　　　　　　　　D. PPLIVE、QQ、MSN

19. 个人博客网站是通过互联网发表各种思想的场所，其中博客是(　　)。

    A. 博士的客人 　　　　　　　　　　　　　　B. 写"网络日志"的人

    C. 写博士论文的人 　　　　　　　　　　　　D. 博学的人

20. 商业社区一般通过(　　)接入 Internet。

    A. 校园网 　　　　　　　B. 当地电信服务商 　　C. 政府网 　　　　　　D. 以上都不是

21. 用 IE 浏览器浏览网页，在地址栏中输入网址时，通常可以省略的是(　　)。

    A. ftp：// 　　　　　　　B. news：// 　　　　　C. http：// 　　　　　D. mailto：//

22. 当用户在搜索引擎中输入"申花"，想要去查询一些申花企业的资料时却搜索出了很多申花足球队的新闻，可以在搜索的时候键入(　　)。

    A. 申花 AND 足球 　　　B. 申花 OR 足球 　　　C. 申花 + 足球 　　　D. 申花 - 足球

23. 下面关于搜索引擎的说法，不正确的是(　　)。

    A. 搜索引擎既是用于检索的软件又是提供查询、检索的网站。

B. 搜索引擎按其工作方式分为：全文搜索引擎和基于关键词的搜索引擎

C. 用户可使用网页快照来查看被删除或链接失效的网页内容

D. 搜索引擎主要任务包括收集信息、分析信息和查询信息 3 部分

24. BBS 是一种（　　）。

A. 广告牌　　　　　　　B. 网址　　　　　　C. 电子公告牌系统　　D. Internet 的软件

25. 下面哪项功能是一般的 BBS 上不能提供的（　　）。

A. 和好友文字聊天　　　　　　　　　　B. 和好友音频聊天

C. 查找好友的帖子　　　　　　　　　　D. 给好友发封 E – mail

26. E – mail 地址中@ 的含义为（　　）。

A. 与　　　　　　　　B. 或　　　　　　　C. 和　　　　　　　D. 在

27. Internet 中 URL 的含义是（　　）。

A. 简单邮件传输协议　　　　　　　　　B. 传输控制协议

C. 统一资源定位器　　　　　　　　　　D. Internet 协议

28. 要想在 IE 中看到您最近访问过的网站的列表可以（　　）。

A. 按 CTRL + D 键

B. 单击"标准按钮"工具栏上的"历史"按钮

C. 按 BACKSPACE 键

D. 单击"后退"按钮

29. 浏览 Internet 上的网页，需要知道（　　）。

A. 网页的设计原则　　B. 网页制作的过程　　C. 网页的地址　　　　D. 网页的作者

30. 在 Internet 上使用的基本通信协议是（　　）。

A. NOVELL　　　　　　B. TCP/IP　　　　　C. NETBUI　　　　　D. IPX/SPX

31. 在 Internet 各站点之间漫游，浏览文本、图形和声音等各种信息，这项服务称为（　　）。

A. Telnet　　　　　　　B. WWW　　　　　　C. FTP　　　　　　　D. BBS

32. 如果想要控制计算机在 Internet 上可以访问的内容类型，可以使用 IE 的（　　）功能。

A. 远程控制　　　　　　B. 实时监控　　　　　C. 病毒查杀　　　　　D. 分级审查

33. 想在 Internet 上搜索有关 Atlanta Hawks（亚特兰大老鹰）篮球队的信息，用（　　）关键词可能最终有效。

A. "Atlanta Hawks"　　B. basketball（篮球）　C. Atlanta Hawks　　D. Sports（体育）

34. 接入 Internet 并且支持 FTP 协议的两台计算机，对于它们之间的文件传输，下列说法正确的是（　　）。

A. 只能传输文本文件　　　　　　　　　B. 只能传输图形文件

C. 只能传输几种类型的文件　　　　　　D. 所有文件均能传输

35. 下列有关 FTP 的描述不正确的是（　　）。

A. FTP 是一个标准协议，它是在计算机和网络之间交换文件的最简单的方法

B. 从服务器上下载文件也是一种非常普遍的使用方式

C. FTP 通常用于将网页从创作者上传到服务器上供他人浏览使用

D. FTP 可以实现即时的网上聊天

36. 关于发送电子邮件，下列说法中正确的是(　　)。

A. 你必须先接入 Internet，别人才可以给你发送电子邮件

B. 你只有打开了自己的计算机，别人才可以给你发送电子邮件

C. 只要你有 E - Mail 地址，别人就可以给你发送电子邮件

D. 没有 E - mail 地址，也可以发送电子邮件

37. Outlook Express 的主要功能是(　　)。

A. 搜索网上信息　　　　　　　　　　B. 接收、发送电子邮件

C. 电子邮件加密　　　　　　　　　　D. 创建电子邮件账户

38. 用户的电子邮件信箱是(　　)。

A. 通过邮局申请的个人信箱　　　　　B. 邮件服务器内存中的一块区域

C. 邮件服务器硬盘上的一块区域　　　D. 用户计算机硬盘上的一块区域

39. 当电子邮件在发送过程中有误时，则(　　)。

A. 电子邮件会将原邮件退回，系统并给出不能寄达的原因

B. 电子邮件会将原邮件退回，但系统不给出不能寄达的原因

C. 邮件将丢失

D. 电子邮件将自动把有误的邮件删除

40. 如果要添加一个新的账号，应选择 Outlook Express 中的(　　)菜单。

A. 文件　　　　　　B. 查看　　　　　　C. 邮件　　　　　　D. 工具

第 7 章　计算机安全及多媒体技术

学习目标：

◇ 了解计算机安全的概念、属性和主要技术。

◇ 理解计算机病毒的概念、特征和分类，掌握常用防病毒软件的使用方法。

◇ 理解网络道德的基本要求。

◇ 理解多媒体技术的概念，掌握多媒体计算机系统的基本组成。

◇ 了解多媒体数据的表示形式、常见多媒体文件的类别和文件格式，掌握压缩工具 WinRAR 的基本操作。

7.1　计算机安全的基本知识

计算机技术的发展与应用，为信息处理提供了便捷的途径，但同时也带来了很大的安全威胁。从本质上说，计算机系统安全受到威胁的根源可分为两大类：计算机系统的物理损坏和系统中信息资源的破坏，前者主要指作为信息系统物质基础的计算机硬件损坏，而后者则指在计算机硬件系统完好的情况下，因为人们无意或恶意的操作而导致的信息泄密、信息错乱以及信息被删除等，提到计算机安全更多是指后一种意义。

7.1.1　计算机安全的概念与属性

对于计算机安全，国际标准化委员会的定义是：为数据处理系统所采取的技术和管理方法，保护计算机硬件、软件、数据不因偶然的或恶意的原因而遭到破坏、更改和泄露。我国公安部计算机管理监察司的定义是：计算机安全是指计算机资产安全，即计算机信息系统资源或信息资源不受自然和人为有害因素的威胁和危害。

1. 计算机安全的概念

在网络化、数字化的信息时代，信息、计算机和网络已经成为不可分割的整体。信息的采集、加工、存储是以计算机为工具的，而信息的共享、传输、发布则依赖于网络系统，计算机网络已成为信息资源共享和信息处理的一种基本平台。如果能够保障并实现网络信息的安全，就可以保障和实现计算机系统的安全。因此，计算机安全从本质上来讲主要是指网络上信息的安全。

2. 计算机安全的属性

计算机安全通常包含保密性、完整性、可用性、可控性和不可抵赖性等属性。

（1）保密性：是指保证信息只让合法用户访问，信息不泄露给未经授权的个人或实体。

（2）完整性：一方面是指信息在传输、存储和使用过程中不被删除、篡改或伪造，另一方面是指信息处理方法的正确性。不正当的操作，有可能造成重要信息的丢失。信息完整性是信息安全的基本要求，破坏信息的完整性是影响信息安全的常用手段。

（3）可用性：是指得到授权的人或实体在需要时能访问资源和得到服务。

（4）可控性：是指对信息的传播及内容具有控制能力。

（5）不可抵赖性：也称不可否认性，是指通信双方对其收、发过的信息均不可抵赖。

不同类型的信息在保密性、完整性、可用性、可控性及不可抵赖性等方面的侧重点会有所不同，如专利技术、军事情报、市场营销计划的保密性尤其重要，而对于工业自动控制系统，控制信息的完整性相对其保密性则重要得多。确保信息的完整性、保密性、可用性和可控性是网络信息安全的最终目标。

7.1.2　影响计算机安全的主要因素

影响计算机安全的因素很多，可能是有意的，也可能是无意的；可能是人为的，也可能是非人为的；也有可能是外来黑客对网络系统资源的非法使用。归结起来，影响计算机安全的主要因素有人为的无意失误、人为的恶意攻击和天灾人祸 3 个方面。

1．人为的无意失误

如操作人员安全配置不当造成的安全漏洞、用户安全意识不强、用户口令选择脆弱、用户将自己的账号随意转借他人或与别人共享等，都会对网络安全带来威胁。

2．人为的恶意攻击

人为的恶意攻击包括主动攻击和被动攻击，这是计算机安全所面临的最大威胁。

（1）主动攻击：是指攻击者利用网络本身的缺陷主动侵入网络和计算机系统，涉及修改数据流或生成假的数据流。主动攻击的种类很多，主要包括假冒、重放、修改报文和拒绝服务等手段。假冒是一个实体假装成另一个实体，它往往连同另一类主动攻击一起进行。

（2）被动攻击：是指攻击者不影响网络和计算机系统的正常工作，对网络进行流量分析、窃听、截获正常的网络通信和系统服务过程，并对截获数据进行分析，获得有用的数据，以达到其攻击的目的。被动攻击主要针对信息的保密性进行攻击，其特点是难于发觉，因为一般而言，在网络和系统没有出现任何异常的情况下，没有人会关心发生过什么被动攻击。所以，数据加密传输是防范被动攻击的主要对策。

3．天灾人祸

天灾人祸主要是指那些不可预测的自然灾害或人为恶性事件。例如，台风、地震、火山喷发、洪水等自然灾害，以及人为纵火、恶意破坏、恶意偷盗、恐怖事件等。虽然对一个部门的内部网络来说，发生天灾人祸的几率是非常小的，但是一旦发生，后果将是非常严重的，甚至是毁灭性的。

7.1.3　计算机安全的主要技术

计算机安全技术主要围绕着网络安全而不断完善，虽然说网络信息安全需要通过相关的法律、管理和技术 3 个层面的协调配合才能有效维护，但三者中，信息安全技术是整个安全保障体系的基础。通常信息安全技术总是针对信息系统中不同的安全需求，采用一系列行之有效的安全技术为系统提供对应的安全服务。

1. 数据加密技术

数据加密技术是保护信息安全的核心技术，通常直接用于数据的传输和存储过程中，而且任何级别的安全防护技术都可以引入加密概念。它不仅可以保证信息的机密性，而且可以保证信息的完整性和可用性，防止信息被篡改、伪造或假冒。

数据加密技术的基本思想是通过变换信息的表示形式来伪装需要保护的敏感信息，即使这些数据被偷窃，非法使用者得到的也只是一堆杂乱无章的数据，而合法者只要通过解密处理，将这些数据还原即可使用。

2. 身份认证技术

在网络通信过程中，通信双方的身份确认是网络安全通信的前提。身份认证的主要目的是验证操作者的真实性。身份认证常基于以下因素：用户所知道的东西，如口令、密码等；用户所拥有的东西，如印章、智能卡（IC 卡）等；用户所具有的生物特征，如指纹、脸型、视网膜、人体气味、笔迹、语音、行走步态等。口令认证方式是计算机身份认证最简单、最常用的方式，而生物认证技术是最安全的认证方式，但实现较为复杂。

3. 访问控制技术

访问控制技术主要用于控制用户可否进入系统以及进入系统的用户能够读写的数据集。它的主要任务是保证网络资源不被非法或越权访问。访问控制服务的一般模型（图 7－1 是一个客户/服务器访问控制模型）是它假定了一些主动的实体（如图7－1 中的用户），称为主体。这是访问事件的发起者，他们试图去访问一些资源

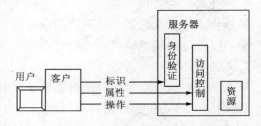

图 7－1　客户/服务器模式中的访问控制模型

（如图 7－1 中的服务器），这些被访问的资源称为客体。访问控制位于主体和客体之间，授权决策控制哪些主体在何种情况下可以访问哪些客体。访问控制涉及的手段包括登录控制、权限控制等。

（1）登录控制：为网络访问提供了第一层访问控制。它控制哪些用户能够登录到服务器并获取网络资源，控制准许用户入网的时间及从哪台工作站入网。

（2）权限控制：是针对网络非法操作提出的一种安全保护措施。用户和用户组虽然被赋予了一定的权限，但网络能够控制用户和用户组可以访问的目录、子目录、文件和其他资源，可以指定用户对这些文件、目录和设备能够执行的操作。

4. 防火墙技术

所谓防火墙（Firewall）是指一个由软件和硬件设备组合而成、将内部网和外部网之间、专用网与公共网之间进行隔离的保护系统，如图 7－2 所示。

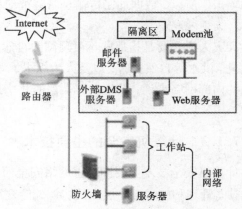

图 7－2　防火墙网络拓扑结构

防火墙通常可以作为一个独立的主机设备，也可以是网关、代理服务器之类的边界设备上的软件，还可以作为个人计算机的一个应用程序，来控制出入计算机的信息。它可以按照用户事先规定的方案控制信息的流入和流出，使用户可以安全地使用网络，降低受到黑客攻击的可能性。防火墙作为网络的安全屏障，通过过滤不安全的服务而大大地提高内部网络的安全性。

（1）防火墙的基本特性

①所有进出网络的数据流都必须经过防火墙。

②所有通过防火墙的数据流都必须有安全策略的确认与授权。

③防火墙自身应具有非常强的抗攻击免疫力。

（2）防火墙的分类

根据数据通信发生的位置，常将防火墙分为两种类型，一是网络层防火墙，二是应用层防火墙。

① 网络层防火墙：可视为一种数据包过滤器，只允许符合预先定义的特定规则的数据包通过，其余的一概禁止穿越防火墙。这些规则通常可以经由管理员定义或修改，不过某些防火墙设备可能只能套用内置的规则。

② 应用层防火墙：就是常说的代理服务器（Proxy Server），这种防火墙方案可以在代理服务器上设置相应的限制，以过滤或屏蔽掉某些信息。

5.入侵检测技术

入侵检测（Intrusion Detection，简称ID）是从计算机网络或系统中若干关键点收集信息并对其进行分析，从中发现网络或系统中是否有违反安全策略的行为和遭到攻击的迹象，并作出响应的一种安全技术。它不仅能检测来自外部的入侵行为，同时也能检测出内部用户的未授权活动，是一种增强系统安全的有效方法。入侵检测是一种积极主动的安全防护技术，分为基于主机的入侵检测、基于网络的入侵检测和分布式的入侵检测，它是对防火墙的合理补充，能有效对付网络攻击。图7-3是一个经典的入侵检测系统的部署方式。

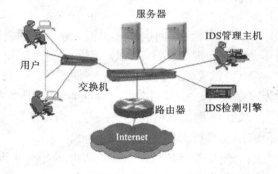

图7-3 经典的入侵检测系统的部署方式

注意：图中IDS是英文"Intrusion Detection Systems"的缩写，中文意思是"入侵检测系统"。入侵检测系统是一个典型的"窥探设备"。

7.2 计算机病毒及网络道德规范

计算机病毒（Computer Virus）可以在瞬间损坏系统文件，使系统陷入瘫痪，导致大量数据丢失，因此是影响计算机安全的重要因素，但只要了解计算机病毒的特点、原理及传播途径，并加强防护，即可在最大程度上远离病毒的侵扰。

7.2.1　计算机病毒的基本知识

计算机病毒是指编制或者在计算机程序中插入的破坏计算机功能或者毁坏数据，影响计算机使用，并能自我复制的一组计算机指令或者程序代码。

计算机病毒通常将自身具有破坏性的代码复制到其他的有用代码上，以计算机系统的运行及读写磁盘为基础进行传播。它驻留在内存中，然后寻找并感染攻击的对象。随着Internet的广泛应用，计算机病毒的传播速度非常快，并造成巨大的损失。

1. 计算机病毒的特征

计算机病毒的特征很多，概括起来为以下几点。

（1）传染性。计算机病毒能够自我复制，它会不失时机地通过各种渠道，如磁盘、光盘等存储介质以及网络传染给其他系统或文件，并且传播的速度很快，范围也极广。计算机病毒从已被感染的计算机扩散到未被感染的计算机，被感染的计算机又成了新的传染源，病毒又会继续进行传染。

（2）隐蔽性。病毒是一段短小精悍的程序，包含很高的编程技巧，通常附在正常程序中或磁盘较隐蔽的地方，也有个别的以隐含文件形式出现，目的是不让人们发现它的存在。正是由于隐蔽性，计算机病毒得以在人们没有察觉的情况下迅速扩散。

（3）潜伏性。病毒感染系统之后一般不会马上发作，它可能很长时间都隐蔽在系统中，只有在满足某些特定条件时才进行表现。病毒的潜伏性越好，其在系统内存在的时间就越长，传染范围也越广，因而危害也就越大。

（4）破坏性。任何病毒只要侵入系统，都会对系统及应用程序产生不同程度的影响和破坏。主要表现为：破坏数据、删除文件，或加密文件、格式化磁盘等。

（5）可触发性。病毒因某个事件或条件的出现，诱使病毒实施感染或进行攻击的特性称为可触发性。病毒制造者会在病毒代码中事先设定好触发条件，这些条件可能是时间、日期、文件类型或某些特定数据等。病毒运行时，触发机制检查预定条件是否满足而确定是否启动感染行为并进行破坏。

除上述基本特征外，计算机病毒还有不可预见性、非授权性、衍生性与欺骗性等特征。

2. 计算机病毒的分类

根据不同的分类标准，计算机病毒可以分为多种类型。

依据传播途径，计算机病毒分为：

（1）单机病毒。这类病毒自身不会通过网络传播，主要在交换文件时传播。传染媒介一般是软盘、U盘、移动硬盘或光盘等。

（2）网络病毒。这类病毒主要通过网络传播，如通过电子邮件和网页等传播。网络病毒的传播速度更快、范围更广，造成的危害更大。

依据寄生方式，计算机病毒分为：

（1）文件型病毒。这类病毒主要攻击可执行文件（以.COM和.EXE文件为主），然后将自身置于其中。感染病毒的可执行文件运行后成为新的病毒源感染其他文件，从而造成病毒的不断扩散。这类病毒数量最多。

（2）系统引导型病毒。这类病毒寄生在磁盘引导区，通过改变引导区的内容来达到破坏的目的。引导型病毒通常用病毒信息来取代正常的引导记录，而把正常的引导记录存储到磁盘的其他空间中。由于磁盘的引导区是磁盘正常工作的先决条件，系统引导型病毒在系统启动时就获得了控制权，因此具有很大的传染性和危害性。

（3）混合型病毒。这类病毒具有文件型病毒和系统引导型病毒两者的特征。

依据破坏能力，计算机病毒分为：

（1）良性病毒。这类病毒往往只和用户开玩笑，而不破坏用户的文件和系统等。

（2）恶性病毒。这类病毒会给用户造成很大损失，甚至损坏计算机硬件。

3. 计算机病毒的破坏行为

每种计算机病毒都有其破坏行为，只不过后果轻重不一而已。计算机感染病毒并达到病毒运行的条件时，病毒被激活，开始破坏行为。这种破坏行为主要表现在以下几个方面。

（1）对数据的直接破坏。大部分病毒在激发的时候直接破坏计算机的重要数据，如格式化磁盘、改写文件分配表和目录区、删除重要文件或者用无意义的垃圾数据改写文件、破坏硬件的 CMOS 设置等。

（2）非法占用磁盘空间。寄生在磁盘上的病毒总要非法占用部分磁盘空间，因而同时破坏了磁盘中的数据。

（3）抢占系统资源。多数病毒一般常驻内存，这就必然抢占一部分系统资源，包括抢占内存、导致内存减少、部分软件不能运行；抢占中断，干扰系统运行。

（4）影响计算机运行速度。病毒进驻内存后不但干扰系统运行，还要与其他程序争夺系统资源，这样就直接影响了计算机的运行速度。

（5）计算机病毒自身错误与不可预见的危害。许多病毒都是制造者匆忙编制后抛出的，绝大部分病毒都存在不同程度的错误，这样，大量含有未知错误的病毒程序运行后所产生的后果是不可预料的。

（6）计算机病毒带来的无形损失。由于出现计算机死机、软件运行异常等现象，许多计算机用户经常怀疑自己的系统是否感染了病毒，但又很难给予正确的判别，也不可能给予正确的诊断。所以，只好采取重装系统甚至格式化磁盘等极端办法，不仅耗费了精力，而且影响了计算机的使用效率，带来无形的损失。

7.2.2　计算机病毒防范技术

对于计算机病毒，要树立以防为主、以清除为辅的观念，防患于未然。由于只有发现病毒后，才能找到相应的杀毒方法，因此清除病毒具有很大的被动性。但预防病毒可具有主动性，因此重点应放在病毒的防范上。

1. 日常防病毒措施

为了最大限度地减少计算机病毒的发生和危害，必须采取有效的预防措施。

（1）不要使用来历不明的磁盘或光盘，以免其中带毒而被感染。如果必须使用，先用杀毒软件检查，确认其无毒。

（2）养成备份重要文件的习惯，万一感染病毒，可以用备份恢复数据。

（3）不要打开来历不明的电子邮件，以防其中带有病毒而感染计算机。

（4）使用杀毒软件定时查杀病毒，并且经常更新杀毒软件的病毒特征库文件，以查杀新出现的病毒。

（5）从 Internet 下载软件时，要从正规的站点下载，下载后要及时用杀毒软件进行查毒。

（6）安装杀毒软件，开启实时监控功能，随时监控病毒的侵入。

2. 常用防病毒软件的使用

目前，各种杀毒软件层出不穷，比较流行的有瑞星（Rising）、KV3000、金山毒霸、诺顿防病毒软件等。它们一般都能满足用户防护计算机的需求，并各具特色。

下面以瑞星杀毒软件为例，说明防病毒软件的使用方法。

（1）将瑞星杀毒软件安装盘放入光驱，双击 Setup. exe 文件进入安装过程，依据屏幕提示完成安装。

（2）启动瑞星杀毒软件，即可查杀病毒。查杀病毒时，先选择"查杀目标"，再开始查杀，对文件进行扫描。

（3）对杀毒软件进行定期升级，以更新病毒库。

7.2.3　网络道德规范

互联网是一个虚拟世界，每个网民都是这个世界的一员。在保障和维护每个网民的合法权益的同时，还必须对他们进行网络公共道德、行为的规范和约束。由此而产生了网络文化，例如网络礼仪、行为守则都属于网络文化的范畴。因此，必须有效规范网民的道德行为，建立一系列法律规范体系，引导健康向上的网络生活，打击网络犯罪。

网络用户应注意的职业道德主要有以下 3 个方面。

1. 尊重知识产权

在使用计算机软件或数据时，应遵照国家有关法律规定，尊重其作品的版权，这是使用计算机的基本道德规范。自觉使用正版软件，不进行非法复制和传播，不擅自篡改他人计算机内的系统资源。

2. 保证计算机安全

为维护计算机系统的安全，不要蓄意破坏他人的计算机系统设备，不制造或传播病毒程序；采取预防措施，安装防病毒软件并定期查杀病毒；维护计算机的正常运行，保护计算机系统数据的安全；对自己享用的资源进行有效保护，重要数据和密码不泄露给他人。

3. 遵守网络行为规范

各个国家都制定了相应的法律法规，以约束人们使用计算机以及在计算机网络上的行为。例如，我国公安部公布的《计算机信息网络国际互联网安全保护管理办法》中规定任何单位和个人不得利用国际互联网制作、复制、查阅和传播有违宪法和法律，损害国家利益，扰乱社会秩序，宣传封建迷信以及淫秽、暴力、恐怖等不良信息。

7.3　多媒体技术的基本知识

自 20 世纪 80 年代以来，随着电子技术和大规模集成电路技术的发展，计算机技术、通信技术和广播电视技术相互渗透、相互融合，进而形成了一门崭新的技术，即多媒体技术。多媒体技术将计算机技术的交互性和可视化的真实感结合起来，使计算机可以处理文字、图形图像、声音、视频等多媒体信息，从而使得计算机的功能和应用领域得到了很大的扩展。

7.3.1　多媒体的概念

多媒体一词译自英文 Multimedia，其核心词是媒体（Media）。媒体又称载体或介质。多媒体就是多重媒体的意思，可以理解为直接作用于人感官的文字、图形图像、动画、声音和视频等各种媒体的统称，即多种信息载体的表现形式和传送方式。

1. 媒体的分类

根据国际电信联盟（International Telecommunication Union，简称 ITU）的定义，媒体有下列 5 种类型：

（1）感觉媒体。是指能直接作用于人的感官，使人产生感觉的媒体。感觉媒体包括人类的语言、音乐和自然界的各种文本、声音、图形图像、动画、视频等。感觉媒体帮助人类感知环境的信息。目前，人类主要靠视觉和听觉来感知环境的信息，触觉作为一种感知方式也逐渐引入到计算机中。

（2）表示媒体。为了加工、处理和传输感觉而研究出来的中间手段，以便能更有效地将感觉从一地传向另一地。表示媒体表现为信息在计算机中的编码，如文本编码、语音编码、音乐编码、图像编码等。

（3）表现媒体。又称为显示媒体，是指为人们再现信息和获取信息的物理工具和设备。如显示器、扬声器、打印机等输出类表现媒体，以及键盘、鼠标、扫描仪等输入类表现媒体。

（4）存储媒体。用于存储数据的媒体，以便本机随时调用或供其他终端远程调用。存储介质有软盘、硬盘、光盘等。

（5）传输媒体。用于将表示媒体从一地传输到另一地的物理实体。传输媒体的种类很多，如电话线、双绞线、同轴电缆、光纤、无线电和红外线等。

2. 多媒体技术的特性

多媒体技术是计算机综合处理多种媒体信息，使多种信息建立逻辑联接、集成为一个系统并具有交互性的技术。多媒体技术所处理的文字、图形、图像、声音等媒体数据是一个有机的整体，而不是单个媒体的简单堆积，多种媒体间无论在时间上还是在空间上都存在着紧密的联系，是具有同步性和协调性的群体。因此，多媒体技术的关键特性在于信息载体的集成性、多样性和交互性，这也是多媒体技术研究中必须解决的主要问题。

（1）集成性。多媒体技术是多种媒体的有机集成，也包括传输、存储和呈现媒体设备的集成。早期，各项技术都是单一应用，如声音、图像等，有的仅有声音而无图像，有的仅有静态图像而无动态视频等。多媒体系统将它们集成起来以后，充分利用了各媒体之间的关系和蕴涵的大量信息，使它们能够发挥综合作用。

（2）多样性。多样性是指多媒体技术具有对处理信息的范围进行空间扩展和综合处理的能力，体现在信息采集、传输、处理和呈现的过程中，涉及到多种表示媒体、表现媒体、存储媒体和传输媒体。

（3）交互性。交互性是指用户与计算机之间进行数据交换、媒体交换和控制权交换的一种特性，它提供了用户更加有效地控制和使用信息的手段。

3. 多媒体的关键技术

多媒体的关键技术包括：多媒体信息的编码与压缩、多媒体信息的组织与管理、多媒体信息的表现与交互、多媒体通信与分布处理、虚拟现实技术、多媒体应用的研究与开发等。因为这些技术取得了突破性的进展，多媒体技术才得以迅速发展。

7.3.2　多媒体技术的应用

现在，多媒体技术在各行各业、各个领域中得到越来越广泛的应用。

1. 商业领域

在商业和公共服务中，多媒体正越来越多地承担着向大众发布信息的任务。多媒体展示能非常形象、直观地展示一个展品，人们可以通过多媒体的演示，从各种角度了解更多的知识。

2. 教育培训领域

多媒体在教育培训领域具有强大的优势。由文字、图像、动画、声音和影像组成的多媒体教学课件，图、文、声、形并茂，提高了学生的学习兴趣和接受能力；交互式的学习环境可以充分发挥学生自主学习的能动性。用于军事、体育、医学、驾驶等方面培训的多媒体系统，不仅可以使受训者在生动、逼真的场景中完成训练过程，而且能够设置各种复杂环境，提高受训人员对困难和突发事件的应变能力，并能自动评测学员的学习成绩。数字化学习资源的全球共享、虚拟课堂、虚拟学校的出现，使学习不局限在学校、家庭中，人们可以随时随地通过互联网进入数字化的虚拟学校里学习。

3. 生活娱乐领域

娱乐和游戏是多媒体的一个重要应用领域。计算机游戏深受年轻人的喜爱，游戏者对游戏不断提出的要求极大地促进了多媒体技术的发展，许多最新的多媒体技术往往首先应用于游戏软件。目前 Internet 上的多媒体娱乐活动更是多姿多彩，从在线音乐、在线影院到联网游戏，应有尽有。可以说娱乐和游戏是多媒体技术应用最为成功的领域之一。

4. 通信应用

在通信工程中的多媒体终端和多媒体通信也是多媒体技术的重要应用领域之一。多媒体计算机、电视和网络将形成一个极大的多媒体通信环境，它不仅改变了信息传递的面貌，带来通信技术的大变革，而且计算机的交互性、网络的分布性和多媒体的多样性相结合，将构成继电报、电话、传真之后的第四代通信手段，向社会提供全新的信息服务。

5. 办公自动化

多媒体数据库和超媒体文献的大量使用，使多媒体办公自动化系统为工作人员提供能够支持各种媒体查询和检索、支持协作的工作环境。这些系统不仅可以使用户浏览处理大量通过网络传递的信息，为办公室增加了控制信息的能力和充分表达思想的机会，而且通过多媒体计算机会议系统，还可以使多个不同地点的人员参加同一个会议，通过音频、视频信息的传递，可以在不同地点之间形成面对面的效果，也可以监视所需要的各种现场数据和图像。

6. 多媒体电子出版物

利用多媒体技术制作的电子图书（或称光盘出版物）由于信息种类丰富、出版周期短、信息量大，已经成为最受人们欢迎的媒体形式之一。与普通书刊、杂志相比，电子图书最大的优点是价格便宜、信息量大、图文并茂、有声有色，可以利用计算机进行信息检索，使读者可用交互的方式获得全方位的信息。随着 Internet 的普及和多媒体技术的不断发展，网上的多媒体在线读物和电子杂志也层出不穷，如久负盛名的美国《国家地理》杂志也在 Internet 上推出了多媒体电子版。

7. 多媒体在过程模拟中的应用

在设备运行、化学反应、军事训练、天体运行、生物进化、航天模拟、天气预报等诸多领域中难以用语言表达的事物，采用多媒体技术模拟其发展过程，使人们能够形象地了解事物发展变化的原理，使复杂、抽象、遥远的事物变得简单、具体而生动。

8. 多媒体在医疗影像诊断系统的应用

多媒体成像技术在医疗、印刷、遥感和缩微等领域已经获得了很大的成功，医院病人的病历不只有文字记录，还包括脑电图、心电图、X 光照片等，还能听到病人的心脏跳动声音等。这样，各种信息的集中能更加全面准确地反映病情。此外，还可通过计算机网络将这些信息及时地送到其他医院，使医生可以异地远程会诊，实现医疗资源共享。

7.3.3 多媒体计算机系统的组成

多媒体计算机系统是指支持多媒体数据，并使数据之间建立逻辑联接，进而集成为一个具有交互性能的计算机系统。一般说的多媒体计算机指的是具有多媒体处理功能的个人计算机，简称 MPC(Multimedia Personal Computer)。MPC 与一般的个人机并无太大的差别，只不过是多了一些软硬件配置而已，如图 7-4 所示。其实，目前所购置的个人计算机大多都具有了多媒体应用功能。从系统组成上讲，与普通的个人计算机一样，多媒体计算机系统也是由硬件和软件两大部分组成。

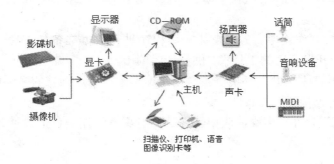

图 7-4 MPC 的基本构成

1. 多媒体计算机硬件系统

多媒体计算机系统除了需要较高配置的计算机主机外，还包括表示、捕获、存储、传递和处理多媒体信息所需要的硬件设备。

(1)多媒体外部设备

按其功能又可分为如下 4 类：

① 人机交互设备，如键盘、鼠标、触摸屏、绘图板、光笔及手写输入设备等。

② 存储设备，如磁盘、光盘等。

③ 视频、音频输入设备，如摄像机、录像机、扫描仪、数码相机、数码摄像机和话筒等。

④ 视频、音频播放设备，如音响、电视机和大屏幕投影仪等。

（2）多媒体接口卡

多媒体接口卡是根据多媒体系统获取、编辑音频或视频的需要而插接在计算机上的接口卡。常用的接口卡有声卡、视频卡等。

① 声卡：也叫音频卡，是 MPC 的必要部件，它是计算机进行声音处理的适配器，用于处理音频信息。它可以将话筒、唱机（包括激光唱机）、录音机、电子乐器等输入的声音信息进行模/数转换、压缩处理，也可以将经过计算机处理的数字化声音信号通过还原（解压缩）、数/模转换后用扬声器播放或记录下来。

② 视频卡：是一种统称。有视频捕捉卡、视频显示卡（VGA 卡）、视频转换卡（如 TV Coder）以及动态视频压缩和视频解压缩卡等。它们完成的功能主要包括图形图像的采集、压缩、显示、转换和输出等。

2. 多媒体计算机软件系统

多媒体计算机软件系统主要分为系统软件和应用软件。

（1）系统软件。多媒体计算机系统的系统软件有以下几种：

① 多媒体驱动软件。多媒体驱动软件是最底层硬件的软件支撑环境，直接与计算机硬件相关，完成设备初始化、基于硬件的压缩/解压缩、图像快速变换及功能调用等。

② 驱动器接口程序。驱动器接口程序是高层软件与驱动程序之间的接口软件。

③ 多媒体操作系统。实现多媒体环境下实时多任务调度，保证音频、视频同步控制及信息处理的实时性，提供多媒体信息的各种基本操作和管理，具有对设备的相对独立性和可操作性。多媒体各种软件要运行于多媒体操作系统（如 Windows）上，故操作系统是多媒体软件的核心。

④ 多媒体素材制作软件。为多媒体应用程序进行数据准备的程序，主要是多媒体数据采集软件，作为开发环境的工具库，供设计者调用。

⑤ 多媒体创作工具、开发环境。主要用于编辑生成特定领域的多媒体应用软件，是在多媒体操作系统上进行开发的软件工具。

（2）多媒体应用软件。多媒体应用软件是在多媒体创作平台上设计开发的面向特定应用领域的软件系统。

7.4　多媒体数据处理

多媒体技术利用计算机技术将各种媒体以数字化的方式集成在一起，从而使计算机具有了表现、存储和处理多种媒体信息的综合能力。多媒体计算机系统需要将不同的媒体数据统一编码，然后对其进行变换、重组和分析处理，以进行进一步的存储、传送、输出和交互控制。

7.4.1　多媒体数据表示

在计算机中所处理的对象除了数值和字符以外，还包含大量的图形、图像、声音和视频等多媒体数据。要使计算机能够处理这些多媒体数据，必须先将它们转换成二进制信息。

1. 图形和静态图像

图形(Graphics)是指从点、线、面到三维空间的黑白或彩色几何图，也称矢量图。矢量图形的格式是一组描述点、线、面等几何图形的大小、形状及其位置、维数的指令集合，通过读取这些指令并将其转换为屏幕上所显示的形状和颜色而生成图形的软件通常称为绘图程序。

静止的图像(Image)是一个矩阵，其元素代表空间的一个点，称之为像素点，这种图像也称位图。位图图像适合于表现层次和色彩比较丰富、包含大量细节的图像。彩色图像需由硬件(显示卡)合成显示。由像素矩阵组成的图像可用画位图的软件(如 Windows 的画图)获得，也可用彩色扫描仪扫描照片或图片来获得，还可用摄像机、数码相机拍摄或帧捕捉设备获得数字化帧画面。

对图像文件可以进行改变图像尺寸、对图像进行编辑修改、调节调色板等处理。还可用相应的图形软件对图像做各种各样的编辑设置，力求达到较好的效果。

图形文件的格式是计算机存储这幅图的方式与压缩方法，要针对不同的程序和使用目的来选择格式，不同图形处理程序也有各自内部格式。常见的图形文件格式有：

(1)BMP 文件。BMP 是 Windows 系统下最常用的图像格式之一，该格式图像文件不损失原始图像的任何信息，是原始图像的最真实再现；故一般用于原始图像的无失真保存，但文件尺寸比较大。

(2)TIFF(TIF)文件。TIFF 是一种复杂、灵活、全面的图像格式。TIFF 也不损失原始图像的信息，适合于跨平台使用。TIFF 图像格式是印刷中最常用的图像格式之一，它能够保存各种图像特效处理的效果。

(3)JPG 文件。JPG 是采用 JPEG 有损压缩方法存储的文件。JPG 图像格式具有最优越的压缩性能，是 Internet 中的主流图像格式。但它是以牺牲一部分的图像数据来达到较高的压缩率，故印刷用的图像不宜采用此格式。

(4)GIF 文件。GIF 格式的图像文件是通用的图像格式，是一种压缩的 8 位图像文件。正因为它是经过压缩的，而且又是 8 位的，所以这种格式是网络传输使用最频繁的文件格式，速度要比传输其他格式的图像文件快得多。

(5)PNG 文件。PNG 是一种优秀的网页设计用图像格式。它继承了 GIF 与 JPG 图像格式的主要优点，以数据流的形式保存图像，将图像数据压缩到了极限但却保存了所有与图像品质有关的信息，适合于网络传输。所以，PNG 是网页图像的最佳选择。

(6)PCX 文件。PCX 图像格式是由 Zsoft 公司在 20 世纪 80 年代初期设计的，专用于存储该公司开发的 PC Paintbrush 绘图软件所生成的图像画面数据。PCX 是最早支持彩色图像的一种文件格式，目前已成为较为流行的图像文件格式。

(7)WM 文件。WM 是一种矢量图形格式，Word 中内部存储的图片或绘制的图形对象属于这种格式。无论放大还是缩小，图形的清晰度不变，WM 是一种清晰简洁的文件格式。

（8）PSD、PDD 文件。它们是 Photoshop 专用的图像文件格式。

（9）EPS 文件。CorelDraw、FreeHand 等软件均支持 EPS 格式，它属于矢量图格式，输出质量非常高，可用于绘图和排版。

（10）TGA 文件。TGA 是由 TrueVision 公司设计，可支持任意大小的图像。专业图形用户经常使用 TGA 点阵格式保存具有真实感的三维有光源图像。

2. 音频

音频（Audio）除包括音乐、语音外，还包括各种音响效果。将音频信号集成到多媒体中，可提供其他任何媒体不能取代的效果，不仅烘托气氛，而且增加活力。

通常，声音用一种模拟的连续波形表示。通过采样可将声音的模拟信号数字化，即在捕捉声音时，要以固定的时间间隔对波形进行离散采样。这个过程将产生波形的振幅值，以后这些值可重新生成原始波形。

采样后的声音以文件方式存储后，就可以进行声音处理了。对声音的处理，主要是编辑声音、存储声音和不同格式声音之间的转换。计算机音频技术主要包括声音采集、无失真数字化、压缩/解压缩及声音的播放。

常见的音频文件格式有：

（1）WAV 格式。WAV 文件也称为波形文件，是 Microsoft 公司开发的一种声音文件格式，被 Windows 系统及其应用程序所广泛支持。它依照声音的波形进行储存，因此要占用较大的存储空间。

（2）WMA（Windows Media Audio）格式。WMA 是 Microsoft 公司定义的一种流式声音格式。采用 WMA 格式压缩的声音文件比起由相同文件转化而来的 MP3 文件要小得多，但在音质上却毫不逊色。

（3）MP3 格式。MP3 即 MPEG Audio Layer 3 的缩写，是人们比较熟知的一种数字音频格式。MP3 具有很高的压缩率，是目前便携音乐播放器支持的最常见的一种音乐格式。

（4）RA（Real Audio）格式。RA 是 Real Network 公司推出的一种流式声音格式。这是一种在网络上很常见的音频文件格式，但是为了确保在网络上传输的效率，在压缩时声音质量损失较大。

（5）MID 格式。MID 是通过数字化乐器接口（Musical Instrument Digital Interface，简称 MIDI）输入的声音文件的扩展名，这种文件只是像记乐谱一样地记录下演奏的符号，所以其体积是所有音频格式中最小的。

3. 视频与动画

视频（Video）是图像数据的一种，若干有联系的图像数据连续播放便形成了视频。视频容易让人想到电视，但电视视频是模拟信号，计算机视频是数字信号。计算机视频图像可来自录像机、摄像机等视频信号源的影像，这些视频图像使多媒体应用系统表现力更强。

动画（Animation）与视频一样，也与运动着的图像有关，它们的实现原理是一样的，两者的不同在于视频是对已有的模拟信号进行数字化的采集，形成数字视频信号，其内容通常是真实事件的再现，而动画里的场景和各帧运动画面的生成一般都是在计算机里绘制而成的。

常见的视频与动画文件格式有：

（1）AVI 格式。AVI（Audio Video Interleaved）叫做音视频交错格式，就是可以将视频和音频交织在一起进行同步播放。它对视频文件采用有损压缩方式，压缩比较高，是目前比较流行的视频文件格式。

（2）MOV 格式。MOV 文件格式是美国 Apple 公司在 Quick Time for Windows 视频处理软件所选用的视频文件格式，具有较高的压缩比率和较完美的视频清晰度。

（3）MPG 文件。PC 机上全屏幕活动视频的标准文件为 MPG 格式文件。它是使用 MPEG 方法进行压缩的全运动视频图像。目前许多视频处理软件都能支持该格式，如超级解霸软件。

（4）DAT 文件。DAT 文件是 VCD 数据文件的格式，也是基于 MPEG 压缩方法的一种文件格式。

（5）ASF 格式。ASF（Advanced Streaming Format）即高级流格式，是 Microsoft 公司推出的一种可以直接在 Internet 上观看的视频文件格式。由于它使用了 MPEG - 4 的压缩算法，所以压缩率和图像的质量都不错。

（6）WMV 格式。WMV（Windows Media Video）也是 Microsoft 公司推出的一种流媒体格式，从 ASF 格式升级延伸而来。在同等视频质量下，WMV 格式的体积非常小，因此很适合在网上播放和传输。

（7）RM 格式。RM（Real Media）格式是由 Real Networks 公司开发的一种能够在低速率的网上实时传输的流媒体文件格式，可以根据网络数据传输速率的不同制定不同的压缩比率，从而实现在低速率的广域网上进行影像数据的实时传送和实时播放。

（8）SWF 格式。SWF 格式是 Flash 的动画文件。Flash 是 Micromedia 公司推出的一种动画制作软件，它制作出一种后缀名为 . swf 的动画，这种格式的动画能用比较小的体积来表现丰富的多媒体形式，并且可以嵌入到网页中。

7.4.2　多媒体数据压缩/解压缩

多媒体信息包括文本、图形图像、声音和视频等多种媒体信息。经过数字化处理后其数据量是非常大的，如果不进行数据压缩处理，计算机系统就无法对它进行存储和传输，因此数据压缩技术是多媒体技术中一项十分关键的技术。

1. 数据压缩/解压缩

数据压缩是指在不丢失信息的前提下，缩减数据量以减少存储空间，提高其传输、存储和处理效率的一种技术方法；或按照一定的算法对数据进行重新组织，减少数据的冗余和存储的空间。数据的压缩实际上是一个编码过程，即把原始的数据进行编码压缩。数据的解压缩是数据压缩的逆过程，即把压缩的编码还原为原始数据。数据压缩包括有损压缩和无损压缩。

（1）有损压缩：是利用人类视觉和听觉器官对图像或声音中某些频率成分不敏感的特性，压缩后的数据经过重构还原后与原始数据有所不同。主要应用于图像、声音、动态视频等数据的压缩。

（2）无损压缩：是指压缩后的数据经过重构还原后与原始数据完全相同，不会产生失真。主要用于文本、工程（实验）数据及应用软件的压缩。

2. 压缩软件

压缩软件是利用算法将文件有损或无损地处理，以达到保留最多文件信息，并使文件体积变小的应用软件。它可以将文本和.bmp 文件压缩 70% 左右。压缩软件一般同时具有解压缩的功能。

常用的压缩软件有：WinRAR、WinZip、好压（Haozip）等。

注意：WinRAR 和 WinZip 是收费软件，好压（Haozip）是免费软件。

3. WinRAR 的使用

WinRAR 是在 Windows 环境下对.rar 和.zip 格式的文件进行管理和操作的一个压缩软件，它的一个特点是支持很多压缩格式，除了.rar 和.zip格式的文件外，WinRAR 还可以为许多其他格式的文件解压缩，同时，使用这个软件也可以创建自解压可执行文件。

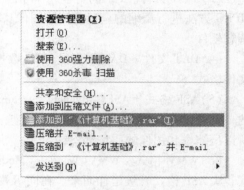

图 7-5　使用 WinRAR 快速压缩

（1）快速压缩文件

①选中全部要进行压缩的文件或文件夹。

②单击鼠标右键，选择快捷菜单（如图 7-5 所示）中的"添加到' ＊.rar'"命令，WinRAR 将快速把选定的文件在当前目录下以缺省文件名（通常是第 1 个文件或文件夹名字）压缩在一个.rar 压缩包中（如图 7-6 所示），完成压缩后，当前文件夹就会出现一个压缩文件。

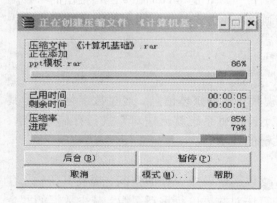

图 7-6　正在进行文件压缩

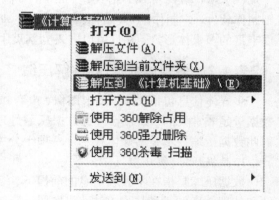

图 7-7　使用 WinRAR 解压缩文件

（2）解压缩文件包

用鼠标右键单击压缩文件图标后，屏幕会弹出快捷菜单，选择"解压到××"（如图 7-7所示）开始解压缩（如图 7-8 所示），稍等一会就会出现和当前文件名一样的一个文件夹，这就是解压缩后的文件。

注意：若选择"解压文件（A）..."命令可自定义解压缩文件存放的路径和文件名称。

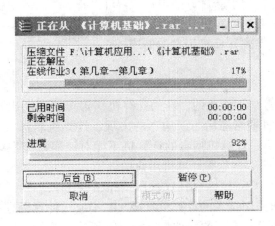

图 7 - 8　正在解压缩文件

7.5　典型例题及解析

例 7 - 1　计算机安全从本质上来讲是指网络上(　　)的安全。

A.设备　　　　　　　B.信息　　　　　　　C.用户　　　　　　　D.环境

正确答案为 B。

解析：本题考查有关计算机安全的含义，属领会题。由于计算机网络已成为计算机应用的主要平台，所以信息、计算机和网络已经成为不可分割的整体。如果能够保障并实现网络信息的安全，就可以保障和实现计算机系统的安全。因此，计算机安全从本质上来讲主要是指网络上信息的安全。

例 7 - 2　下面不属于计算机安全的基本属性的是(　　)。

A.保密性　　　　　　B.可用性　　　　　　C.完整性　　　　　　D.正确性

正确答案为 D。

解析：本题考查有关计算机安全的基本属性，属领会题。计算机安全通常包含保密性、完整性、可用性、可控性和不可抵赖性等属性。

例 7 - 3：计算机病毒是指(　　)。

A.特制的具有破坏性的程序　　　　　　　B.被损坏的程序

C.细菌感染　　　　　　　　　　　　　　D.生物病毒感染

正确答案为 A。

解析：本题考查有关计算机病毒的概念，属识记题。计算机病毒是借用生物学的术语来表达的，但它与生物上的病毒不同，它不是天然存在的，而是某些人利用计算机软、硬件所固有的脆弱性，编制的具有破坏功能的程序。由于它与生物上的病毒同样有传染和破坏的特性，因此便将其称为计算机病毒。

例 7 - 4　下列叙述中正确的是(　　)。

A.反病毒软件通常滞后于计算机新病毒的出现

B. 反病毒软件总是超前于新病毒的出现，它可以查、杀任何种病毒

C. 感染过计算机病毒的计算机具有对该病毒的免疫性

D. 计算机病毒会危害到计算机用户的健康

正确答案为 A。

解析：本题考查有关计算机病毒及其防治方面的知识，属领会题。反病毒软件可以查、杀病毒，但有的病毒是不能杀的。新的计算机病毒可能不断出现，反病毒软件是随之产生的，所以反病毒软件通常滞后于新病毒的出现。计算机病毒具有传染性、破坏性、隐蔽性、潜伏性等，但感染过计算机病毒的计算机不能对该病毒产生免疫性。计算机病毒只会危害计算机的安全，但不会危害计算机用户的健康。

例 7 – 5　　以下行为中不符合网络道德行为规范的是(　　)。

A. 不应未经许可而使用别人的计算机资源　　B. 不应用计算机进行偷窃

C. 可以使用或复制没有授权的软件　　　　　D. 不应干扰别人的计算机工作

正确答案为 C。

解析：本题考查有关网络道德规范的知识，属识记题。网络已深入到人们的日常生活中，由此形成一个虚拟的网络社会，网民们在这虚拟的社区中进行着数字化生活，必须有效规范网络道德行为。

例 7 – 6　　下列属于表示媒体的是(　　)。

A. 图像　　　　　　　　B. ASCII 码　　　　　C. 键盘　　　　　　　　D. 光盘

正确答案为 B。

解析：本题考查有关媒体的类型，属识记题。表示媒体指传输感觉媒体的中介媒体，即用于数据交换的编码，如文本编码(ASCII 码、GB23l2 – 80)、图像编码(JPEG、MPEG)和声音编码等，选项 A 的图像属于感觉媒体，选项 C 的键盘属于表现媒体，选项 D 的光盘属于存储媒体。

例 7 – 7　　以下选项属于多媒体范畴的是(　　)。

A. 彩色电视　　　　　　B. VCD 光盘　　　　　C. 彩色画报　　　　　　D. 电子游戏

正确答案为 D。

解析：本题考查有关媒体的特性，属领会题。集成性、多样性和交互性是多媒体最显著的特点，是判断电视、电影、报刊、杂志等是不是多媒体的重要依据。彩色电视机、VCD光盘虽然也是多媒体的组合，但人只是被动接受，无法实现交互性，因此，它们不是多媒体。从这个方面来分析，彩色画报也不是多媒体了。

例 7 – 8　　下列选项中，属于多媒体计算机中的核心部件的是(　　)。

A. 主机　　　　　　　　　　　　　　　　　B. 基本输入/输出设备

C. 音频卡　　　　　　　　　　　　　　　　D. 视频卡

正确答案为 A。

解析：本题考查有关多媒体计算机的硬件组成，属识记题。多媒体计算机是在普通计算机的基础上，增加了一些多媒体组件，如声卡、视频卡等组成的，其中计算机主机是多媒体系统中的基础性部件，是整个多媒体系统的核心。

例 7 – 9　　以下属于图形文件格式的是(　　)。

A. PCX　　　　　　　　B. BMP　　　　　　　C. WMF　　　　　　　　D. GIF

正确答案为 C。

解析：本题考查有关图形文件的类型，属识记题。图形也称矢量图，它的基本元素是图元。图像也称位图、点阵图，它的基本元素是像素。图形、图像是两个不同的概念。常用的矢量图形文件格式有 DXF、WMF(Windows 中常见的一种图元文件格式)、CDR 等，常见的图像文件格式有 BMP、PCX、TIF、GIF、JPEG 等。

例 7 - 10 WinRAR 不能实现的功能有( )。

A. 对多个文件进行分卷压缩

B. 双击一个压缩包文件将其自动解压到当前文件夹

C. 使用右键快捷菜单中的命令在当前目录下快速创建一个 RAR 压缩包

D. 给压缩包设置密码

正确答案为 B。

解析：本题考查压缩软件 WinRAR 的基本功能，属简单应用题。双击一个压缩包文件会把它用 WinRAR 打开，但不会将其自动解压，解压必须单独执行解压操作。因此 B 是正确答案。

习 题

1. 计算机安全不包括( )。

A. 防止计算机被盗　　　　　　　　　　B. 防止计算机信息被窃听

C. 防止病毒攻击造成系统瘫痪　　　　　D. 防止计算机辐射，造成操作员人身伤害

2. 计算机安全属性不包括( )。

A. 信息不能暴露给未经授权的人　　　　B. 信息传输中不能被篡改

C. 信息能被授权的人按要求所使用　　　D. 信息的语义必须正确

3. 下列情况中，( )破坏了信息的完整性。

A. 假冒他人地址发送数据　　　　　　　B. 不承认做过信息的递交行为

C. 数据在传输中被篡改　　　　　　　　D. 数据在传输中被窃听

4. 不可抵赖的特性指的是( )。

A. 通信双方对其收、发信息的行为均不可抵赖

B. 发信一方对其发信的行为不可抵赖

C. 收信一方对其收信的行为不可抵赖

D. 发信和收信的任一方行为的不可抵赖

5. 下面属于被动攻击的手段是( )。

A. 假冒　　　　　　B. 修改信息　　　　　C. 窃听　　　　　　D. 拒绝服务

6. 为了防御网络监听，最常用的方法是( )。

A. 采用专人传送　　B. 信息加密　　　　　C. 使用无线网传输　D. 使用专线传输

7. 通常使用( )保证只允许用户在输入正确的保密信息时才能进入系统。

A. 口令　　　　　　B. 命令　　　　　　　C. 序列号　　　　　D. 公文

8. 以下不能实现身份鉴别的是( )。

A. 口令　　　　　　B. 指纹　　　　　　　C. 视网膜　　　　　D. 年龄

9. 访问控制不包括( )。

A. 网络访问控制   B. 操作系统访问控制

C. 应用程序访问控制   D. 外设访问的控制

10. 下面关于防火墙的说法，不正确的是( )。

A. 防火墙可以防止所有病毒通过网络传播

B. 防火墙可以由代理服务器实现

C. 所有进出网络的通信流都应该通过防火墙

D. 防火墙可以过滤所有的外网访问

11. 下列关于防火墙的说法，不正确的是( )。

A. 防止外界计算机病毒侵害的技术   B. 阻止病毒向网络扩散的技术

C. 隔离有硬件故障的设备   D. 一个安全系统

12. 计算机病毒按寄生方式主要分为 3 种，其中不包括( )。

A. 系统引导型病毒   B. 文件型病毒   C. 混合型病毒   D. 外壳型病毒

13. 计算机病毒的传染途径有多种，其中危害最大的传染途径是( )。

A. 通过移动硬盘传染   B. 通过硬盘传染

C. 通过网络传染   D. 通过光盘传染

14. 下面关于计算机病毒的说法，正确的是( )。

A. 计算机病毒是生产计算机设备时不注意产生的

B. 计算机病毒是人为制造出来的具有破坏性的程序

C. 必须清除计算机病毒，计算机才能使用

D. 计算机病毒是由于使用计算机的方法不当而产生的软件故障

15. 下面能有效预防计算机病毒的方法是( )。

A. 尽可能地多作磁盘碎片整理   B. 及时升级防病毒软件

C. 尽可能地多作磁盘清理   D. 把重要文件压缩存放

16. 下面各项中，不能有效预防计算机病毒的做法是( )。

A. 定期做系统更新   B. 定期用防病毒软件杀毒

C. 定期升级防病毒软件   D. 定期备份重要数据

17. 下面并不能有效预防病毒的方法是( )。

A. 尽量不使用来路不明的 U 盘

B. 使用别人的 U 盘时，先将该 U 盘设置为只读属性

C. 使用别人的 U 盘时，先将该 U 盘用防病毒软件杀毒

D. 别人要拷贝自己的 U 盘上的东西时，先将自己的 U 盘设置为只读属性

18. 下列描述不正确的是( )。

A. 所有软、硬件都存在不同程度的漏洞

B. 利用自动分析软件可以帮助系统管理员查找系统漏洞，加强系统安全性

C. 网络环境下只需要保证服务器没有病毒，整个系统就可以免遭病毒的破坏

D. 可以利用电子邮件进行病毒传播

19. 以下说法中，正确的是( )。

A. 所有软件都可以自由复制和传播

B. 软件没有著作权，不受法律保护

C.应当使用自己花钱买来的软件

D.受法律保护的计算机软件不能随便复制

20.关于计算机中使用的软件,( )是错误的。

A.凝结着开发者的劳动成果　　　　　　　B.像书籍一样,借来复制一下不损害他人

C.如同硬件一样,也是一种商品　　　　　D.未经著作权人同意进行复制是侵权行为

21.多媒体是指( )。

A.存储信息的媒介载体　　　　　　　　　B.承载信息的媒体

C.声卡、CD - ROM　　　　　　　　　　　D.图像、声音

22.以下媒体不属于表现媒体的是( )。

A.键盘　　　　　　B.话筒　　　　　　C.打印机　　　　　　D.图像

23.下列选项中都是感觉媒体的是( )。

A.声音和图像　　　　　　　　　　　　　B.文本编码和文本

C.键盘和扫描仪　　　　　　　　　　　　D.打印机和光纤

24.多媒体信息都是以( )形式存储的。

A.数字信号　　　　　　B.模拟信号　　　　　　C.连续信号　　　　　　D.文字

25.以下关于多媒体技术的描述中,正确的是( )。

A.多媒体技术中的"媒体"特指音频和视频

B.多媒体技术就是能用来观看的数字电影技术

C.多媒体技术是指将多种媒体进行有机组合而成的一种新的应用系统

D.多媒体技术中的"媒体"不包括文本

26.多媒体计算机系统指的是计算机具有处理( )的功能。

A.文字与数字处理　　　　　　　　　　　B.图文、声音、影像和动画

C.交互式　　　　　　　　　　　　　　　D.照片、图形

27.多媒体计算机系统由( )两部分组成。

A.多媒体硬件系统和多媒体操作系统　　　B.多媒体驱动程序和多媒体应用程序

C.CD - ROM 和声卡　　　　　　　　　　　D.多媒体硬件系统和多媒体软件系统

28.以下硬件设备中,不是多媒体硬件系统必须包括的设备是( )。

A.计算机最基本的硬件设备　　　　　　　B.CD - ROM

C.音频输入、输出和处理设备　　　　　　D.多媒体通信传输设备

29.多媒体技术除了必备的计算机外,还必须配有( )。

A.电视机、声卡、录相机　　　　　　　　B.声卡、光盘驱动器、光盘应用软件

C.驱动器、声卡、录音机　　　　　　　　D.电视机、录音机、光盘驱动器

30.以下设备中,不是多媒体计算机中常用的图像输入设备的是( )。

A.数码照相机　　　　B.彩色扫描仪　　　　C.条码读写器　　　　D.数码摄像机

31.以下设备中,属于视频设备的是( )。

A.声卡　　　　　　B.DV 卡　　　　　　C.音箱　　　　　　D.话筒

32.以下设备中,用于获取视频信息的是( )。

A.声卡　　　　　　B.彩色扫描仪　　　　C.数码摄像机　　　　D.条码读写器

33.声卡的主要功能不包括( )。

A. 可以输出视频信号　　　　　　　　　　B. 音频的录制与播放、编辑

C. 文字语音转换、MIDI 接口、游戏接口　　D. 音乐合成、CD – ROM 接口

34. 以下设备中，不属于音频设备的是(　　)。

A. 声卡　　　　　　　B. DV 卡　　　　　　C. 音箱　　　　　　D. 话筒

35. 以下不属于多媒体静态图像文件格式的是(　　)。

A. GIF　　　　　　　B. PCX　　　　　　　C. BMP　　　　　　D. MPG

36. 以下格式中，属于音频文件格式的是(　　)。

A. WAV 格式　　　　B. JPG 格式　　　　　C. DAT 格式　　　　D. MOV 格式

37. 以下格式中，属于视频文件格式的是(　　)。

A. WMA 格式　　　　B. MOV 格式　　　　　C. MID 格式　　　　D. MP3 格式

38. 以下对音频格式文件的描述，正确的是(　　)。

A. . ra、. ram、. rpm 格式文件大小要大于 MP3 文件

B. . ra、. ram、. rpm 格式具有非常高的压缩品质，不能进行流式处理

C. Real Audio 格式具有非常高的压缩品质，其声音品质比 MP3 文件声音品质要差

D. . mp3 格式是一种压缩格式，它能使声音文件明显缩小，其声音品质较差

39. 以下关于文件压缩的说法中，错误的是(　　)。

A. 文件压缩后文件尺寸一般会变小

B. 不同类型的文件的压缩比率是不同的

C. 文件压缩的逆过程称为解压缩

D. 使用文件压缩工具可以将 JPG 图像文件压缩 70% 左右

40. 以下关于 WinRAR 的说法中，正确的是(　　)。

A. 使用 WinRAR 不能进行分卷压缩

B. 使用 WinRAR 可以制作自解压的 EXE 文件

C. 使用 WinRAR 进行解压缩时，应一次性解压缩压缩包中的所有文件，不能解压缩其中的个别文件

D. 双击 RAR 压缩包打开 WinRAR 窗口后，一般可以直接双击其中的文件进行解压缩

综合测试

1. 单项选择题(共 60 分, 每小题 1 分, 从 A, B, C, D 中选择 1 个正确项)

(1)用电子管作为电子器件制成的计算机属于(   )计算机。

A. 第一代   B. 第二代   C. 第三代   D. 第四代

(2)利用计算机预测天气情况属于计算机应用领域中的(   )。

A. 过程控制   B. 数据处理   C. 科学计算   D. 计算机辅助工程

(3)十进制数 100 转换成二进制数是(   )。

A. 01100100   B. 01100101   C. 01100110   D. 01101000

(4)对国际通用的 7 位 ASCII 编码的描述正确的是(   )。

A. 使用 7 位二进制代码   B. 使用 8 位二进制代码, 最左一位为 0

C. 使用输入码   D. 使用 8 位二进制代码, 最左一位为 1

(5)将高级语言编写的程序翻译成机器语言程序, 采用的两种翻译方式是(   )。

A. 编译和解释   B. 编译和汇编   C. 编译和连接   D. 解释和汇编

(6)微型计算机中, 控制器的基本功能是(   )。

A. 进行算术运算和逻辑运算   B. 存储各种控制信息

C. 保持各种控制状态   D. 控制机器各个部件协调一致工作

(7)在 CPU 中配置高速缓冲器(Cache)是为了解决(   )。

A. 内存与辅助存储器之间速度不匹配的问题

B. CPU 与辅助存储器之间速度不匹配的问题

C. CPU 与内存储器之间速度不匹配的问题

D. 主机与外设之间速度不匹配的问题

(8)在微型计算机的内存储器中, 不能用指令修改其存储内容的部分是(   )。

A. RAM   B. DRAM   C. ROM   D. SRAM

(9)计算机在处理数据时, 一次存取、加工和传送的数据长度为(   )。

A. 位   B. 字节   C. 字长   D. 赫兹

(10)下列不是汉字输入码的是(   )。

A. 全拼   B. 五笔字型   C. ASCII 码   D. 双拼

(11)计算机操作系统是一种(   )。

A. 系统软件   B. 应用软件   C. 工具软件   D. 调试软件

(12)在 Windows 中, 设置任务栏属性的正确方法是(   )。

A. 单击"我的电脑", 选择"属性"   B. 右击"开始"按钮

C. 单击桌面空白处, 选择"属性"   D. 右击任务栏空白处, 选择"属性"

(13)在 Windows 状态下不能启动"控制面板"的操作是(   )。

A. 单击桌面的"开始"按钮, 在出现的菜单中单击"控制面板"

B. 打开"我的电脑"窗口，再单击左窗口中的"其他位置"下的"控制面板"

C. 打开资源管理器，在左窗口中选择"控制面板"选项，再单击

D. 单击"附件"中的"控制面板"命令

（14）启动 Windows 资源管理器后，在文件夹树窗口中，关于文件夹前的"＋"和"－"，说法正确的是（　　）。

A."＋"表明该文件夹中有子文件夹，"－"表明在文件夹中没有子文件夹

B."＋"表明在文件夹中建立子文件夹

C."－"表明可删除文件夹中的子文件夹

D. 文件夹前没有"＋"和"－"，表明该文件夹中没有子文件夹

（15）不可能在任务栏上的内容是（　　）。

A. 对话框窗口的图标　　　　　　　　B. 正在执行的应用程序窗口图标

C. 已打开文档窗口的图标　　　　　　D. 语言栏对应图标

（16）下列文件被删除后不能被恢复的是（　　）。

A. 硬盘中的文件　　　　　　　　　　B. 移动磁盘上的软件

C. 被送到"回收站"的文件　　　　　　D. 被"剪切"掉的文件

（17）在 Windows 的窗口中，标题栏的右侧有最大化、还原、最小化和关闭，其中不可能同时出现的两个是（　　）。

A. 最大化和最小化　　B. 最小化和还原　　C. 最大化和还原　　D. 最小化和关闭

（18）在 Windows 中，下列叙述正确的是（　　）。

A."写字板"是字处理软件，不能进行图形处理

B."画图"是绘图工具，不能输入文字

C."写字板"和"画图"均可以进行文字和图形处理

D. 以上说法都不对

（19）在 Windows 文件夹窗口中共有 45 个文件，其中有 30 个被选定，执行"编辑"菜单中"反向选择"命令后，有（　　）个文件被选定。

A. 35　　　　　　　　　B. 30　　　　　　　　　C. 15　　　　　　　　　D. 0

（20）Windows 中"磁盘碎片整理程序"的主要用途是（　　）。

A. 进行磁盘文件碎片整理，提高磁盘的读写速度

B. 将磁盘的文件碎片删除，释放磁盘空间

C. 将软盘碎片整理，并重新格式化

D. 将不小心摔坏的软盘碎片重新整理规划让其重新可用

（21）Word 是（　　）软件。

A. 系统　　　　　　　　B. 程序设计　　　　　　C. 应用　　　　　　　　D. 行编辑

（22）在 Word 的编辑状态，可以使插入点快速移到文档首部的组合键是（　　）。

A. Ctrl ＋ Home　　　　B. Alt ＋ Home　　　　C. Home　　　　　　　D. PageUp

（23）利用（　　）可以使文本快速进行格式复制。

A. 格式菜单　　　　　　B. 格式刷　　　　　　　C. 编辑命令　　　　　　D. 段落命令

（24）在 Word 应用文件窗口中，可以从获知插入点所在位置信息的是（　　）。

A. 常用工具栏　　　　　B. 帮助菜单　　　　　　C. 状态栏　　　　　　　D. 菜单栏

(25)Word 具有拆分窗口的功能，要实现这一功能，应选择的菜单是(　　)。

A．"文件"　　　　　　B．"编辑"　　　　　　C．"视图"　　　　　　D．"窗口"

(26)在下列(　　)位置，可以找到打开的 Word 文件名(　　)。

A．文本编辑区　　　　B．标题栏　　　　　　C．菜单栏　　　　　　D．工具栏

(27)Word 为新建的文档自动添加的扩展名为(　　)。

A．．txt　　　　　　　B．．doc　　　　　　　C．．bmp　　　　　　　D．．wri

(28)当光标位于某段文字中时，双击左键，可以选定(　　)。

A．光标所在段　　　　B．光标所在分句　　　C．光标所在词组　　　D．光标所在行

(29)在 Word 中，拖动鼠标可以选定操作对象，为了定义一个矩形块，可以在拖动鼠标之前按住(　　)键。

A．Ctrl + Shift　　　　B．Shift　　　　　　　C．Ctrl　　　　　　　D．Alt

(30)当鼠标指针变为右斜箭头时，表明鼠标位于(　　)。

A．左侧页边　　　　　B．工具栏　　　　　　C．状态栏　　　　　　D．文本区

(31)在 Excel 中，A1 单元格的内容为数值290，则公式：= IF(A1 > = 350，"优"，IF(A1 > = 270，"良"，"一般"))的值为(　　)。

A．优　　　　　　　　B．良　　　　　　　　C．一般　　　　D．以上答案都不正确

(32)在 Excel 中，"Sheet3 $ B $ 3：$ B $ 6"表示(　　)。

A．引用 Sheet3 工作表中 B3：B6 的绝对地址

B．引用 Sheet3 工作表中 B3：B6 的相对地址

C．引用当前工作表中 B3：B6 的绝对地址

D．引用 Sheet3 工作表中 B3：B6 的混合地址

(33)在 Excel 中，将数字作为字符文本使用时，输入此数字应加(　　)作为先导符。

A．逗号　　　　　　　B．分号　　　　　　　C．单引号　　　　　　D．双引号

(34)电子工作表中每个单元格的默认格式为(　　)。

A．数字　　　　　　　B．文本　　　　　　　C．日期　　　　　　　D．常规

(35)当进行 Excel 中的分类汇总时，必须事先按分类字段对数据进行(　　)。

A．求和　　　　　　　B．筛选　　　　　　　C．查找　　　　　　　D．排序

(36)PowerPoint 中使字体有下划线的快捷键是(　　)。

A．Shift + U　　　　　B．Ctrl + U　　　　　　C．End + U　　　　　　D．Alt + U

(37)在 PowerPoint 的幻灯片视图窗体中，在状态栏中出现了"幻灯片 2/7"的文字，则表示(　　)。

A．共有 7 张幻灯片，目前只编辑了 2 张　　B．共有 7 张幻灯片，目前显示的是第 2 张

C．共编辑了七分之二张的幻灯片　　　　　D．共有 9 张幻灯片，目前显示的是第 2 张

(38)在 PowerPoint 中，关于幻灯片放映的方式，下面说法错误的是(　　)。

A．演讲者放映(全屏幕)　　　　　　　　　B．观众自行浏览(窗口)

C．在展台浏览(全屏幕)　　　　　　　　　D．在桌面浏览(窗口)

(39)PowerPoint 中，下列关于幻灯片放映错误的是(　　)。

A．可自动放映，也可人工放映　　　　　　B．放映时可只放映部分幻灯片

C．可以选择放映时放弃原来的动画设置　　D．无循环放映选项

(40)在 PowerPoint 的普通视图中，使用"幻灯片放映"中的"隐藏幻灯片"后，被隐藏的幻灯片将会(　　)。

A. 从文件中删除

B. 在幻灯片放映时不放映，但仍然保存在文件中

C. 在幻灯片放映是仍然可放映，但幻灯片上的部分内容被隐藏

D. 在普通视图的编辑状态中被隐藏

(41)按照网络分布和覆盖的地理范围，可将计算机网络分为(　　)。

A. 局域网和互联网　　　　　　　　　　B. 广域网和局域网

C. 广域网和互联网　　　　　　　　　　D. Internet 网和城域网

(42)下列专用于浏览网页的应用软件是(　　)。

A. Word　　　　　　B. Outlook Express　　　　C. FrontPage　　　　D. Internet Explorer

(43)下列电子信箱地址，合法的是(　　)。

A. chen@ sina. com. cn　　　　　　　　B. chen. sina. com. cn

C. sina. com. cn@ chen　　　　　　　　D. chen. sina@ com. cn

(44)下面有关电子邮件的描述，正确的是(　　)。

A. 电子邮件只能传送文本信息　　　　　B. 电子邮件只能传送图片

C. 电子邮件必须带有附件　　　　　　　D. 电子邮件可以同时传送文本和图片

(45)域名后缀为. edu 的主页一般属于(　　)。

A. 教育机构　　　　　　B. 军事部门　　　　　　C. 政府部门　　　　　　D. 商业组织

(46)域名服务器的作用是完成(　　)。

A. 域名到 IP 地址的转换

B. IP 地址到域名地址的转换

C. IP 地址到域名的转换和域名到 IP 地址的转换

D. 以上各项都不是

(47)广域网的英文缩写为(　　)。

A. LAN　　　　　　　　B. WAN　　　　　　　　C. ISDN　　　　　　　　D. MAN

(48)210. 30. 18. 130 是一台 Internet 主机的 IP 地址，该地址属于(　　)。

A. A 类地址　　　　　　B. B 类地址　　　　　　C. C 类地址　　　　　　D. D 类地址

(49)WWW 是(　　)的缩写，它是近年来在 Internet 上迅速崛起的一种服务。

A. World – Wide Wait　　　　　　　　　B. Website of World Wide

C. World Wais Web　　　　　　　　　　D. World Wide Web

(50)Internet 上有许多应用，其中用来传输文件的是(　　)。

A. WWW　　　　　　　　B. FTP　　　　　　　　C. E – mail　　　　　　　　D. Telnet

(51)要想在 IE 中看到您最近访问过的网站的列表可以(　　)。

A. 单击"后退"按钮　　　　　　　　　　B. 按 BackSpace 键

C. 按 Ctrl + F 键　　　　　　　　　　　D. 单击工具栏上的"历史"按钮

(52)杀毒软件可以对(　　)上的病毒进行检查并杀毒。

A. 软盘、硬盘　　　　　　　　　　　　　B. 软盘、硬盘和光盘

C. 软盘和光盘　　　　　　　　　　　　　D. CPU

(53)在 IE 浏览器中,如接收到"该页无法显示"的信息,可单击( )按钮重新下载网页内容。

A. 前进   B. 后退   C. 刷新   D. 停止

(54)以下选项中( )不是设置电子邮件信箱所必需的。

A. 电子信箱的空间大小   B. 账号名

C. 密码   D. 接收邮件服务器

(55)以下不属于 IP 地址的是( )。

A. 100. 78. 65. 3   B. 28. 0. 1. 1

C. 192. 234. 111. 123   D. 333. 24. 45. 56

(56)http 是一种( )。

A. 网址   B. 高级语言   C. 域名   D. 超文本传输协议

(57)对 URL 最接近的解释是( )。

A. 与 IP 地址相似   B. 资源定位地址   C. 一种超文本协议   D. 可解释为域名

(58)中国的顶级域名是( )。

A. CN   B. CH   C. CHN   D. CHINA

(59)在多媒体计算机中,媒体指的是( )。

A. 文本和图像   B. 声音   C. 动画和视频   D. 以上均是

(60)下列选项中,不属于计算机病毒特性的是( )。

A. 破坏性   B. 潜伏性   C. 传染性   D. 免疫性

2. 多项选择题(共 20 分,每小题 2 分,且有多个正确答案)

(1)衡量微型计算机的主要性能的部件有( )。

A. 摄像头   B. RAM   C. 扫描仪   D. CPU   E. 网卡

(2)在微型计算机的性能指标中,用户可用的内存容量通常是指( )的容量。

A. ROM   B. RAM   C. CD – ROM   D. 高速硬盘

E. 随机存储器   F. 数字

(3)剪贴板是用于在 Windows( )之间传递信息的临时存储区域。

A. 界面   B. 窗口   C. 程序   D. 文件   E. 工具

(4)退出 Word 可以选择下列操作之一( )。

A. 双击标题栏左端的"W"   B. 按 Ctrl + F4   C. 按 Shift + F4

D. 按 Alt + F4   E. 在"文件"菜单下选择"退出"命令

(5)Word 提供了下列( )视图方式。

A. 普通视图   B. Web 视图   C. 图形视图   D. 页面显示   E. 大纲视图

(6)在 Excel 中,当向活动单元格中输入数据时编辑栏中出现 3 个按钮,它们分别是( )。

A. 重复   B. 取消   C. 输入   D. 插入函数

E. 剪切

(7)目前 Internet 提供的服务包括( )。

A. Telnet   B. Ftp   C. Http   D. E – mail

E. 动画制作

(8)使用"媒体播放器"可以播放(　　　　)。

A. CD　　　　　　　　B. WAV 文件　　　　C. VCD　　　　　　　　D. AVI 动画文件

E. Midi 文件

(9)计算机网络的功能有(　　　　)。

A. 提高系统处理能力　　　　　　　　　　B. 提高系统可靠性

C. 提高系统扩展能力　　　　　　　　　　D. 资源共享

E. 数据通信

(10)PowerPoint 中,"幻灯片放映"操作命令的下达可以通过(　　　　)。

A. 窗口左下角"幻灯片放映"按钮　　　　B. F1 键

C. "幻灯片放映"菜单中的"幻灯片切换"命令

D. F5 键　　　　　　　　　　　　　　　E. CTRL + C

3. 判断题(共 20 分,每小题 1 分,对的打✓,错的打×)

(1)按冯·诺依曼的计算机设计思想,计算机硬件由中央处理器、存储器、电源、输入设备和输出设备五大部件组成。　　　　　　　　　　　　　　　　　　　　(　　)

(2)指令是用一串 0 和 1 组成的二进制编码表示,能直接被计算机识别并执行。

(　　)

(3)在 Windows 中,所有程序和文档都可以建立快捷方式。　　　　　　(　　)

(4)Windows 操作系统具有图形操作界面,能同时运行多个程序,执行多项任务。

(　　)

(5)在 Word 编辑状态中,必须是插入状态,按压 Enter 键才可以将一行文字分成两行。

(　　)

(6)在 Word 编辑状态,单击艺术字,可以再次进入艺术字编辑环境。　　(　　)

(7)在 Excel 中,单元格地址 E5 表示第 E 列第 5 行单元格的绝对地址。　(　　)

(8)在 PowerPoint 的"幻灯片浏览视图"中,可以修改幻灯片的内容。　　(　　)

(9)在 Excel 所选单元格中创建公式,首先应键入":"。　　　　　　　(　　)

(10)pk9012@126.com 表示一个名为 pk9012 的用户在 126.com 上的电子邮箱地址。

(　　)

(11)二进制的 00100110 是十进制的 38。　　　　　　　　　　　　　(　　)

(12)在 Word 编辑状态下,打印预览中显示的文档外观与页面视图显示的外观完全相同。　　　　　　　　　　　　　　　　　　　　　　　　　　　　　　(　　)

(13)所谓 TCP/IP 协议就是由 TCP 和 IP 这两种协议组成的。　　　　　(　　)

(14)计算机网络拓扑结构主要取决于它的通信子网。　　　　　　　　　(　　)

(15)在 Word 编辑状态下,对文档设置分栏,最多能分 4 栏。　　　　　(　　)

(16)PowerPoint 通过单击可以选中一个对象,但却不能同时选中多个对象。(　　)

(17)计算机的外存储器与内存的主要区别是外存储器比内存存储速度慢。(　　)

(18)无论哪一种反病毒软件都不能发现或清除所有的病毒。　　　　　　(　　)

(19)目前,Internet 为人们提供信息查询的最主要的服务方式是 WWW。　(　　)

(20)当发现病毒时,它们往往已经对计算机系统造成了不同程度的破坏,清除了病毒,受到破坏的内容都可以恢复。　　　　　　　　　　　　　　　　　　(　　)

参考文献

[1] 全国计算机等级考试例题研究组. 考点分析. 分类精解. 全真模拟：2009 年版. 一级 MSOffice. 北京：机械工业出版社，2009

[2] 全国高校网络教育考试委员会办公室. 计算机应用基础(2010 年修订版). 北京：清华大学出版社，2010

[3] 马丽，王晓军. 计算机应用基础. 北京：中国人民大学出版社，2006

[4] 吴耀斌，朱颖，何芳. 计算机应用基础. 长沙：中南大学出版社，2007

[5] 刘卫国，杨长兴. 大学计算机基础(第 2 版). 北京：高等教育出版社. 2009

[6] 施荣华，王小玲. 大学计算机基础学习与实验指导(第 2 版). 北京：高等教育出版社. 2009

[7] 贾宗福. 新编大学计算机基础教程. 北京：中国铁道出版社，2007

[8] 沈大林，王浩轩. 计算机硬件组装维护与操作系统. 北京：中国铁道出版社，2009

[9] 张东菊. 计算机应用基础. 北京：人民日报出版社，2006

图书在版编目(CIP)数据

计算机应用基础/王小玲主编. —长沙:中南大学出版社,2012.2
ISBN 978-7-5487-0403-4

Ⅰ.计...　　Ⅱ.王...　　Ⅲ.电子计算机－基本知识　　Ⅳ.TP3

中国版本图书馆 CIP 数据核字(2011)第 194317 号

计算机应用基础

王小玲　主编

□**责任编辑**　谭晓萍　秋　水
□**责任印制**　文桂武
□**出版发行**　中南大学出版社

　　　　　　社址:长沙市麓山南路　　　　　邮编:410083
　　　　　　发行科电话:0731-88876770　　　传真:0731-88710482

□**印　　装**　长沙利君漾印刷厂

□**开　　本**　787×1092 1/16 □印张 14.25 □字数 352 千字
□**版　　次**　2012 年 2 月第 1 版 □2012 年 2 月第 1 次印刷
□**书　　号**　ISBN 978-7-5487-0403-4
□**定　　价**　28.00 元